头足类角质颚

刘必林　陈新军　方　舟　李建华　著

科学出版社
北　京

内 容 简 介

角质颚是头足类的摄食器官，蕴含着极其丰富的生态信息，对角质颚的研究已成为头足类硬组织研究的热点领域。本书对头足类角质颚的基础研究及其应用现状进行了综合分析，全书共分六章，第一章对角质颚的功能、形态、运动模式、色素沉着、微结构、组成成分以及碳氮稳定同位素进行总体介绍；第二章描述角质颚提取、保存、制备与观测；第三章为角质颚色素沉着分析与应用；第四章为角质颚形态特征分析与应用；第五章为角质颚微结构的分析与应用；第六章为角质颚碳氮稳定同位素的分析与应用。

本书可作为海洋生物、水产和渔业研究等专业的科研人员，高等院校师生、从事相关专业生产及管理部门的工作人员使用和阅读。

图书在版编目(CIP)数据

头足类角质颚 / 刘必林等著. —北京：科学出版社，2017.9
ISBN 978-7-03-054294-6

Ⅰ.①头… Ⅱ.①刘… Ⅲ.①头足纲-海洋生物-研究 Ⅳ.①S932.4

中国版本图书馆 CIP 数据核字（2017）第 211276 号

责任编辑：韩卫军 / 责任校对：唐静仪
责任印制：罗 科 / 封面设计：墨创文化

科学出版社 出版
北京东黄城根北街16号
邮政编码：100717
http://www.sciencep.com

四川煤田地质制图印刷厂印刷
科学出版社发行 各地新华书店经销
*
2017年9月第 一 版 开本：787×1092 1/16
2017年9月第一次印刷 印张：10 1/2
字数：250 千字

定价：98.00 元

本专著得到上海市高峰学科建设计划Ⅱ类(水产学)、国家自然科学基金项目(编号 NSFC41276156；编号 NSFC41476129)以及大洋渔业资源可持续开发教育部重点实验室、国家远洋渔业工程技术研究中心、农业部大洋渔业开发重点实验室等专项的资助

前　　言

头足类被联合国粮农组织确定为人类未来重要的蛋白质来源，资源蕴藏量极大。头足类可分为2个亚纲、8个目、6个亚目、46个科、13个亚科、147个属、756种。它广泛分布于热带、温带和寒带海区，是大型鱼类和海洋哺乳动物等的重要食饵，位居海洋营养级金字塔的中层，具有承上启下的作用。随着传统底层鱼类资源的衰退，头足类资源的开发和利用越来越得到各国的重视。因此，研究头足类的基础生物学、渔业生态学等具有极为重要的意义。

近20年来，随着实验技术手段的不断进步、更新与发展，对头足类硬组织的基础研究不断深入，其中较为活跃和热点的领域就是对头足类角质颚的研究。角质颚作为头足类少数硬组织之一，其物理形态与化学结构极其稳定，是除耳石以外头足类另一个很好的生活史信息载体。目前，角质颚已被国内外学者广泛用于头足类的分类(性别判别、种群划分、种类鉴定等)，栖息环境(水温、盐度、溶解氧等)、生活史(年龄和生长、性成熟和产卵、洄游时间和路线等)、摄食生态(食性、饵料组成、营养生态位等)以及资源评估和管理等方面的研究。

本书在国家自然科学基金项目(基于角质颚的北太平洋柔鱼生态学研究，编号NSFC41276156；我国近海常见头足类角质颚分类鉴定，编号NSFC41476129)等项目的科研成果基础上，对头足类角质颚的基础研究及其应用现状进行综合分析。本书共分六章，第一章对角质颚的功能、形态、运动模式、色素沉着、微结构、组成成分以及碳氮稳定同位素进行总体介绍；第二章描述角质颚提取、保存、制备与观测；第三章为角质颚色素沉着分析与应用；第四章为角质颚形态特征分析与应用；第五章为角质颚微结构的分析与应用；第六章为角质颚碳氮稳定同位素的分析与应用。

本书针对性和系统性强，内容丰富，可供从事水产界、海洋界的科研、教学等的科学工作者和研究单位参考使用。由于时间仓促，覆盖内容广，国内没有同类的参考资料，因此难免会存在一些错误，望各位读者批评和指正。

目　录

第一章　角质颚概述

第一节　角质颚位置与功能

头足类的口器位于腕和头部连接的基部，其肌肉质球体称为口球(buccal mass)，口球内部有各种腺体和齿舌(radula)等组织，角质颚也被包裹在其中(图 1-1)。角质颚为几丁质组织，由上颚(upper beak)和下颚(lower beak)两部分组成，镶嵌模式由下颚嵌盖上颚，与鸟嘴的镶嵌模式相反(Clarke，1962；董正之，1991)。角质颚是头足类的摄食器官，主要用来撕咬食物。

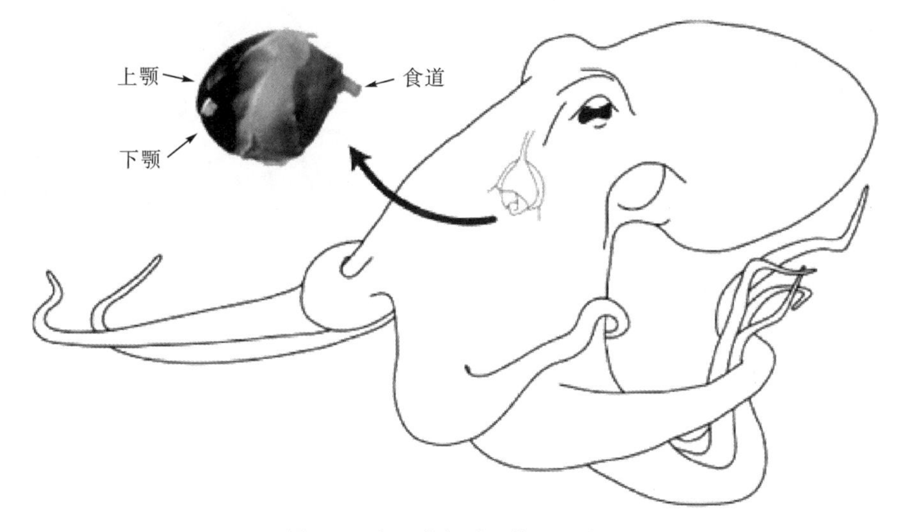

图 1-1　头足类角质颚位置示意图

第二节　角质颚形态和术语

角质颚上、下颚结构相似，由喙部、肩部、翼部、侧壁、头盖、脊突等主要部分以及侧壁脊、肩齿、翼齿、翼皱等附属部分组成(图 1-2)(董正之，1991；Kubodera，2001；Lu 和 Ickeringill，2002)。喙部：角质颚咬区前端最坚硬的部分，包括颚缘和延续至头盖的部分；头盖：广泛连接喙部与翼部的部分；脊突：连接侧壁的部分；翼部：与头盖广泛相连的游离部分，上颚翼部甚小；侧壁：沿脊突向两侧展开的部分；肩部：连接头盖、翼部和侧壁之间的复杂区域；颚缘：喙部内缘；颚角：颚缘与肩胛内缘形成的夹角；肩胛：肩部外表面部分，与内嵌颚缘的后部毗邻，肩胛部分的色素沉着通常深于肩部其他区域；侧壁皱：部分头足类种类侧壁上倾斜的皱褶，有时发展成坚硬的脊；翼皱：下颚翼部颚角区的皱褶，侧视通常不可见。

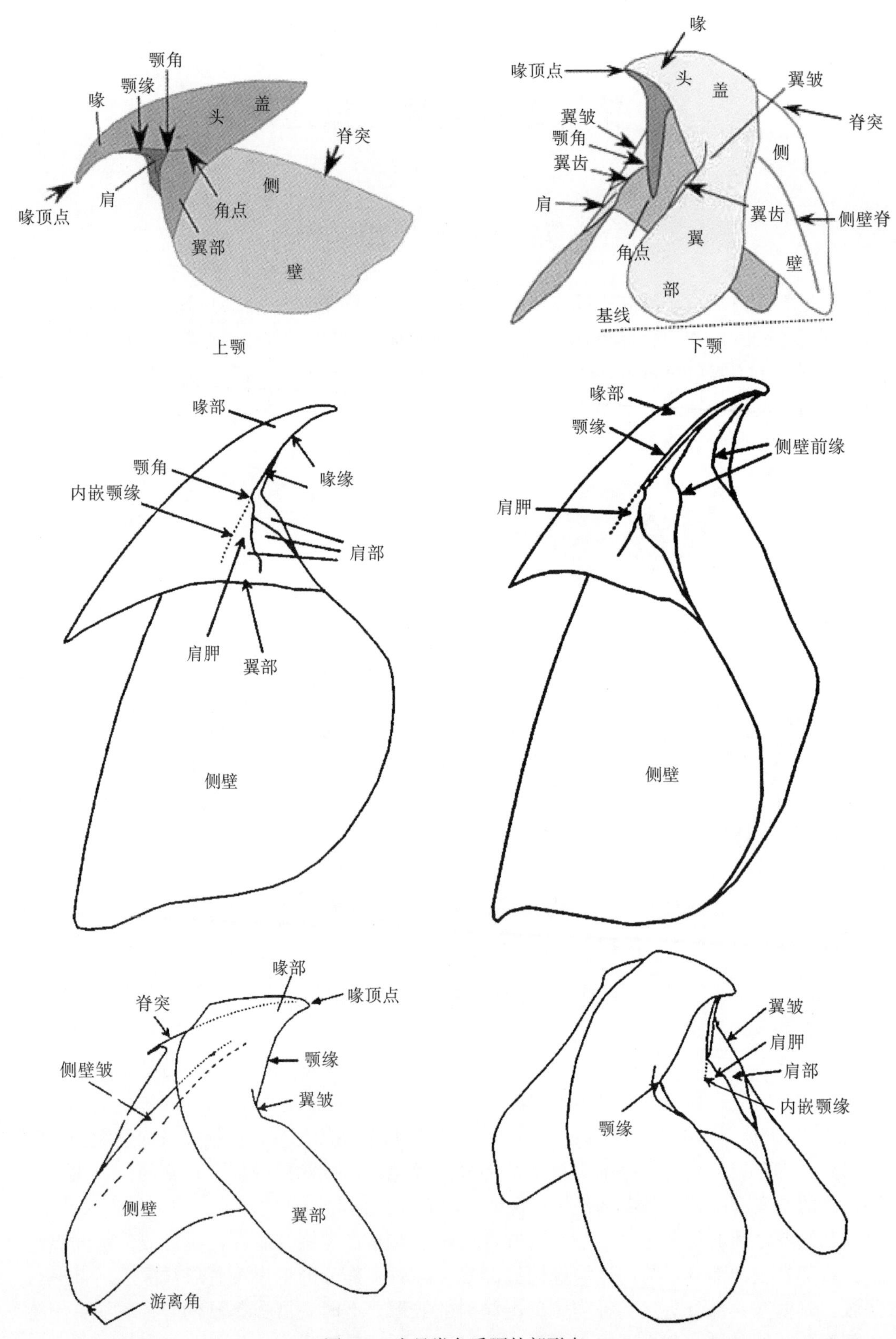

图 1-2　头足类角质颚外部形态

第三节　角质颚的运动模式

作为头足类的主要摄食器官之一，角质颚的活动状态也类似于关节活动。Wainwright 等(1982)对大量动物组织进行分析后认为，所有动物的关节形态各异，不过总体上可分为两大类：滑动关节(sliding joint)和柔性关节(flexible joint)。滑动关节主要是指两个或两个以上不同部位连接在一起，通过关节作用产生相对运动的一种类型；柔性关节是指不同部位相互连接，通过较易弯曲或形变的部分而产生相对运动的一种类型。而头足类上下角质颚之间的连接属于柔性关节的一种，被称为“肌肉关节”(muscle articulation)，通过与角质颚相连的肌肉和其他连接组织，使得上下角质颚产生相对运动。

Boyle(1979)在早期对蛸类(*Octopus* spp.)控制角质颚的相关肌肉进行了分析，认为控制角质颚运动的肌肉主要由两部分组成：上颚肌(superior mandibular muscle)和侧肌(lateral muscle)。上颚肌主要控制角质颚的闭合和收缩运动，而其运动机制仍不清楚。利用外界电极刺激对角质颚的运动进行分析发现，频率为 50～60Hz 即可刺激角质颚进行咬合运动，但是未发现尖盘爱尔斗蛸(*Eledone cirrhosa*)的角质颚有任何活动迹象。

Kear(1994)对控制头足类角质颚运动的肌肉进行了深入分析。他认为，控制角质颚的肌肉主要由三部分组成：上颚肌、侧肌和下颚肌(inferior mandibular muscle)。上颚肌[图 1-3(a)]是最大的一块肌肉，从食道顶端开始，沿着上颚的脊突延伸，然后从三个方向分开；侧肌[图 1-3(b)]为一对，对称地分布在上颚侧壁内表面的两边，呈圆弧状，有一部分嵌入上颚翼部与侧壁外表面的间隙；下颚肌[图 1-3(c)]是三部分中最小的肌肉，仅有很薄的一层覆盖于下颚脊突部分，然后充满下头盖和下侧壁的间隙，其中有一条较细的肌纤维沿着下翼部和下侧壁间隙一直延伸至上颚的头盖与翼部连接处，将上下颚连接起来。角质颚在摄食过程中其运动的全周期循环如图 1-4 所示，整个过程分为五个阶段，上下颚相互运动主要是靠一个中轴区域(pivotal area)来完成的(图 1-4)。上颚肌在角质颚运动过程中主要起着闭合作用；一部分侧肌在上下颚侧壁和翼部之间，主要是控制角质颚张开，一部分侧肌则是控制侧壁向外展开以适应舌齿和口须的运动；下颚肌主要控制舌齿和口须的运动，同时也配合上颚肌，在角质颚闭合时做收缩运动。利用电极方

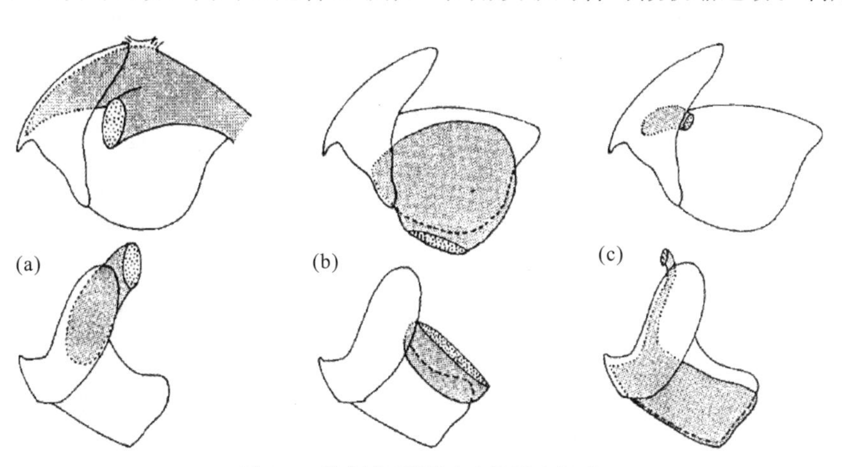

图 1-3　控制角质颚运动的肌肉组成

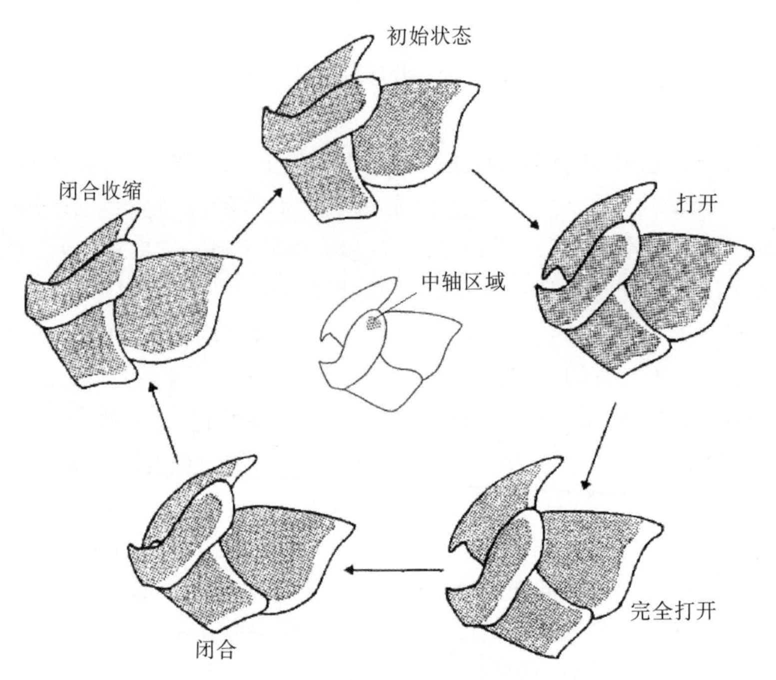

图 1-4　角质颚运动周期循环过程

波脉冲刺激，对离体角质颚的活动进行分析，发现脉冲频率 50～70Hz，刺激电压0.5～3V，持续 10ms 的刺激，能较好地观察到角质颚的运动循环，而在下颚肌后部与食道连接处进行刺激，能较好地发现角质颚全咬合过程，并且发现食道产生蠕动。同时在前人的研究基础上，对八腕目(Octopoda)、枪形目(Teuthoidea)和乌贼目(Sepioidea)的 23 个种类角质颚相关的肌肉和运动模式进行了分析。分析认为，不同头足类其角质颚肌肉组成和所占比例也不同，因此摄食习性也存在差异(Nixon，1988)。

Uyeno 等(2005)利用 3D 图像模拟技术，对加利福尼亚双斑蛸(*Octopus bimaculoides*)控制角质颚的肌肉进行了分析，结果认为有四部分肌肉分布于角质颚的周围：上颚肌、侧肌、前颚肌(anterior mandibular muscle)和后颚肌(posterior mandibular muscle)(图 1-5)。其中上颚肌的定义与 Kear(1994)的定义类似。侧肌是覆盖上颚侧壁，并有一部分延伸入连接组织的左右对称的一组肌肉。下颚肌可细分为两部分：前颚肌为下颚肌的前半部分，为较薄的肌肉层，从侧壁出发，一直沿着脊突向喙部生长；后颚肌为后半部分，从下颚的脊突出发，沿着上颚侧壁内表面至脊突为止。Uyeno 等(2005)对不同肌肉的作用也有新的解释：侧肌被看作是肌肉的调节器(hydrostats)，控制着角质颚的展开，同时对于其他肌肉来说，也扮演着对抗肌(antagonistic muscle)的角色；后颚肌主要是辅助侧肌打开角质颚；上颚肌牵引上颚喙部使角质颚闭合；而前颚肌收缩上颚喙，同时使上下颚喙部靠近来辅助闭合。为了对上述功能进行验证，Uyeno(2007)通过肌电扫描术(electromyography)进一步分析加利福尼亚双斑蛸角质颚肌肉的运动原理。结果发现，头足类在完全麻痹后，角质颚仍可自主咬合较长时间，由于个体大小的不同，时间在 14～110min。在角质颚的咬合过程中，下颚在口球中的相对位置没有变化，上颚沿着背腹轴(dorsal-ventral axis)、水平轴(left-right axis)和前后轴(anterior-posterior axis)做相对运动来完成咬合。

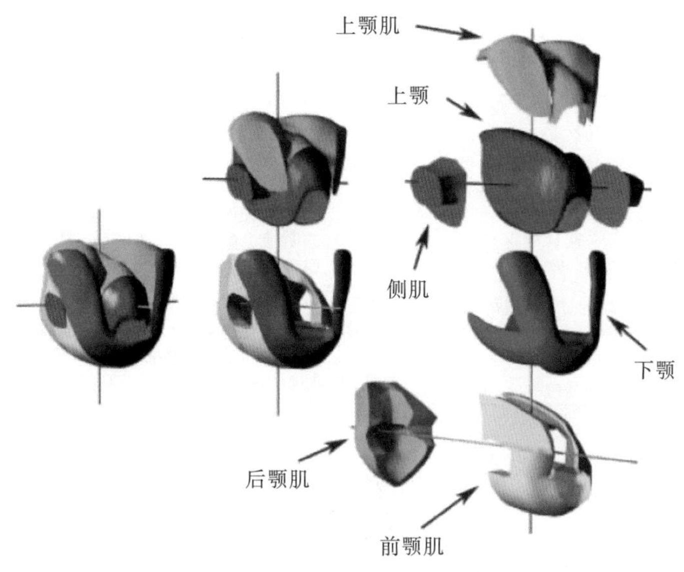

图 1-5　角质颚运动肌肉分解图

第四节　角质颚的色素沉着

Hernández-García 等（1998）和 Hernández-García（2003）分别对褶柔鱼 *Todarodes sagittatus* 和埃布短柔鱼 *Todaropsis eblanae* 的角质颚色素沉着过程进行了研究，并按 8 个等级对两者进行了划分，研究结果认为，色素沉着式样类似科氏滑柔鱼 *Illex coindetii*（Hernández-García et al.，1995）(表 1-1，图 1-6)。

表 1-1　褶柔鱼和埃布短柔鱼的色素沉着等级

角质颚特征		色素沉着等级
褶柔鱼	埃布短柔鱼	
上颚：侧壁无任何色素沉着。下颚：仅喙部和头盖的前部具有色素沉着	上颚：侧壁无任何色素沉着。下颚：仅喙部和头盖的前部具有色素沉着	0
上颚：侧壁后侧部具有一个很小的近三角形区域具有微弱的色素沉着。下颚：仅喙部和头盖的前部具有色素沉着，但色素颜色较上一等级略深	上颚：侧壁无色素沉着。下颚：色素沉着区域达到肩部，因此阶部(step)明显	1
上颚：侧壁色素沉着开始蔓延至侧壁前端，色素沉着区呈长方形。下颚：翼部中部出现一个小的单独的色素斑点	上颚：侧壁无色素沉着。下颚：翼部出现单独的色素斑点	2
上颚：侧壁出现两个耳垂状色素沉着区。下颚：翼部单独的色素区扩大，几乎覆盖整个翼部，但尚未达到肩部和头盖部	上颚：侧壁无色素沉着。下颚：独立色素斑点扩大，几乎扩大至整个翼部，但是尚未达到肩部和头盖部	3
上颚：位于翼部下方的侧壁前端出现一块新的色素沉着区，即第 3 块耳垂状色素区。下颚：翼部无独立的色素斑点，色素区由一个窄的色素带与头盖相连	上颚：翼部和头盖边缘处的侧壁部分具有两块小的色素区，或一块耳垂状的色素区。下颚：翼部无独立的色素斑点，色素区由一个窄的色素带与头盖相连	4
上颚：耳垂状色素沉着区 1 和 2 向 3 靠近，但是仍明显分开。下颚：肩部仅小块软骨质区域无色素沉着，肩齿上具有微弱的透明带	上颚：侧壁耳垂状色素区融合，色素区跨度小于侧壁高的 1/3。下颚：肩部仅小块软骨质区域无色素沉着，肩齿上具有微弱的透明带	5

续表

角质颚特征		色素沉着等级
褶柔鱼	埃布短柔鱼	
上颚：侧壁耳垂状色素区融合，色素区跨度约为侧壁高的 1/2。下颚：翼部色素沉着色彩柔和均匀，仅外围生长区边缘无色素沉着；肩齿上无透明带或透明带很微弱；肩部的软骨质区消失或退化，在肩齿周围形成一个小的透明带	上颚：侧壁耳状色素区融合明显，色素区跨度约为侧壁高的 1/2。下颚：翼部色素沉着色彩柔和均匀，仅外围生长区边缘无色素沉着；肩齿上无透明带或透明带很微弱；肩部的软骨质区消失或退化，在肩齿周围形成一个小的透明带	6
上颚：色素区跨度约为侧壁高的 2/3，肩部无条带。下颚：除生长区边缘无色素外，下颚全颚色素沉着明显，颜色黑褐色，头盖部和肩部接近褐色；喙顶端通常腐蚀损坏，喙齿退化，侧视不明显	上颚：色素区跨度约为侧壁高的 2/3，肩部无条带。下颚：除生长区边缘无色素外，下颚全颚色素沉着明显，颜色黑褐色，头盖部和肩部接近褐色；喙顶端通常腐蚀损坏，喙齿退化，侧视不明显	7

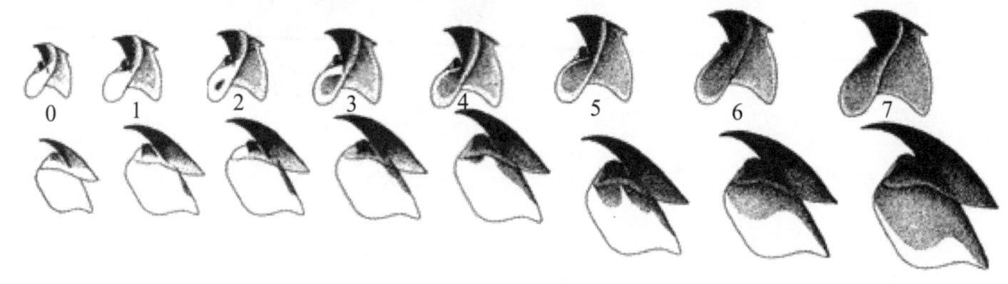

(a)褶柔鱼

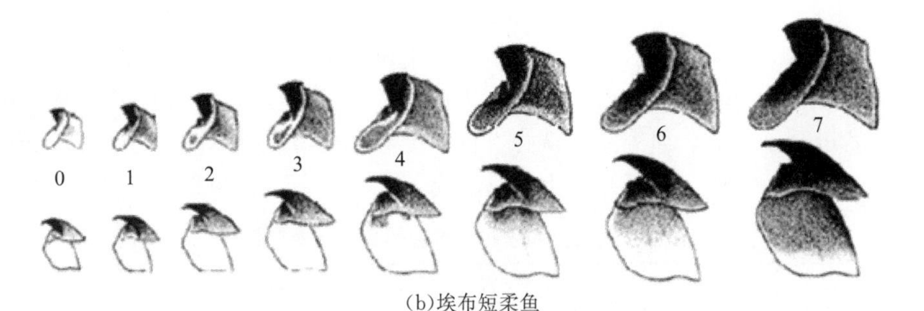

(b)埃布短柔鱼

图 1-6 褶柔鱼和埃布短柔鱼色素沉着过程

第五节 角质颚的微结构

在电镜下观察角质颚结构发现，角质颚主要是由大量的薄片组织构成，每个薄片厚度为 2～3μm(图 1-7)。它们的排列与角质颚的表面呈一定的角度，与长轴平行。这些薄片

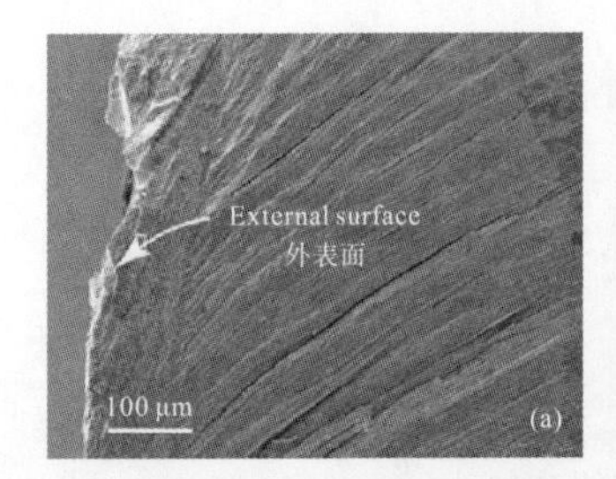

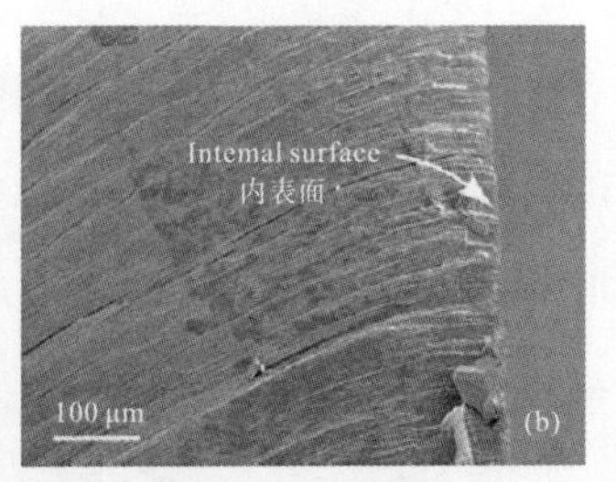

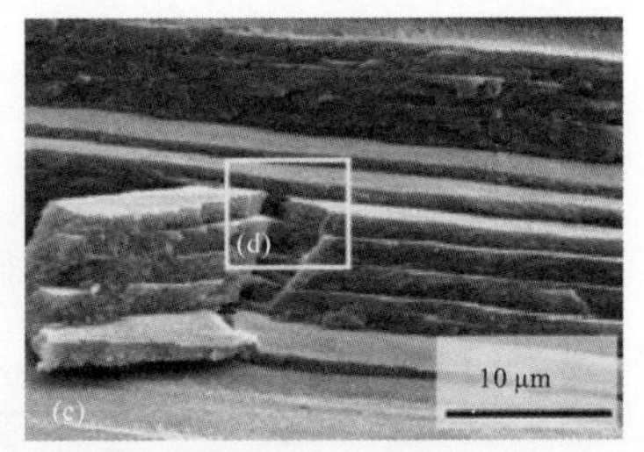

图 1-7 电镜扫描下角质颚的微结构(引自 Miserez et al.，2007)

(a)、(b)为喙部横截面中的断裂面，(c)为通过放大倍数所见的断裂面，(d)为断裂面的分层结构

由外表面向内延伸 50～100μm，接下来就是一层防水保护层(protective coating)。在显微镜下还发现了内外表面间有许多裂纹，称之为断裂面(fracture surface)。该断裂面主要由许多分层的小薄片组成，薄片有 20～30 层(图 1-7)。这种规律性的分层结构表明组织微结构存在不均匀性，这也能促进分层结构的生成，同时分层结构也可能增强裂纹扩散(crack propagation)的抵抗力，促进裂纹偏转(crack deflection)，使得其具有更高的韧性。

第六节　角质颚的组成成分

角质颚是由细胞分泌而成，主要由三种细胞群组成(图 1-8；Dilly 和 Nixon，1976)：第一种是长纤维细胞(cell-long fibrils)，其中一段连接着骨小梁(trabeculae)，另一段与相邻的口球肌肉细胞连接。该类细胞可能与某些部位不断增加的分泌细胞内压所产生的应激反应有关，同时与控制角质颚运动的肌肉也有一定的联系；第二种主要是内质网(endoplasmic reticulum)和致密小颗粒，该颗粒与角质颚的形成关系不大，可能与角质颚的硬度有关；第三种主要是混合纤维细胞和分泌组织。三种细胞群的构成比例在不同的部位和不同的生长时期都有所不同。在生长最活跃的部位是以分泌细胞为主，而在以咬合功能为主的喙部是以定型类型的细胞为主。小个体的真蛸角质颚主要是由巨核立方细胞和少量纤维组成；而大个体真蛸角质颚的外层和次外层是由单层柱状细胞构成(Nixon，1969)。因此角质颚细胞的组成也随着个体的生长和功能不同而有所变化。

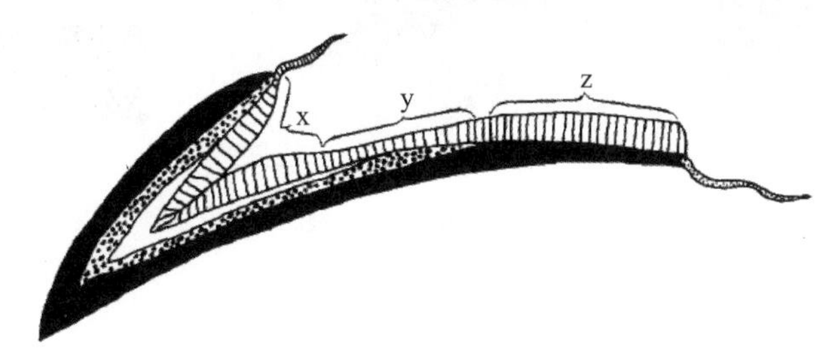

图 1-8　角质颚截面示意图(显示三种主要细胞群)

x. 内质网和致密小颗粒；y. 混合纤维细胞和分泌组织；z. 长纤维细胞

水解作用分析显示，角质颚中氨基酸的成分以甘氨酸(glycine)、丙氨酸(alanine)和组氨酸(histidine)为主，蛋白质含量占湿重的 40%～45%，几丁质的含量为湿重的 15%～20%(Miserez et al.，2007)。

第七节　角质颚碳氮稳定同位素

角质颚中的几丁质与蛋白质的比例决定其色素沉着程度。Miserez 等(2008)对比分析茎柔鱼角质颚的透明(色素尚未沉着)、半透明(色素沉着过程中)以及不透明(色素已经完全沉着)的三个部分的化学成分发现，无色素沉着的角质颚部位的几丁质含量高于有色素沉着的部位，反之蛋白质含量高(图 1-9)。角质颚几丁质中的 $\delta^{15}N$ 要比头足类食物中的 $\delta^{15}N$ 贫瘠，而 C/N 要比蛋白质中的高(Webb et al.，1998)。因此，通过比较不同种类之间角质颚中的 C/N 可以确定它们之间角质颚色素沉着度的差异：C/N 越高则 δ^{15}N 越低，几丁质含量越高，蛋白质含量越低，色素沉着越浅；C/N 越低则 δ^{15}N 含量越高，几丁质含量越低，蛋白质含量越高，色素沉着越深。研究发现大王乌贼 *Architeuthis dux* 角质颚中的 C/N(1.42～1.99)(Guerra et al.，2010)明显低于南极褶柔鱼 *Todarodes filippovae* 角质颚中的 C/N(3.45～3.60)(Cherel et al.，2009a)，这说明大王乌贼角质颚的色素沉着程度明显高于南极褶柔鱼。此外，研究还发现，大王乌贼角质颚沿喙部向头盖边缘 C/N 逐渐降低，这正是由于头盖边缘形成时期大王乌贼所摄食饵料的营养级水平比喙部时期所摄食的饵料要高，因而 δ^{15}N 也相应较高。

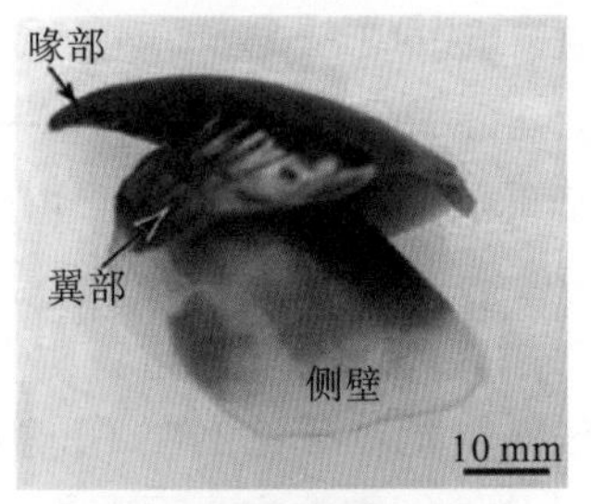

(a)上颚侧视

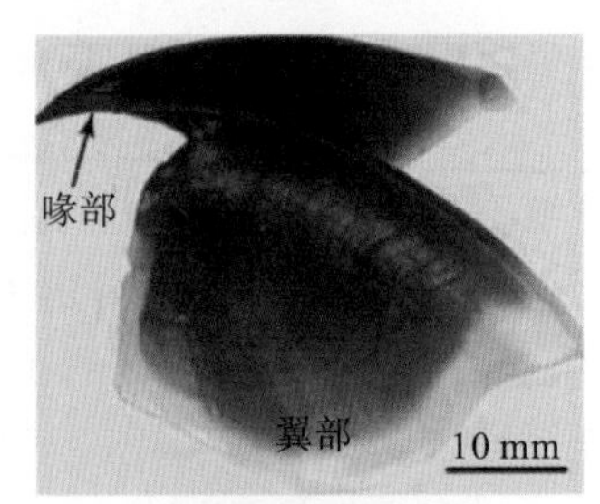

(b)剪裁后上颚侧视

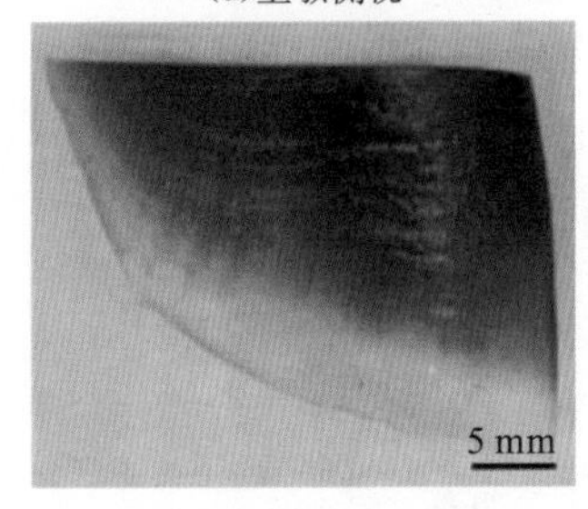

(c)剪裁后的部分侧壁

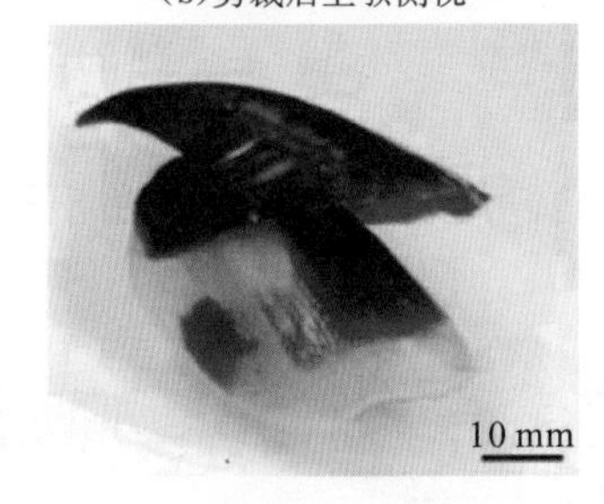

(d)儿茶酚特异性试剂染色后的上颚侧视

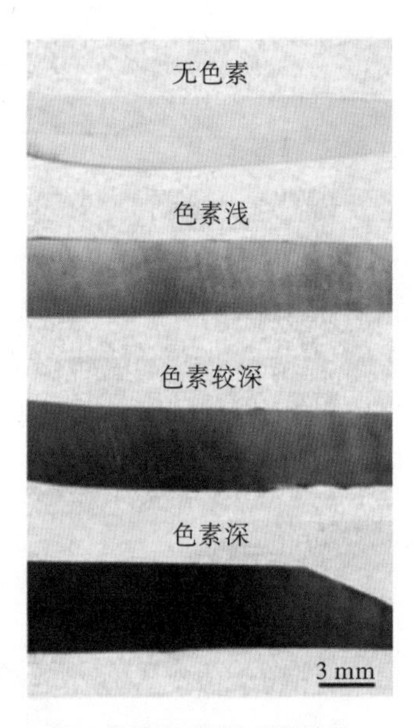

(e)剪裁后不同色素沉着的角质颚上颚侧壁片段

图 1-9 茎柔鱼角质颚上颚

第二章　角质颚提取、保存、制备与观测

第一节　角质颚的提取

新鲜头足类的样本需要先取出口球，然后放入玻璃容器中并贴好标签，室温下放置24h，待肌肉腐败后，用镊子将角质颚提取出来。冷冻的头足类样本待其解冻后，可用镊子直接提取角质颚上颚和下颚(图 2-1)。

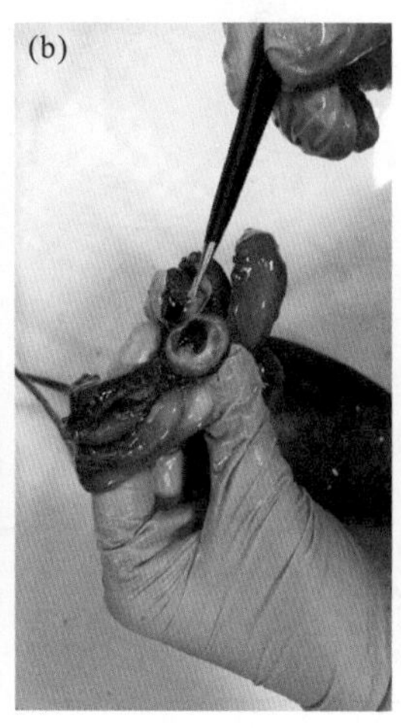

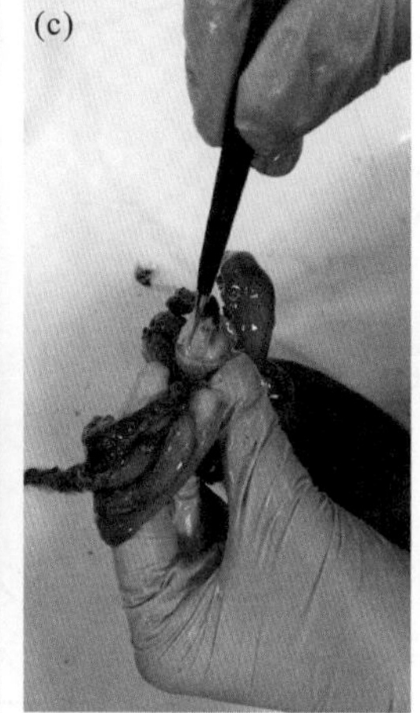

图 2-1　角质颚的提取

第二节　角质颚的保存

角质颚提取后，放入清水中清洗掉表面黏液，然后在胃蛋白酶溶液中浸泡 2d 以去除表面残留的有机质，最后放入 70% 的乙醇溶液中防止脱水(Mercer et al.，1980；Hernández-López et al.，2001)。

第三节　角质颚切片的制备

取出保存于广口瓶中的角质颚上颚，用带有 0.3mm 刀片的小型手持切割机沿角质颚喙部顶端至头盖后缘纵向切割成两半(图 2-2)，用剪刀将其中半个角质颚的喙部截面(rostrum sagittal section，RSS)剪下[图 2-3(a)]；使角质喙部切割面朝下平放于塑料模具中[图 2-3(b)]，倒入调配好的冷埋树脂溶液包埋[图 2-3(c)]，然后置常温避光处待其硬化；硬化后的树脂块切割成 2～3mm 的薄片，并用强力热熔胶粘于载玻片上[图 2-3(d)]；

先后以 240 目、600 目、1200 目和 2000 目水磨砂纸将切片研磨至中心面，最后以 0.05μm 氧化铝剂抛光研磨面[图 2-3(e)、(f)]。

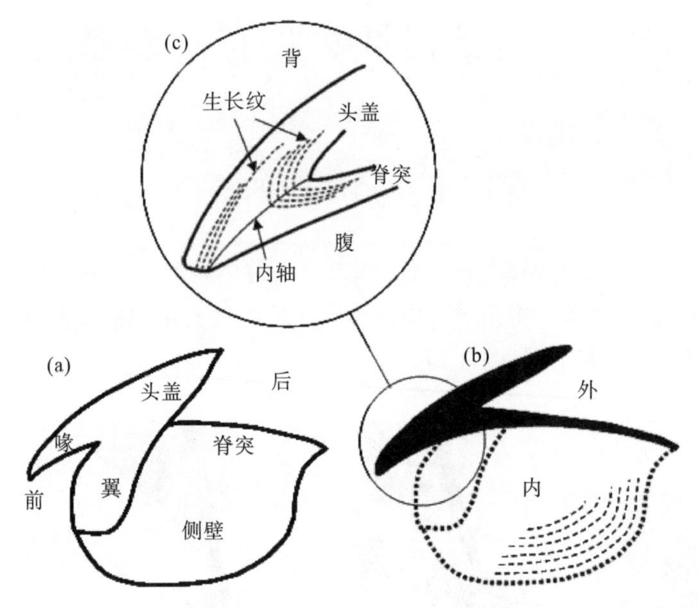

图 2-2 柔鱼角质颚上颚示意图

(a)上颚各部组成；(b)沿脊突及头盖后缘向喙部裁剪后的半个角质颚，黑色部分为截面；(c)角质颚喙部截面放大，显示规则的生长纹

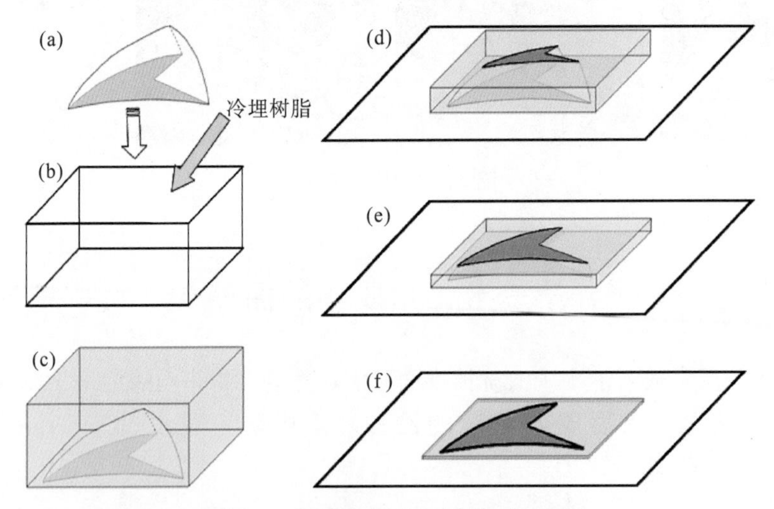

图 2-3 角质颚喙部切片制作流程图

(a)已剪裁的角质颚喙部；(b)塑料模具；(c)经冷埋树脂包埋的角质颚喙部；(d)～(f)切割后的树脂块粘于载玻片上并研磨至中心面

第四节 角质颚的观测

制作好的角质颚切片在 Olympus 显微镜 100×和 400×倍下，采用 CCD 分别对喙部整体和顶端的生长纹进行拍照，然后用 Photoshop 7.0 图像处理软件对两个倍数下所拍

的图片分别进行拼图处理。生长纹计数时，先对 100×倍下采集的图像由喙部后端向前端，始终沿生长纹垂直的方向计数喙部背侧(头盖)生长纹的数目，直至喙部背侧边缘处，再对 400×倍下采集的图像继续计数，边缘空白处的生长纹数目由临近的生长纹宽度推算而得(图 2-4)。

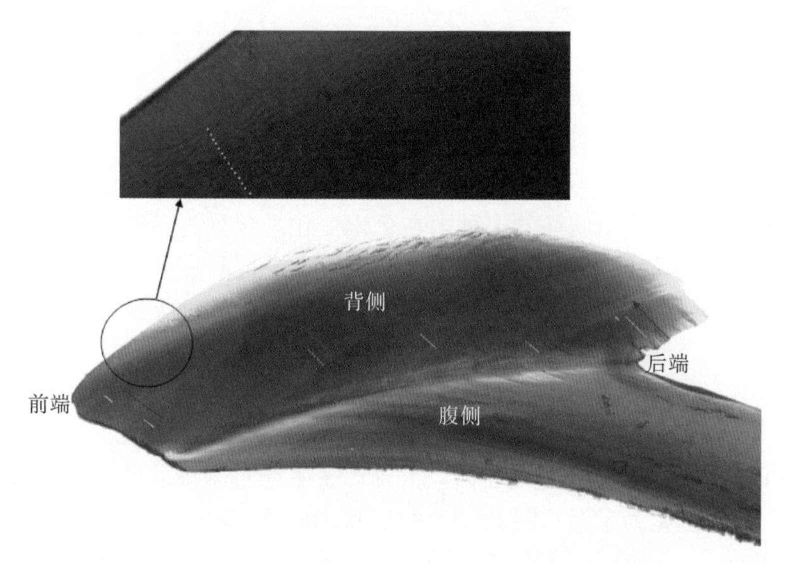

图 2-4　柔鱼角质颚喙部生长纹图，显示生长纹计数方向

计数者的经验也是影响日龄计数准确性的关键，计数结果的可重复性可用作检验准确性的标准。因此，为了提高计数的准确性，可对训练有素的计数者的计数结果进行比较，如无明显差异则结果可信(Canali et al.，2011)。一般地，每个样本分别独立计数 3 次，采用变异系数(coefficient of variation，CV)检验计数的准确性，其计算公式如下：

$$CV = 100\% \times \sqrt{\frac{(R_1 - R)^2 + (R_2 - R)^2 + (R_3 - R)^2}{R}}$$

式中，R_1、R_2、R_3 分别代表每个样本独立的 3 次计数值，R 代表 3 次计数的平均值。一般来说，在年龄鉴定研究中，生长纹计数的可信临界标准为，独立重复计数 3 次的差异不高于 10%(Jackson et al.，1997；Oosthuizen，2003)。

第三章 角质颚色素沉着的分析与应用

第一节 角质颚色素沉着

角质颚的不同部位有着不同程度的黑色素分布，从几乎接近黑色的喙部到透明的侧壁，色素分布逐渐变淡。角质颚的这种内在色素变化现象称为色素沉着(pigmentation)。Wolff(1984)对太平洋海域采集的18种头足类角质颚进行测量分析，对不同个体大小的角质颚色素沉着进行描述，并配有图例，但限于样本较少和种类较多，未对色素沉着情况进行细化分析。Castro和Hernández-García(1995)利用捕获的科氏滑柔鱼(*Illex coindetii*)，对不同个体大小的科氏滑柔鱼角质颚的形态变化进行了研究。研究认为，胴长为12.5～15.5cm的个体处在性未成熟到成熟的转变期(Sanchez，1982)，且胴长在12～15cm时角质颚色素开始有沉着出现，并提出了下颚色素沉着的8级分类；角质颚色素沉着加深，也可能是为了适应摄食的变化。Hernández-García等(1998，2003)分别对褶柔鱼(*Todarodes sagittatus*)和短柔鱼(*Todaropsis eblanae*)的角质颚色素沉着情况与生长、繁殖和摄食情况进行了分析，也发现了类似的结果。色素沉着在不同性成熟的个体中变化不明显，这说明沉着过程只占据鱿鱼生活史中非常短的时间(Hernández-García，2002)。

有学者对角质颚色素的成分组成和特性产生了关注。Miserez等(2008)对角质颚色素部分的化学组成和力学性质进行了深入的研究。首先通过化学分析发现，色素沉着的成分为儿茶酚类物质(catechols)，主要是L型苯丙氨酸(3,4-dihydroxyphenyl-L-alanine，dopa)。加酸水解(acid hydrolysis)后发现，未着色部位的主要成分是*N*-乙酰氨基葡萄糖，它是组成几丁质的基本单元；碱性过氧化反应(alkaline peroxidation)去除蛋白质和色素后，纯几丁质占干重的95%以上(Miserez et al.，2008)。通过重量分析法发现，角质颚的翼部含有70%的水、25%的几丁质和5%的蛋白质。随着色素沉着的增加，水分不断减少，在喙部仅有15%～20%的水，10%～15%的几丁质和60%的蛋白质，这主要是因为儿茶酚类物质有疏水基团(hydrophobicity)存在，同时氢键(hydrogen-bonding)的作用也会加剧水分子的脱离。通过纳米压痕技术测试发现，随着色素沉着的不断加深，杨氏模量(Young's modulus)E从0.05GPa到5GPa；而经过冷冻干燥后，角质颚杨氏模量增大，但变化不明显，从喙部的10GPa到未沉着翼部的5GPa，这说明水对角质颚的硬度起着至关重要的作用。

Miserez等(2008)在之前的研究中发现，角质颚中并不存在独立的苯丙氨酸(dopa)，而主要是以交联耦合物(cross-link formation)的形式存在(与组氨酸结合最多)，因此在随后的研究中对其中的交联耦合物进行深入的研究。研究结果认为，主要存在5种交联耦合物，而组成高分子聚合物的过程也与昆虫的外壳类似：在最初的氧化步骤后(把儿茶酚类变为醌)，醌就会与亲核蛋白质侧链结合，尤其是组氨酸和半胱氨酸。组氨酸与邻醌亲核加成，形成了自我合成的多聚体。富含组氨酸的肽链以β折叠构造来排列，构造起了坚硬结构的基础。三聚体(trimeric crosslinks)和四聚体(tetrameric crosslinks)的出现，使得角质颚内部结构更加复杂。而与儿茶酚类的交联耦合析出水分子，使得其内在结构更加牢固(图 3-1)。

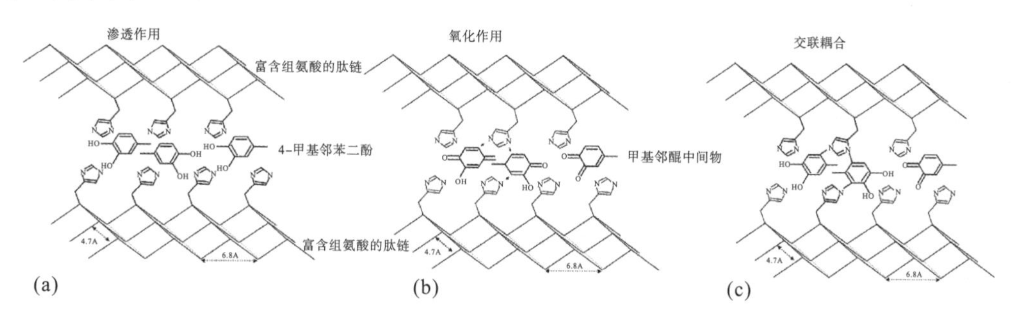

图 3-1　角质颚中化学成分交联耦合组成(Miserez et al.，2010)
(a)、(b)为喙部横截面中的断裂面，(c)为通过放大倍数所见的断裂面

角质颚为头足类的主要摄食器官，头足类食性的转变与其角质颚形态结构变化息息相关(Hernández-García，1995；Castro 和 Hernández-García，1995)。在生长过程中，角质颚的一个重要变化就是黑色素的沉着(Mangold 和 Fioroni，1966)。一般情况下，随着个体的生长，其色素沉着逐渐加深，角质颚硬度逐渐增大。生长早期，头足类以体格较软的小型浮游生物为主要饵料；生长后期，随着角质颚硬度增大，饵料转变成体格较硬、个体较大的鱼虾蟹类(Castro 和 Hernández-García，1995)。通常，头足类在性成熟之前食性变化比较大，而性成熟后食性基本不变，这与性成熟后角质颚色素不再沉着有很大关系。角质颚色素沉着不仅影响头足类对食物的选择性，而且将进一步影响到头足类的行为学(Hernández-García，1995；Castro 和 Hernández-García，1995)。不同地理区域的同种头足类，其角质颚黑色素沉着程度有可能不同，这可能与小生境不同有关(Clarke，1962)。角质颚色素沉着同样能够反映头足类栖息水层的变化，海底生活的种类(如蛸类)其角质颚侧壁与翼部色素沉着往往较深，而中上层水域生活种类(如枪乌贼类)其角质颚侧壁与翼部则较透明(图 3-2)。García(2003)对埃布短柔鱼 *Todaropsis eblanae* 角质颚色素沉着过程进行了研究，并将其分为 8 个等级，研究结果认为，其色素

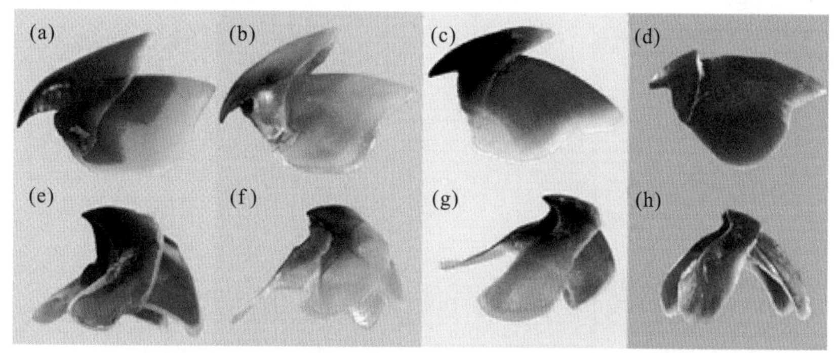

图 3-2　四种头足类角质颚(引自 Lu 和 Ickeringill，2002)
(a)柔鱼类上颚；(b)枪乌贼类上颚；(c)乌贼类上颚；(d)蛸类上颚；
(e)柔鱼类下颚；(f)枪乌贼类下颚；(g)乌贼类下颚；(h)蛸类下颚

沉着类似科氏滑柔鱼 *Illex coindetii*（Hernández-García，1995）和褶柔鱼 *Todarodes sagittatus*（Hernández-García et al.，1998）。

第二节 阿根廷滑柔鱼角质颚色素沉着的研究

根据2010年1～3月中国鱿钓船采集的阿根廷滑柔鱼样本（胴背长为166～266mm），提取出264对角质颚（雌性143对，雄性121对），测定下头盖长（LHL）、下脊突长（LCL）、下喙长（LRL）、下喙宽（LRW）、下侧壁长（LLWL）、下翼长（LWL）等6个形态参数，按角质颚色素沉着等级0～7级进行划分，分析阿根廷滑柔鱼角质颚色素变化，及其与个体生长、性腺成熟度以及角质颚生长等因素的关系。分析认为，1～3月阿根廷滑柔鱼角质颚色素沉着以3级为优势，占总样本的35.98%。色素沉着的平均等级总体上随着月份推移而增加。胴背长与体重随着色素沉着的增加而呈线性增加，相关关系显著（$P<0.01$）。雌雄个体的性腺成熟度与角质颚色素沉着等级的关系有差异，其中雌性个体的色素沉着等级与性成熟度之间呈显著的正相关（$P<0.01$），雄性个体则不显著（$P>0.05$）。角质颚各外部形态参数与色素沉着等级之间的关系有一定的差异，其中与LHL、LLWL、LWL关系显著（$P<0.01$）。

一、色素沉着等级分析

分析认为，阿根廷滑柔鱼雌性个体胴长和体重分别为172～261mm、81～350g，平均胴长和体重分别为219.1mm、209.3g；雄性个体胴长和体重分别为166～266mm、90～346g，平均胴长和体重分别为214.4mm、237.5g。

1～3月中以3级色素沉着所占比例为最高（图3-3），各月依次为35%、40.86%和

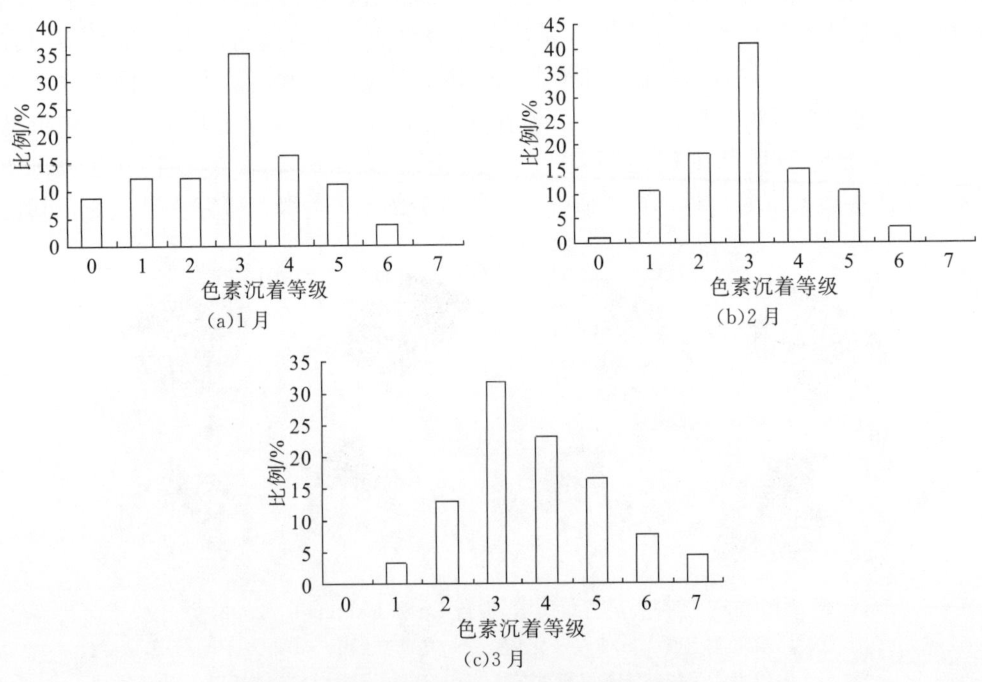

图3-3 各月阿根廷滑柔鱼角质颚色素沉着等级分布

31.87%。三个月中色素沉着0～2级所占比例随月份的推移而降低，分别只有33.75%、30.1%和16.48%；而4～7级所占比例的总体上出现增加趋势，分别为31.25%、20.03%和51.64%。分析发现，角质颚色素沉着为7级的个体在1～2月没有出现，全部出现在3月份。

二、色素沉着等级与胴长和体重的关系

统计发现，不同性别的胴长($t=1.70$，$P<0.05$)和体重($t=3.21$，$P<0.01$)均存在着差异，故将不同性别分开讨论。在胴长与色素沉着等级关系分析中发现，色素沉着等级随着胴长的增加而呈阶梯式分布[图3-4(a)，(c)]。其中，雌性样本中色素沉着等级为0～3级的个体其胴长多小于210mm；色素沉着等级4～7级的个体胴长多大于230mm。雄性样本中，色素沉着等级为0～3级的个体其胴长多小于200mm；色素沉着等级4～7级的个体胴长多大于220mm。

在体重与色素沉着等级关系分析中发现，其关系不明显[图3-4(b)，(d)]。其中，雌性样本中色素沉着等级为0～3级的个体其体重多小于200g；色素沉着等级4～7级的个体其体重多大于250g。雄性样本中，色素沉着等级为0～3级的个体其体重多小于200g；色素沉着等级4～7级的个体其体重多大于250g。

色素沉着等级与胴长和体重的关系式如下：

雌性：$X=0.0344\text{ML}-4.4228(R^2=0.3093;\ n=143;\ P<0.001)$

$X=0.0098\text{BW}+1.0619(R^2=0.2342;\ n=143;\ P<0.001)$

雄性：$X=0.0378\text{ML}-4.7271(R^2=0.2962;\ n=121;\ P<0.001)$

$X=0.0101\text{BW}+0.9617(R^2=0.2485;\ n=121;\ P<0.001)$

式中，X均为色素沉着等级；ML和BW分别为胴长(mm)和体重(g)。

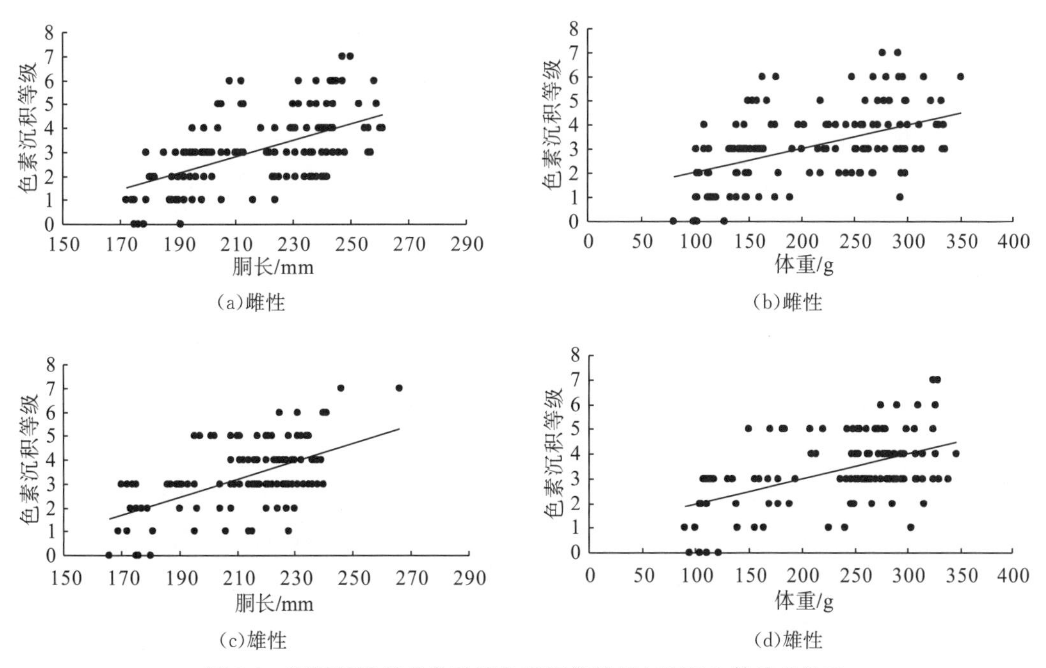

图3-4　阿根廷滑柔鱼角质颚色素沉着等级与胴长和体重的关系

三、色素沉着与性腺成熟度的关系

从表 3-1 可发现，性腺成熟度为Ⅱ期的雌性个体，其角质颚色素沉着等级以 2～3 级为主，所占比例为 65.58%；性腺成熟度为Ⅲ期的雌性个体，其角质颚色素等级以 3～4 级为主，所占比例 58.93%；性腺成熟度为Ⅳ期的雌性个体，其角质颚色素等级以 3～5 级为主，所占比例为 90.91%。而雄性个体，性腺成熟度为Ⅱ、Ⅲ、Ⅳ和Ⅴ期的个体，它们的角质颚色素等级分别以 1～3 级、3 级、3 级、3 级为主，所占比例为 60.0%、50%、40.28%、46.15%。

表 3-1 阿根廷滑柔鱼角质颚色素沉着等级与性腺成熟度的关系 单位：%

性别	性腺成熟度等级	角质颚色素沉着等级							
		0	1	2	3	4	5	6	7
雌性	Ⅱ	4.92	11.48	34.43	31.15	9.84	1.64	4.92	1.64
	Ⅲ	1.79	12.50	7.14	42.86	16.07	8.93	8.93	1.79
	Ⅳ	0.00	0.00	4.55	27.27	31.82	31.82	4.55	0.00
	Ⅴ	0.00	0.00	0.00	0.00	0.00	0.00	0.00	0.00
雄性	Ⅱ	20.00	20.00	20.00	0.00	20.00	20.00	0.00	0.00
	Ⅲ	12.50	12.50	12.50	50.00	12.50	0.00	0.00	0.00
	Ⅳ	1.39	5.56	5.56	40.28	20.83	20.83	4.17	1.39
	Ⅴ	0.00	0.00	15.38	46.15	15.38	15.38	3.85	3.85

卡方检验表明：雌性 $\chi^2=44.4241$，P 为 0.0001；雄性 $\chi^2=25.5402$，P 为 0.2245，因此认为雌性性腺成熟度与角质颚色素沉着等级具有显著的关联性，而雄性个体则不显著。

四、色素沉着与角质颚形态之间的关系

分析发现，角质颚色素沉着等级与其外部形态参数呈现出一定的相关性(图 3-5)。统计分析认为，除 LRL 外，其他角质颚形态参数与色素沉着等级关系显著。其关系式如下：

雌性：$X=1.2571\times \mathrm{LHL}-1.9733(R^2=0.2424;\ n=143;\ P<0.001)$

$X=0.5656\times \mathrm{LLWL}-3.4686(R^2=0.2828;\ n=143;\ P<0.001)$

$X=0.3345\times \mathrm{LWL}+0.6193(R^2=0.118;\ n=143;\ P<0.001)$

$X=0.5669\times \mathrm{LRL}+1.1834(R^2=0.0754;\ n=143;\ P<0.05)$

雄性：$X=1.1182\times \mathrm{LHL}-1.1029(R^2=0.165;\ n=121;\ P<0.001)$

$X=0.5534\times \mathrm{LLWL}-3.2549(R^2=0.2778;\ n=121;\ P<0.001)$

$X=0.5978\times \mathrm{LWL}-1.0591(R^2=0.256;\ n=121;\ P<0.001)$

$X=0.3265\times \mathrm{LRL}+2.2215(R^2=0.0164;\ n=121;\ P>0.05)$

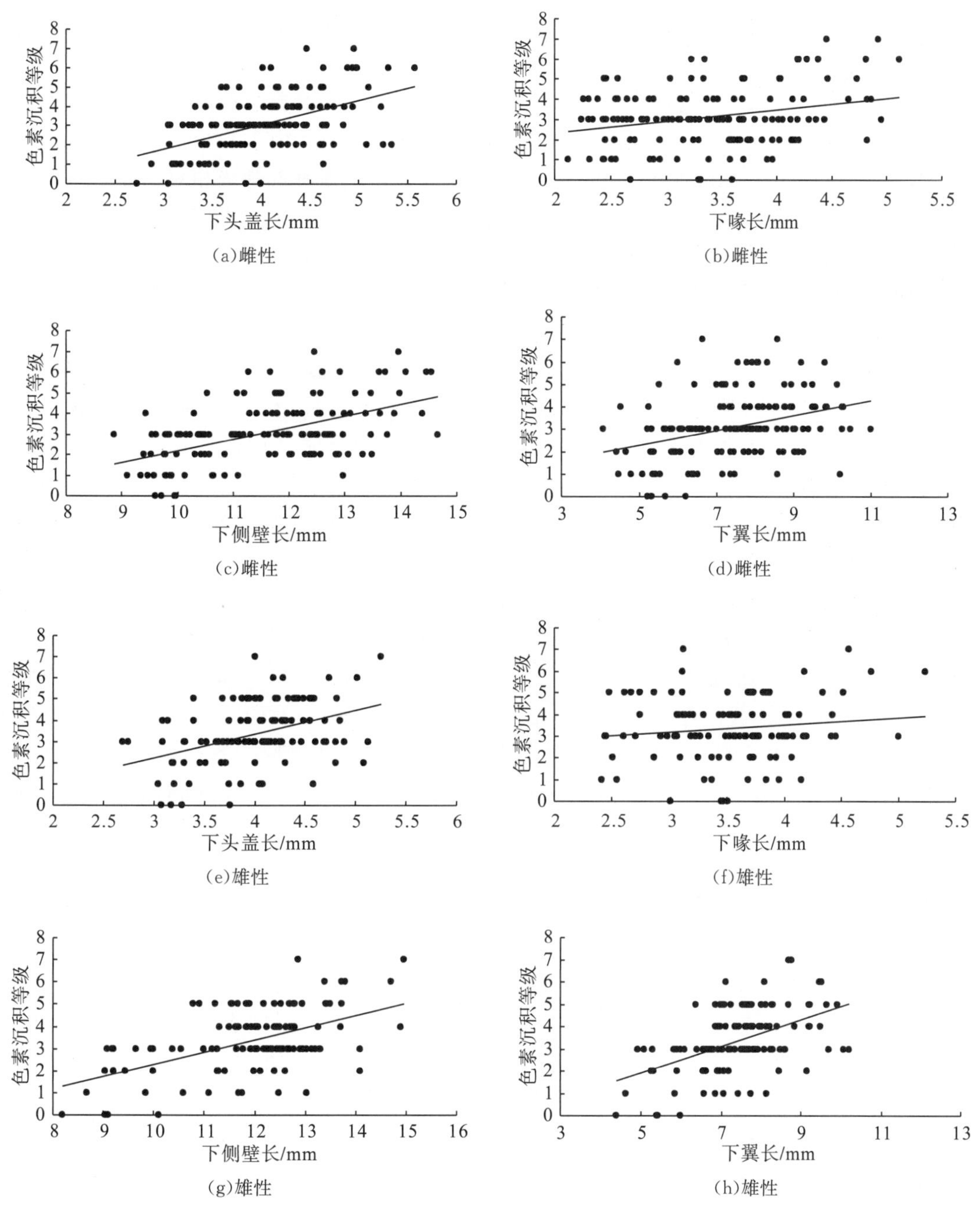

图 3-5　阿根廷滑柔鱼角质颚色素沉着等级与下角质颚各外部形态的关系

五、分析与讨论

研究认为，随着阿根廷滑柔鱼渔汛的推迟，其个体在不断地生长，角质颚色素沉着等级随着个体的生长而增大，但三个月中色素沉着3级所占比例为最高，而1级以下和6级以上的个体相对较少。胴长和体重与色素沉着等级之间的关系表明，其式中的截距值，雄性个体都比雌性小，由此认为：在同等胴长或体重的条件下，雌性个体的角质颚色素沉着要快于雄性，实际上柔鱼类的雌性个体生长速度都要快于雄性，最大雌性个体要比雄性大(董正之，1991)。

研究认为，雌雄个体的性成熟度与其色素沉着等级之间的关系有明显差异。雌性个体的性成熟度与色素沉着等级具有显著关联性，雄性则没有。由于阿根廷滑柔鱼雄性个体成熟要比雌性早(Arkhipkin，1993)，所以雄性个体的色素沉着等级相对稍高，但不明显，这可认为性腺成熟过程和角质颚色素沉着的过程并不同步，角质颚色素沉着的速度稍慢。雄性个体的取样局限性(缺少Ⅰ和Ⅴ期样本)可能也影响到研究结果。本书研究发现，色素沉着等级与胴长、体重、性腺成熟度以及角质颚形态参数等在统计上有显著的关系，但是其相关系数 R^2 均小于 0.5，其原因可能来自两个方面：①角质颚色素沉着等级 0～7 级划分标准可能过细，使得对角质颚色素沉着等级的判别出现较大的误差，特别是对一些模棱两可的样本；②角质颚色素沉着过程是一个复杂的问题，对于同一大小的渔获物个体或者是同一性腺成熟度等级的个体，其角质颚色素沉着等级的范围很大，例如色素沉着等级为 3 级的阿根廷滑柔鱼，其体重为 100～350g，这种现象在短柔鱼中也尤为明显(Castro et al.，1995)，因此影响角质颚色素沉着的因素很多，需要结合摄食等习性来综合考虑。

研究认为，角质颚的生长与其摄食有着很大的关联性。在生长早期，头足类以身体较软的小型浮游动物为主要饵料，到生长后期，随着角质颚硬度增大，饵料转变成身体较硬、个体较大的鱼虾蟹类，这与性成熟后角质颚色素不再沉积，其化学成分也不再发生变化有很大关系(董正之，1991；刘必林，2009)。Ivanovic 和 Brunett(1994)研究发现，在巴塔哥尼亚海域，阿根廷滑柔鱼主要捕食甲壳类，其出现频率为 85.29%，其次为头足类，再次为鱼类。而在布宜诺斯艾利斯海域，甲壳类依然是重要的捕食对象，但出现频率下降到 56.96%，而头足类和鱼类的出现频率分别增加到 29.41%和 16.62%(Ivanovic，1994)。在巴西南部海域，阿根廷滑柔鱼摄食的鱼类占到 43.8%，头足类占 27.5%，甲壳类占 18.7%，且捕食种类较为单一(Roberta，1997)。经比较发现，阿根廷滑柔鱼在幼体时期主要以甲壳类为主，而在体长达到 200mm 时，主要以同类和鱼类为主，且在洄游其间自食同类的比例非常高(Roberta，1997)。近年来，通过稳定同位素方法分析了头足类肌肉与角质颚中 $\delta^{15}N$ 含量，证实了头足类在不同生长阶段食性的转变(Cherel 和 Hobson，2005)，从而全面了解其摄食生态。在本书研究中，由于冷冻的样品其胃含物受到损坏，因此没有对样本的摄食特性进行分析。

研究认为，总体上角质颚越大，其色素沉着等级越高。雌性个体的 LHL、LLWL 与角质颚色素沉着等级的相关系数较高，雄性的 LLWL、LWL 与角质颚色素沉着等级相关性较大。分析认为，LRL 大于 4.32mm 或 LWL 大于 6.37mm 时，同等条件下雌性个体的色素沉着等级要高于雄性，反之则较低于雄性个体。这也可认为，阿根廷滑柔鱼雄性个体的角质颚一开始生长较快，在后期雌性的生长则快于雄性。这可能与雌雄个体的生长特性有关，即雄性个体先于雌性个体成熟。Hernández-García(2003)认为短柔鱼 *Todaropsis eblanae* 的角质颚色素沉着过程类似科氏滑柔鱼 *Illex coindetii* (Hernández-García，1995)和褶柔鱼 *Todarodes sagittatus* (Hernández-García，1998)。Hernández-García(2003)研究认为，色素沉着等级为 3～4 级的个体很少，认为 3～4 级是头足类在发生转变的一个极短的过程，这与本书研究结论有所不同，这可能是因为不同种类受不同生活环境的影响以及其本身生长不同有关。

角质颚的生长与头足类的摄食有着很大的关联，本次样本中几乎所有的个体其摄食等级都为1级。由于没有对其胃含物做进一步分析，这使得无法对它们的关联性进行分析。在今后的研究中，应该多采集一些较小个体，使得样本更加全面。同时对于利用稳定同位素($\delta^{13}C$和$\delta^{15}N$)分析技术来研究角质颚与个体生长摄食的关系(Ruiz-Cooley，2006；Hobson，2006)，今后的研究应予以更多的关注。

第三节　北太平洋柔鱼角质颚色素沉着的研究

作为鱿鱼的硬组织之一，角质颚的形态和色素沉着有着很大变化，同时其中又包含着有价值的生态信息。角质颚的色素沉着可以反映出鱿鱼个体生长和摄食的变化。本书提出了一种基于种类特征的色素沉着等级划分方法，该方法作为前人研究的补充，可以基于角质颚的色素变化更好地量化角质颚的生长。本节主要以北太平洋柔鱼为例，分析了不同性别角质颚色素沉着的变化规律和差异。研究表明，色素沉着的变化随胴长的增加而增长，外形长度、角质颚长度和重量均随着色素沉着等级的变化而表现出显著差异($P<0.01$)。角质颚测量值与对应的胴长之间的关系在不同性别中差异显著($P<0.01$)，这种差异可能是由于北太平洋海域不同性别所经历的洄游路径不同，因而不同的海洋环境影响其生长，最终导致了性别差异。角质颚色素沉着的过程也可能反映出了不同时期摄食的变化规律。同时不同性别的角质颚色素沉着不一致性也为基于角质颚形态的性别判别提供了补充依据。

一、色素沉着等级划分

上颚的色素沉着随着胴长的增长而不断增加。因为柔鱼雌雄个体在胴长上存在差异，所以本研究对雌性判定了7个色素沉着等级，对雄性判定了5个色素沉着等级(图3-6)。其中最突出的色素沉着部位是在上颚的头盖和侧壁，以及下颚的肩部和翼部。如图3-6所示，在第1级中已有一半的头盖色素被覆盖，第2级中3/4的头盖被色素覆盖；而在4级后，除了头盖边缘，几乎所有的头盖都已经被色素覆盖。在2～3级仅有两个色素块分布在上颚侧壁的周围，分别分布于翼部和脊突(图3-6)。这两个色素块在色素等级为4级时已连接在一起，然后逐渐分散开。在6～7级时，色素已经覆盖了侧壁的大部分。

在下颚中，1级时色素沉着已经占据了一半的头盖和肩部；而在2级时，整个头盖部已经变为黑色(图3-6)。在前两级中，色素沉着没有出现在翼部。在3级时，色素沉着在下颚的翼部可见。整个翼部在4级时已全部覆盖色素，黑色色素在5级时已经与肩部连接。整个色素沉着区域在6级时已经变为棕色，这些色素在7级时已经变为黑色。色素沉着在上颚和下颚的边缘部位都未发现(图3-6)。

虽然本书研究未发现与前人色素沉着研究有明显不同(Hernández-García et al.，1998；Hernández-García，2003)，但发现了一些细微差别。图3-6主要展示了柔鱼上颚头盖部的色素沉着的特征以及与前人研究的不同。

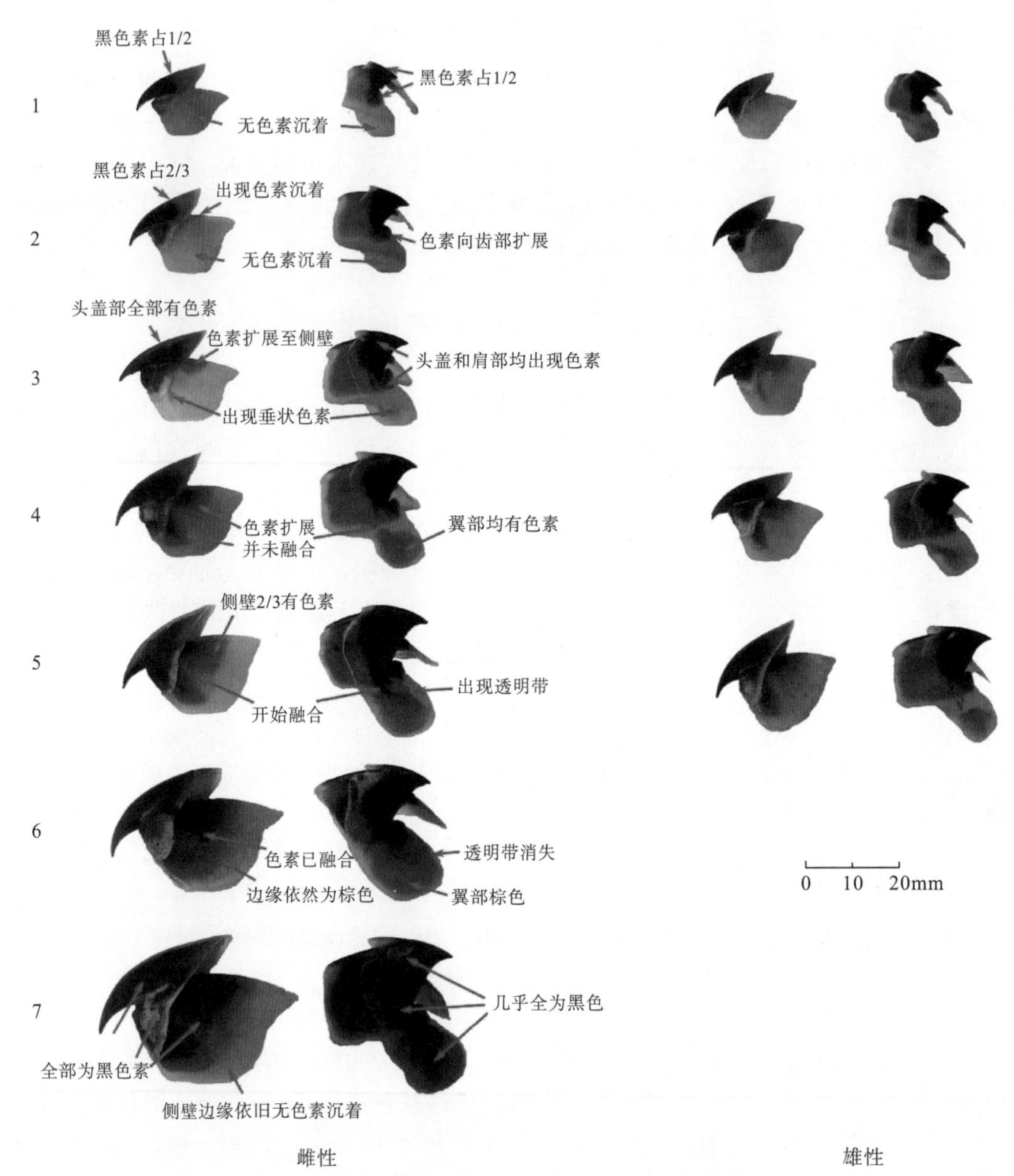

图 3-6 不同性别柔鱼角质颚色素沉着等级对应特征

二、角质颚色素分布性别差异

不同性别个体在同等色素沉着等级下，所对应的胴长分布不尽相同(图 3-7)。雌性个体中，1 级的个体绝大多数胴长在 200～250mm，而 2 级的样本中胴长在 200～350mm(图 3-7)，大部分胴长在 300～400mm 的雌性个体属于 3 级和 4 级，6 级和 7 级的个体胴长都已经超过了 400mm(图 3-8)。雄性个体中，多数色素等级在 1～3 级的个体胴长在 200～250mm，同时也有一些较大的个体(250～300mm)分布于 3 级，典型的较大个体(250～300mm)分布于 4～5 级中(图 3-7)。

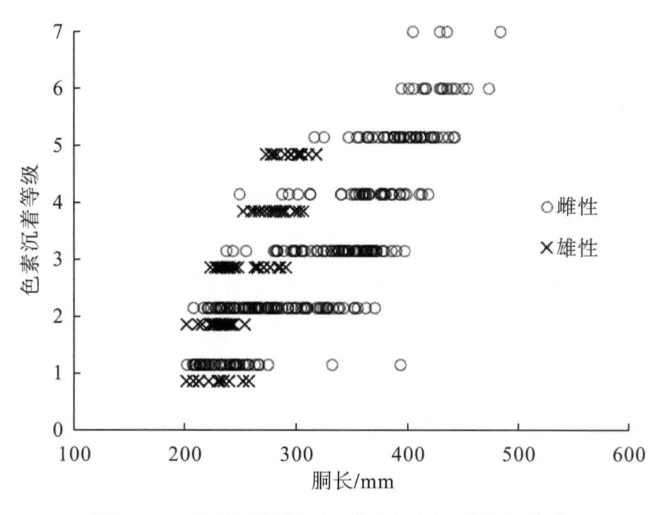

图 3-7　不同性别柔鱼角质颚色素沉着等级分布

三、色素变化在角质颚生长中的性别差异

不同等级的色素沉着在不同的性别中也存在着不同的差异。方差分析结果认为，除了下喙长以外，雄性个体其他所有的角质颚的测量值都在不同的色素沉着等级上存在差异(表 3-2)。色素等级 5、6、7 上雌性个体胴长不存在差异，同时其体重在 3 级和 4 级，6 级和 7 级之间也不存在差异(图 3-8)。而胴长和体重在雄性个体中呈现类似的变化趋势。

表 3-2　不同柔鱼角质颚色素等级之间各项参数值的方差分析结果

测量参数	方差分析 ANOVA					
	雌性			雄性		
	df	*F*	*P*	*df*	*F*	*P*
胴长(ML)	288	130.62	**	109	85.83	**
体重(BW)	288	174.00	**	109	110.30	**
上头盖长(UHL)	288	161.43	**	109	89.11	**
上脊突长(UCL)	288	137.56	**	109	95.88	**
上喙长(URL)	288	112.53	**	109	39.25	**
上喙宽(URW)	288	98.43	**	109	18.88	**
上侧壁长(ULWL)	288	165.44	**	109	96.97	**
上翼长(UWL)	288	121.72	**	109	38.76	**
下头盖长(LHL)	288	91.54	**	109	28.04	**
下脊突长(LCL)	288	125.97	**	109	52.95	**
下喙长(LRL)	288	110.41	**	109	1.16	ns
下喙宽(LRW)	288	142.61	**	109	47.45	**
下侧壁长(LLWL)	288	105.48	**	109	27.81	**
下翼长(LWL)	288	148.54	**	109	58.95	**

续表

测量参数	方差分析 ANOVA					
	雌性			雄性		
	df	*F*	*P*	*df*	*F*	*P*
上颚重(UBW)	288	179.04	**	109	86.71	**
下颚重(LBW)	288	147.34	**	109	48.31	**

注：ns 为无差异($P>0.05$)，** 为有显著差异($P<0.05$)

在雌性个体中，角质颚有色素沉着的部分，除了下翼长外，其他的部分在 3 级和 4 级之前均没有差异(图 3-8)；只有上头盖长和上侧壁长在色素沉着等级 6 和 7 级之间没有差异(图 3-8)；其他的角质颚参数在色素沉着等级 5、6、7 级之间均无差异(图 3-8)。雄性个体中，除了色素等级 1、2 之外，所有角质颚在不同的色素沉着等级中都存在差异(图 3-8)。

雌性上颚重量在 3 级和 4 级，5～7 级均没有差异；雄性上下颚重量在色素沉着 1 级和 2 级均没有差异(图 3-8)。

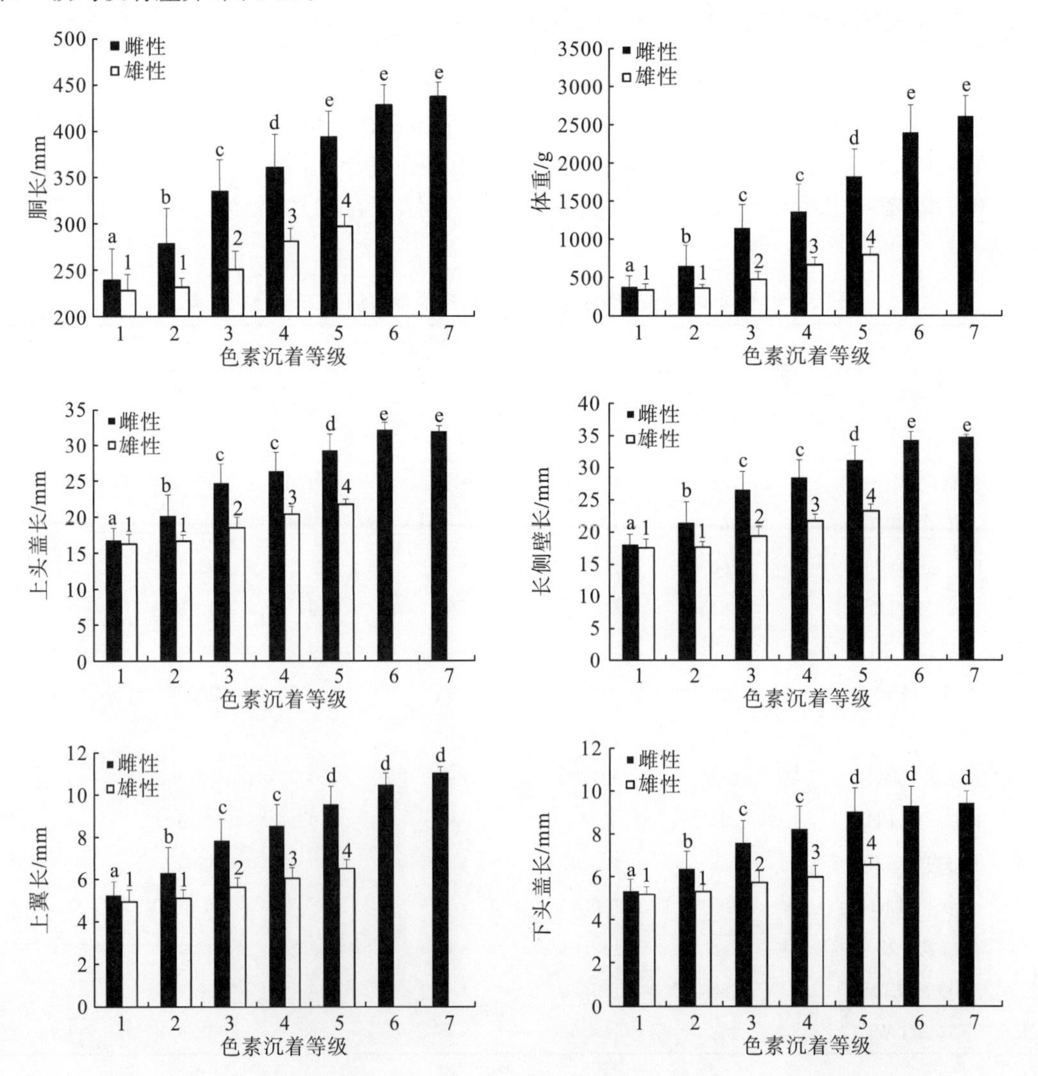

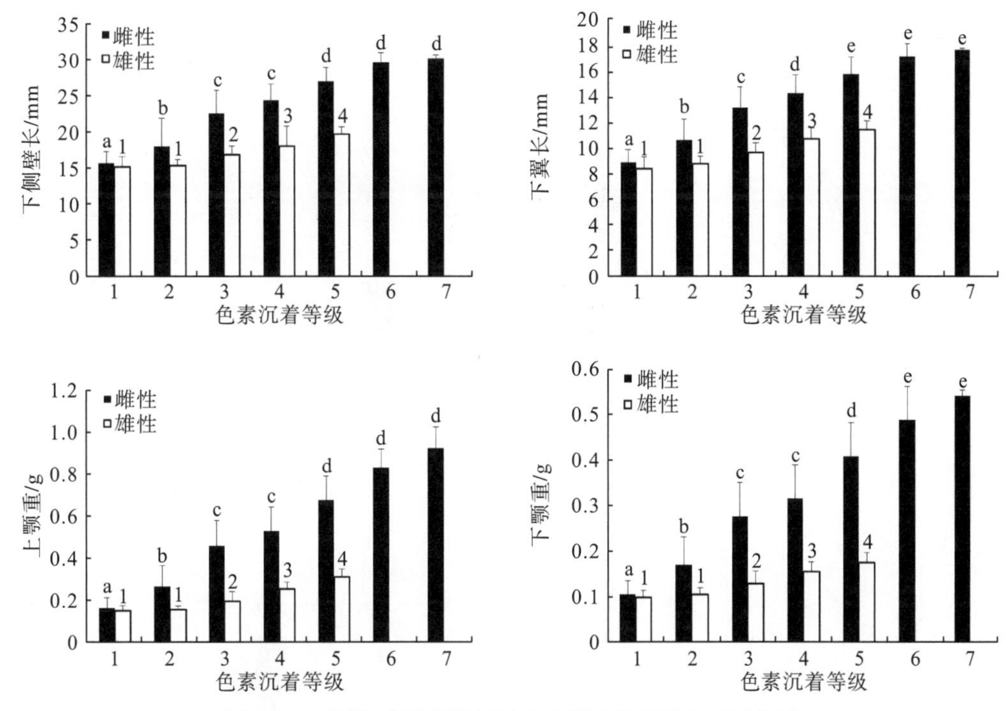

图 3-8　不同色素沉着等级间角质颚参数差异及两两差异

四、柔鱼角质颚色素沉着与个体大小的关系

1. 色素沉着等级分布

分析认为，柔鱼雌性个体胴长和体重分别为 187～437mm、241.4～2678.1g，平均胴长和体重分别为 296.1mm、878.6g；雄性个体胴长和体重分别为 165～395mm、178.6～1170.4g，平均胴长和体重分别为 258.6mm、543.9g。

在 8～10 月的样本中没有发现角质颚色素沉着等级为 0 级、6 级和 7 级的个体。雌性个体中以 2 级色素沉着所占比例为最高(图 3-9)，8～10 月 2 级色素等级所占比例依次为

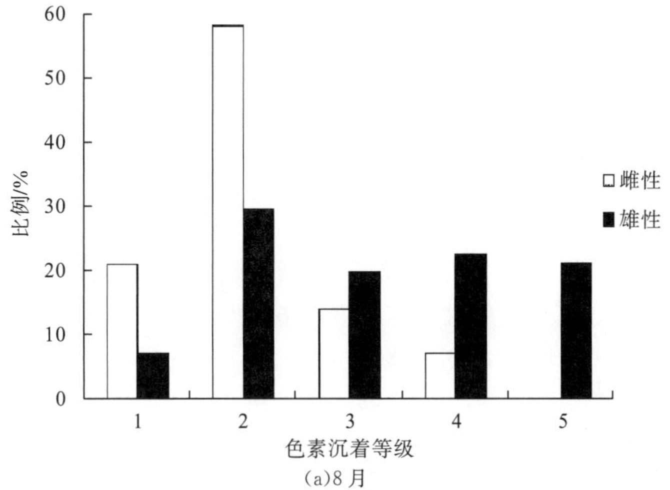

(a)8 月

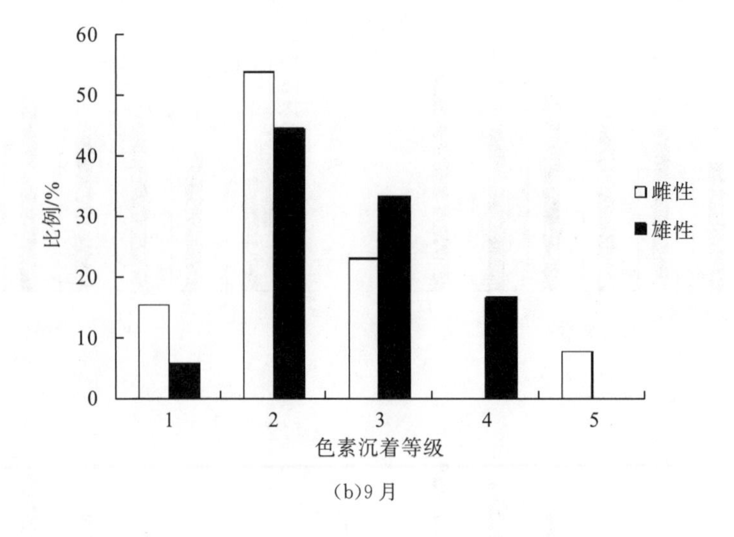

(b)9 月

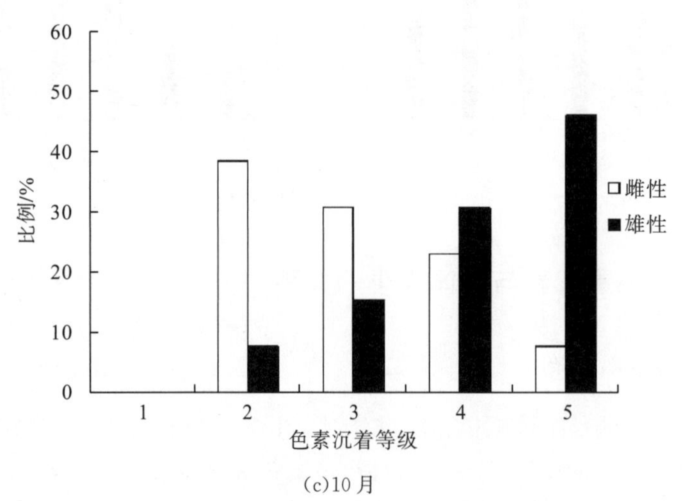

(c)10 月

图 3-9 各月柔鱼角质颚色素沉着等级分布

58.14%、53.84%和 38.46%；其次为 3 级和 4 级，所占比例依次为 27.36%、30.28%和 37.56%。雄性个体在 8 月和 9 月占最高比例的色素沉着是 2 级，分别为 29.58%和 44.44%；10 月占最高比例的是 5 级，为 46.15%。总体来看，随着月份的增加，更高的角质颚色素沉着等级所占的比例也越大，雄性比雌性具有更为明显的趋势。而低等级的色素沉着比例也不断减小，10 月已经没有色素沉着为 1 级的个体出现。

2. 色素沉着等级与胴长和体重的关系

由胴长与色素沉着等级关系分析发现，色素沉着等级随着胴长的增加而呈阶梯式分布[图 3-10(a)，(b)]。其中，雌性样本中色素沉着为 1～2 级的个体，其胴长在 20～25cm；色素沉着 3～4 级的个体胴长多大于 25cm，色素沉着 5 级的个体胴长都大于 30cm。雄性样本中，色素沉着为 1～2 级的个体，其胴长在 20～25cm；色素沉着 3～5 级的个体胴长在 25～30cm。

由体重与色素沉着等级关系分析发现，其关系不明显[图 3-10(c)，(d)]。其中，雌性样本中色素沉着为1～2级的个体，其体重在200～600g；色素沉着3～4级的个体，体重在600～1000g；色素沉着5级的个体，体重多大于1000g。雄性样本中，色素沉着为1～2级的个体，其体重多小于200g；色素沉着3～5级的个体，其体重多大于250g。

色素沉着等级与胴长和体重的关系式如下：

雌性：ML=72.338ln X+201.73(R^2=0.3836；n=69；P<0.01)

BW=448.2ln X+214.55(R^2=0.5875；n=69；P<0.01)

雄性：ML=60.235ln X+193.24(R^2=0.7238；n=102；P<0.01)

BW=375.9ln X+133.48(R^2=0.7096；n=102；P<0.01)

式中，ML和BW分别为胴长(mm)和体重(g)；X均为色素沉着等级。

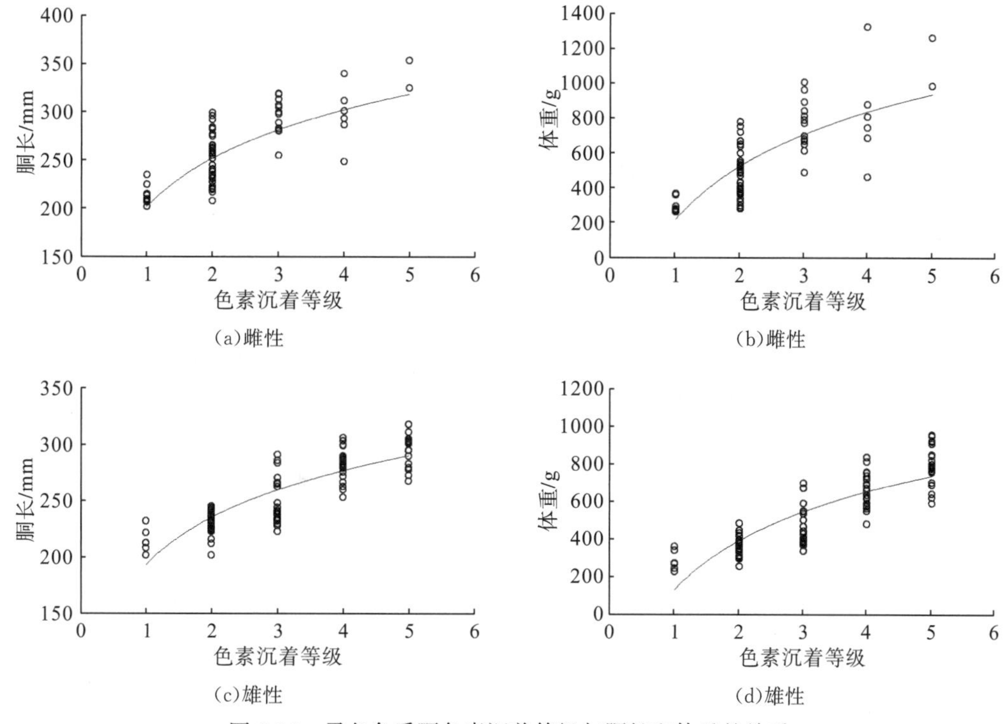

图3-10　柔鱼角质颚色素沉着等级与胴长和体重的关系

3. 色素沉着与角质颚形态之间的关系

分析发现，角质颚色素沉着等级与其外部形态参数呈现出一定的相关性(图3-11)。统计分析认为，除LRL外，其他角质颚形态参数与色素沉着等级关系显著。其关系式如下：

雌性：LHL=1.6023ln X+4.8353(R^2=0.5484；n=69；P<0.01)

LCL=3.2573ln X+9.1586(R^2=0.5797；n=69；P<0.01)

LLWL=5.2988ln X+13.095(R^2=0.4450；n=69；P<0.01)

LWL=3.104ln X+7.518(R^2=0.6004；n=69；P<0.01)

雄性：LHL=0.9646ln X+4.7745(R^2=0.4146；n=102；P<0.01)

LCL=2.5632ln X+8.5934(R^2=0.6144；n=102；P<0.01)

$$LLWL=3.7362\ln X+12.961(R^2=0.4861;\ n=102;\ P<0.01)$$

$$LWL=2.5429\ln X+7.0296(R^2=0.6818;\ n=102;\ P<0.01)$$

式中，X 均为色素沉着等级。

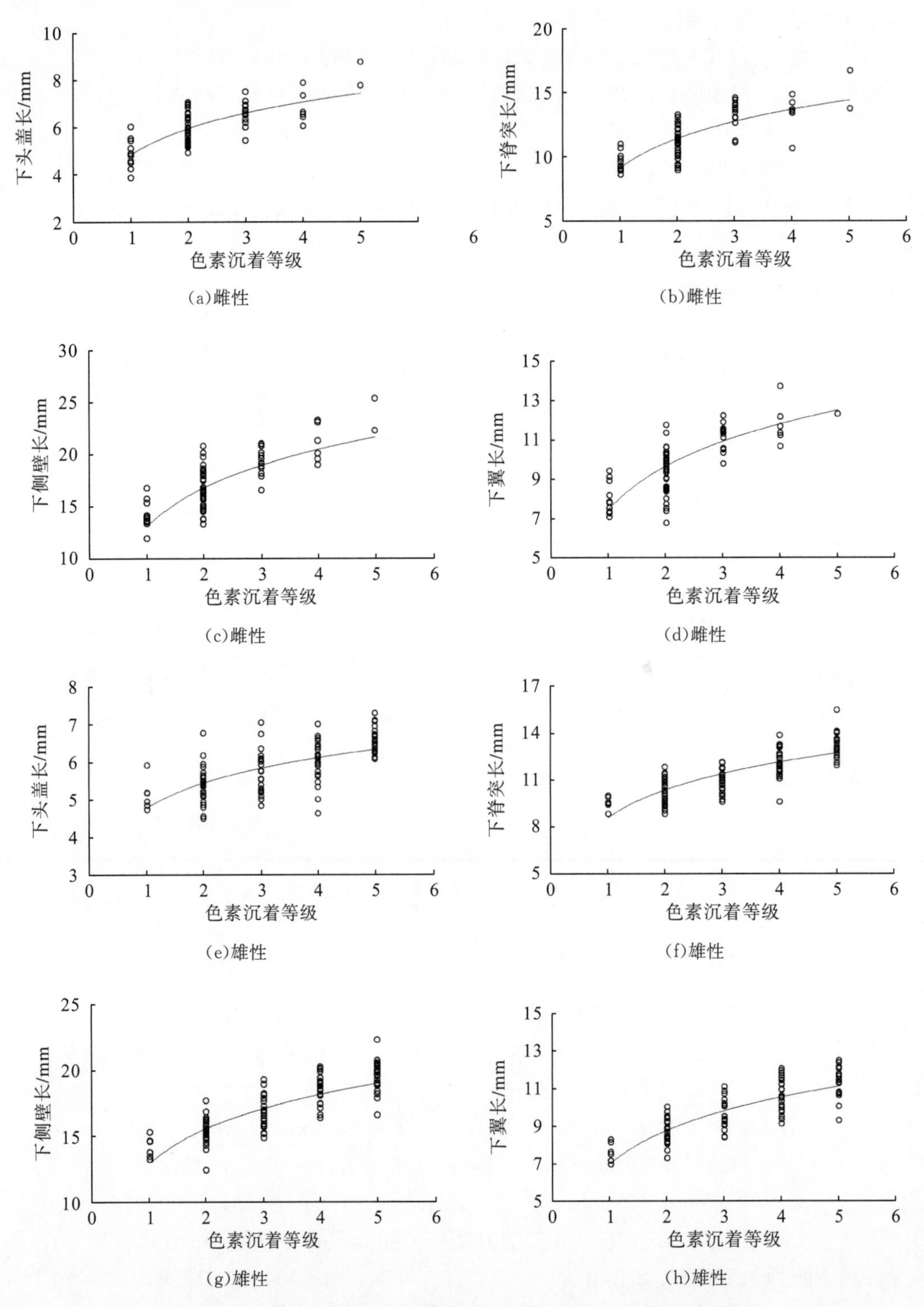

图 3-11 柔鱼角质颚色素沉着等级与下角质颚各外部形态的关系

五、分析与讨论

1. 色素沉着等级判定的改进

角质颚的色素沉着是一个内在的生物过程，这导致了角质颚的色素沉着在不同的发展阶段有着不同的变化。角质颚的色素沉着可以反映出摄食的变化。一些研究认为角质颚色素沉着的特征和分布变化与个体大小有关（Wolff 1984；Hernández-García et al.，1998）。Hernández-García 等（1998）以短柔鱼（*T. sagittatus*）为例，第一次提出了量化色素沉着等级的分级标准，随后又在短柔鱼（*T. eblanae*）上成功应用，评估其摄食环境的变化（Hernández-García，2003）。本书基于 Hernández-García 等（1998）提供的分级模式，提出了一个适用于柔鱼角质颚特征的色素沉着分级等级。研究中使用真实图片来分析角质颚色素沉着，这比先前研究中用的手绘图更为直观，能更好地分析角质颚的色素沉着变化（Hernández-García et al.，1998；Hernández-García，2003）。本书研究中未发现 0 级的样本，这与之前的研究有所不同，可能是因为缺少小个体的样本所导致的（Hernández-García et al.，1998）。本研究针对上颚头盖长和侧壁长进行了描述，因为这两个指标可以很好地表征角质颚的生长，同时也是色素沉着变化最大的部位。雌雄二态性在头足类中非常常见，角质颚的形态也是如此（Bolstad，2006）。尽管色素沉着特征在雌雄间并没有太大的差异，但其不同的生长率使得两者的角质颚形态依旧存在较大的差异。

2. 色素沉着与柔鱼食性变化的关系

胴长和体重与色素沉着等级之间呈现出对数生长的关系，这表明柔鱼在生长早期，角质颚色素沉着较少，沉着的增长率较大；而到 3～4 级，色素沉着的增长率开始下降，到生长后期即使个体生长，色素沉着也不再加深，这与角质颚已适应了当下生长的摄食要求有关。柔鱼的食性在整个生活史过程中不断地发生变化，也影响着角质颚色素沉着的变化。幼鱼（胴长为 130～250mm）主要在高生产力的过渡区（transitional zones）摄食浮游动物（如磷虾类、端足类和甲壳类），然后再向北洄游（Murata 和 Hayase，1993；Wantanabe et al.，2008）。成体（胴长为 290～490mm）喜好在过渡区摄食较大型的食物，如鱼类（灯笼鱼）和其他的头足类（爪乌贼类）（Kear，1994；Wantanabe et al.，2008）。食性从小个体的无脊椎动物到大个体的脊椎动物也使得柔鱼的咬合力增强。而这也就促使了角质颚的头盖、侧壁和翼部的色素沉着加深（图 3-6）。例如雌雄胴长为 230～270mm、色素沉着 1～2 级的个体，在下颚翼部的色素沉着较少（图 3-6），但是胴长达到 330～430mm 的色素沉着为 3 级的个体，翼部就呈现棕色，开始有较多的沉着出现（图 3-6），在头盖和侧壁部也有类似的情况出现（图 3-6）。柔鱼幼体阶段（胴长小于 3mm）开始主动捕食时，角质颚开始突起，同时喙端也发现了一些棕色的色素沉着（Clarke，1980）。因此有颜色变化的部分预示着柔鱼的摄食习性开始变化，也是角质颚色素沉着变化的主要信号（图 3-6）。

3. 色素沉着与控制肌肉变化的关系

角质颚越大，其色素沉着等级越高。雌雄性个体的 LCL、LWL 均与角质颚色素等级的相关系数较高。分析中可以发现，下侧壁长 LLWL 和下翼长 LWL 的长度在不同的色素沉着等级中变化明显，这应该是由控制角质颚肌肉的生长特性所决定的。在生长早期，所摄食的猎物相对较低等，角质颚色素沉着较少，侧壁所支持的力量也较少；而随着个体的生长和食性的变化，色素沉着加深，角质颚变得更加坚硬，此时就需要强大的侧壁作为支撑力的支点来完成捕食过程，因此侧壁和翼部的较快生长是符合柔鱼本身生长需要的。

有着强大的肌肉才能够捕食较大的猎物。角质颚色素沉着的部位是由排列紧密的有机物组成的，同时还含有多层几丁质，因此该部位较为坚硬(Kear，1994)。色素沉着和控制角质颚肌肉的生长使得成年柔鱼有效地捕获猎物，同时这些变化也与柔鱼的生长同时进行着。角质颚围绕着其“中轴区”进行活动，该中轴区位于上颚脊突和下颚翼部，该部位主要由控制角质颚闭合的上颚肌控制(Rocha et al.，2001；Uyeno 和 Kier，2005)。因此，该“中轴区”也随着上颚肌生长，以适应捕食大型猎物所带来的摄食习性的变化。在色素等级 3 级之后，雄性的个体(一般胴长小于 300mm)相对于雌性的个体要小(图 3-7)，这可能是不同性别不同的洄游路径导致其雌雄幼体在不同的环境下成熟而造成的(Ichii et al.，2009)。

4. 色素沉着的性别差异

在角质颚色素沉着的生长过程中，有着明显的性别生长差异。Scheffe 认为角质颚测量参数在雌性的色素沉着 6 级和 7 级以及雄性的色素沉着 1 和 2 级之间不存在差异。雄性的生长率较雌性更慢，主要是不同的栖息环境和生殖策略造成的(Chen 和 Chiu，2003；Ichii et al.，2009；刘必林等，2011)。这种生长的差异也表现在角质颚的色素沉着上，因为雄性幼体的生长比雌性幼体慢。雄性的下喙长在不同色素等级中保持相对稳定，雄性的个体较小，其喙部变化不明显(表 3-2)。前人对褶柔鱼(*Todarodes sagittatus*)的研究中也发现，喙部的生长较其他的部位慢(Hernández-García et al.，1998)。Franco-Santos 等(2014)在对真蛸(*Octopus vulgaris*)角质颚的研究中也发现了类似现象。喙部对于幼体来说并不是特别重要的结构，但对成体来说非常重要(Franco-Santos et al.，2014)。因此在柔鱼的生活史后期，角质颚的喙部经历了较大的变化。柔鱼的大小影响着其咬合力和食物的选择，喙部的生长也是对食性变化的适应。后期需要进行更多的研究来解释喙部生长与柔鱼生长摄食的关系。

本研究发现，雌雄个体的性成熟度与其色素沉着等级之间的关系有明显差异。在Ⅱ期时，雌性个体的角质颚色素沉着分布在 2～5 级，而雄性个体有接近一半的个体已经达到 4 级，Ⅲ期更是多达 90%的个体集中在 5 级，从此也可以看出雄性的色素沉着速度要快于雌性。Hernández-García(1998)研究认为，色素沉着等级为 3～4 级的个体很少，认为 3～4 级是头足类在发生转变的一个极短的过程，这在本研究中的雄性个体的色素沉着变化有所体现，而与阿根廷滑柔鱼(*Illex argentinus*)的角质颚变化情况有所不同(方舟等，2013)，可能与不同种类受不同生活环境的影响以及其本身繁殖策略有关。

角质颚的重量是另一个影响角质颚生长和色素沉着的因素。蛋白质合成，包括几丁质层的增多和色素的聚集，都会随着角质颚的生长一直进行(Miserez et al.，2008)。同一色素沉着等级的雌雄角质颚重量也存在着差异。这也可能是不同性别的洄游路径差异对其生长所造成的不同影响(Ichii et al.，2009)。上颚重量的变化要明显大于下颚的重量，尤其在色素沉着等级为 2 级以后的个体。在角质颚运动的过程中，上颚是主要活动部位，下颚相对保持在稳定的位置(Kear，1994)。因此，一个强有力的上颚可以使得柔鱼更好地捕获猎物，也使得其能够捕获不同种类的食物，这也可以解释为什么上下颚的大小不同(图 3-6)。

第四章　角质颚形态特征的分析与应用

第一节　角质颚形态研究方法

角质颚形态特征的研究一般包括形态描述和形态测量两个方面。角质颚形态描述是一个定性的过程，它是对角质颚各个部位的外表以及简单的处理(如切割)后，直观地描述其特征。而角质颚形态测量是一个定量的过程，它通过对角质颚定向的测量准确掌握角质颚的大小和形状，其包括传统的径向测量和坐标形态两种测量方法。由于角质颚的形态不易发生变化，因此一开始人们对它的一些形态中较为固定的径向长度进行测量。该种测量方法快速简便，通过相应的分析就能得出结果，已经广泛应用于种类鉴别及角质颚相应的生长规律等研究中。而径向测量法受到人为和测量工具的影响很大，同时所测量的结果只能反映出角质颚大小的变化，而无法对其具有弧度的形状进行准确的描述。20 世纪 80 年代后期出现的坐标形态测量法不再仅仅关注物体大小的变化，而更注重对形状的分析和重构。该方法摒弃了传统测量法大量的多余数据，在找出相应的同系点[homologous points，又称特征点或地标点(landmarks)]后，通过统计方法分析其形状结构发生变化的内在原因，并且能重新描绘出物体的形状，使得结果更直观准确。

一、形态描述

Naef 在 1923 年首次对不同科的头足类角质颚进行描述，但是并没有给出具体的分类标准。Clarke 于 1962 年通过大量的头足类样本分析后，提出并统一了角质颚的术语命名，同时对超过 500 种的头足类进行分类鉴定，根据不同科角质颚的特点，说明了鉴定的注意事项，并编制出了检索表。Clarke 于 1986 年编辑出版了头足类角质颚鉴定手册，该手册中提出的方法在以后头足类分类中被广泛引用，对角质颚的研究有着极为深远的意义。

二、形态测量

1. 径向测量法

径向测量法以定量指标(如两点间距离、周长和角度等)作为原始数据，运用统计学方法进行对比分析，其中以两点间距离的测量运用最广(图 4-1)。它一方面可分析各部长度相互间的比值；另一方面可运用多元分析筛选适合描述器官形态的变量，这在乌贼耳石(Neige，2006)、澳大利亚巨乌贼 *Sepia apama*(Kassahn et al.，2003)和金乌贼 *Sepia esculenta*(Natsukari et al.，1991)贝壳中已有应用。运用多元判别分析(multiple discriminant analysis)和主成分分析(principal component analysis)法对径向测量参数进行分析，可对头足类角质颚形态进行区分(Chen et al.，2012)。

径向测量参数有(Wolff，1984；Clarke，1986)：头盖长(hood length，HL)，即为喙顶端至头盖后缘末端长；脊突长(crest length，CL)，即为喙顶端至脊突后缘末端长；喙长(rostrum length，RL)，即为喙顶端至颚角末端长；侧壁长(lateral wall length，LWL)，即喙顶端至侧壁后缘末端长；翼长(wing length，WL)，即为颚角至翼部前缘末端长；基线长(base length，BL)，即为翼部末端后缘至侧壁末端前缘长；颚角(degree of jaw angle，JA)，即为喙下缘与翼部前缘的夹角；侧壁夹角(lateral wall angle，LWA)，即为两侧壁间的夹角。

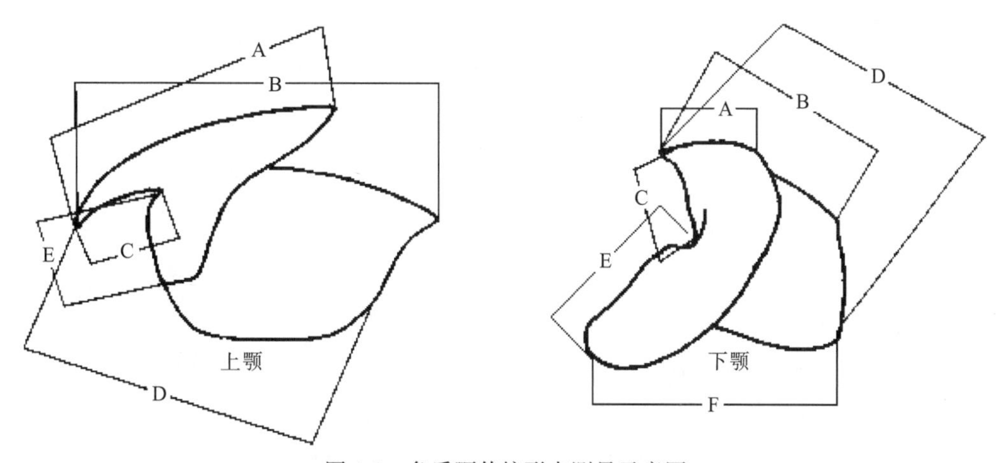

图 4-1　角质颚传统形态测量示意图

A. 头盖长；B. 脊突长；C. 喙长；D. 侧壁长；E. 翼长；F. 基线长

传统两点间距离的径向测量法利用游标卡尺直接测量两点间距离，记录并输入 Excel 表格。

2. 坐标形态测量法

坐标形态测量法又称几何形态测量(geometrics morphometric)法或普鲁克分析(procrustes analysis)法，它是基于地标点的测量方法(Dommergues et al.，2000)。坐标形态测量法的目的不在于量化物种或器官本身的形态，而在于通过比较和量化特征点不

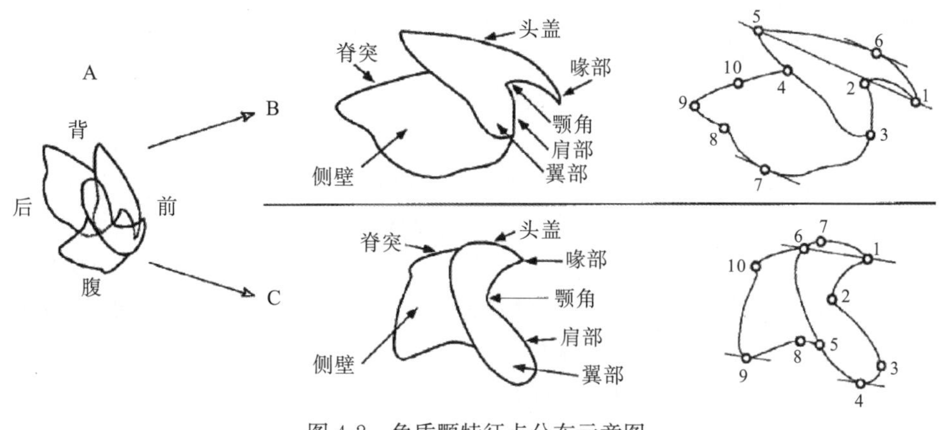

图 4-2　角质颚特征点分布示意图

同来区分不同物种或器官(Neige，2006)，该方法被应用到头足类角质颚中始于2002年(Neige和Dommergues，2002)。角质颚侧视图各部轮廓清晰、特征点明显且数量最多，故一般对头足类侧视图下的角质颚进行形态分析，分析时以角质颚喙部、头盖、脊突、翼部和侧壁等5个部分为基础，选择10个特征点(Neige和Dommergues，2002)(图4-2，表4-1)。

表4-1 角质颚特征点位置

上颚		下颚	
序号	特征点位置	序号	特征点位置
1	喙部顶点	1	喙部顶点
2	颚角	2	颚角
3	翼部与侧壁前端交汇点	3	肩部弯曲度最大点
4	翼部与侧壁后端交汇点	4	翼部最背端点
5	头盖后端	5	翼部与侧壁背部交汇点
6	1和5连线的平行线(前端)与头盖的切点	6	翼部与侧壁腹部交汇点
7	1和5连线的平行线(背部)与侧壁的切点	7	1和6连线的平行线(腹部)与头盖的切点
8	7和9之间最凹陷处	8	5和9之间最凹陷处
9	侧壁后端	9	1和6连线的平行线(后端)与侧壁的切点
10	脊突弯曲度最大点	10	侧壁后端

截取三维地标点的镜座源自Corti等(1996)的设计，经许嘉锦(2003)改良构建如图4-3所示。镜座主要由亚克力基底、45°三角形树脂基座和两片镜片组成，树脂基座固定在亚克力基底上，镜片放于基座上，并使倾斜面呈45°，基座上有螺丝可供微调角度。镜座使用的镜片取自影印机组件(也可以取自扫描器和单反相机)，其镜片上的银镀于玻璃的正面，这有别于一般的镜片(银镀于后方)，可以避免形状影像穿过玻璃时产生变形。组合好的两组镜座排成L形固定于基底，并在亚克力基底上刻画基准坐标供影像处理时定位之用。使用两个镜座是为了降低高度坐标的误差，届时地标点的高度值(Z)采用两片侧视镜片测量值的平均值。记录影像时角质颚置于镜座的中央平台上，再将镜座放置于摄像机下方，微调基座上的螺丝使摄影机上可以得到角质颚的完整的侧视图(图4-3)。摄像机拍摄的影像传入电脑，再用WinDIG 2.0(Lovy，1995)进行坐标读取。在WinDIG上先定义亚克力基座影像上刻画的三个基准坐标，其他地标点的$X-Y$坐标就可以由点选而被记录下来，再将这些资料输入Excel，使侧视图影像上的距离值转换成高度坐标，以整合为三维坐标资料。为了确保影像还原的准确度，先用一个非正方形的六面体做测试(非正方体可以检测重叠法的旋转、重合以及镜片的重现效果)，通过变化不同位置及角度分别记录20个影像，所得的影像再经过上述处理得到三维坐标点，把所有的同源地标点经重叠法处理后，各地标点均与一致点紧密叠合，表示仪器有良好的形状重现功能。

(a)镜座构造

(b)截取三维坐标仪器侧面示意图。利用倾斜45°的镜面的影响(高度)成像到与俯视图同一平面，便可以由该平面得到第三维坐标值

图4-3　角质颚影像截取及其原理图

第二节　角质颚形态特征的分析与应用

角质颚具有稳定的形态结构，它在新物种的确定、雌雄差异分析、种群划分、种类鉴定、捕食者食性分析、资源评估以及头足类生长估算等方面得到了广泛应用与研究。

一、新物种的确定

近年来，角质颚形态特征在新种的确立过程中也起到了一定的作用。Allcock和Piertney(2002)、Allcock等(2003)分析认为*Pareledone polymorpha*、*Pareledone adeliana*角质颚特征明显不同于*Pareledone*属其他各种，并依此将它们归结为新属*Adelieledone*。

二、雌雄差异性

Mercer等(1980)最先尝试利用角质颚的形态特征来区分滑柔鱼*Illex illecebrosus*的性别，结果发现，滑柔鱼上下角质颚的喙长、头盖长、脊突长、侧壁长、翼长和喙宽等5个形态参数雌雄差异明显，但是上角质颚形态差异($P<0.001$)较下角质颚形态差异($P<0.05$)更容易用来区分雌雄个体。

Bolstad(2006)分析了新西兰水域强壮桑椹乌贼 *Moroteuthis ingens* 角质颚尺寸及形态特征的雌雄差异。研究结果显示：雌性强壮桑椹乌贼角质颚尺寸大于雄性，LRL 与 ML 关系差异明显(图 4-4)。雄性亚成熟个体角质颚下颚肩部具有明显的软骨质结构，它由喙部穿过翼部至翼部后缘，从而阻隔了翼部正常的色素沉着(图 4-5A)；雌性亚成熟个体角质颚下颚颚角、喙部及相应的翼部区域为深黑色的角质结构，颚角区无任何透明的软骨质结构(图 4-6A)。雌性成熟个体角质颚深黑色，十分强健，侧壁厚且具有侧壁皱，下颚头盖通常遭腐蚀或有缺口；雄性成熟个体角质颚下颚喙部通常腐蚀或有缺口，肩部透明软骨质结构消失(图 4-7A)。整体来看，强壮桑椹乌贼角质颚形态差异概括见表 4-2。

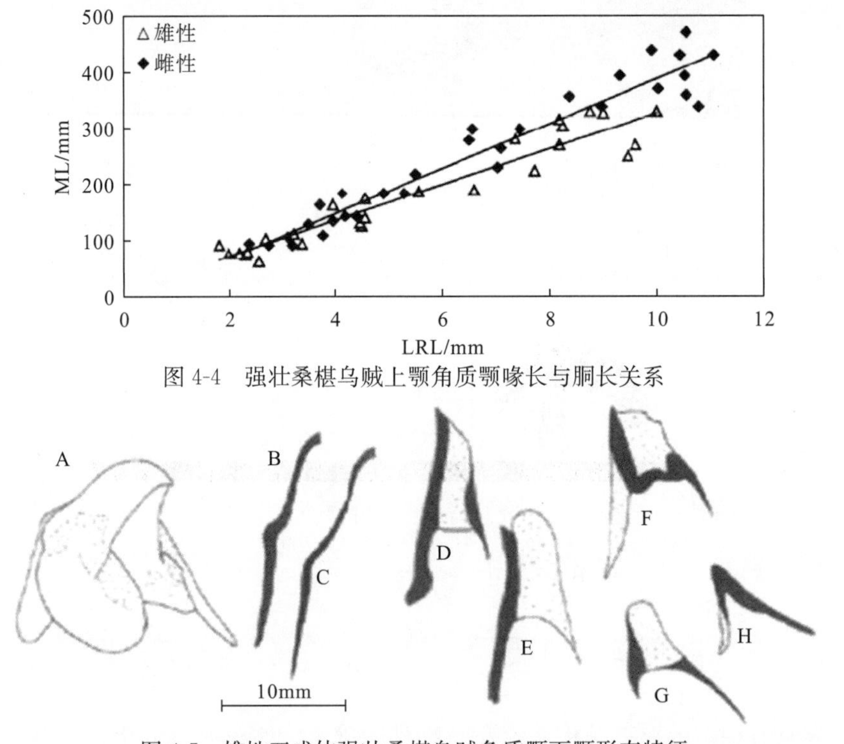

图 4-4 强壮桑椹乌贼上颚角质颚喙长与胴长关系

图 4-5 雄性亚成体强壮桑椹乌贼角质颚下颚形态特征

A. 斜视图；B. 右侧壁前部截面图；C. 右侧壁后部截面图；D. 翼部下部横截面图；E. 翼部中部横截面图；F. 颚角下方翼部上部横截面图；G. 颚角横截面图；H. 颚角上方喙部横截面图

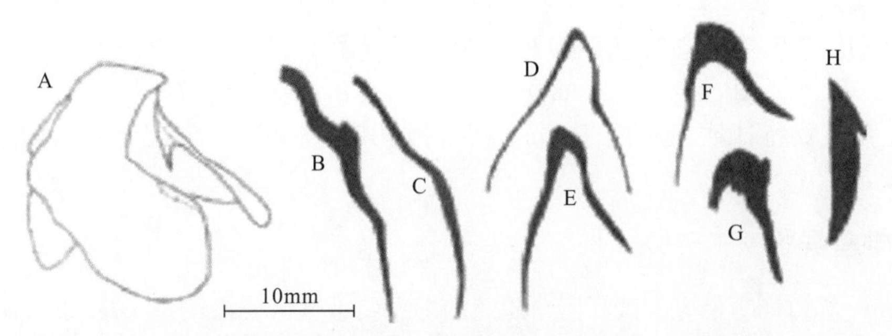

图 4-6 雌性亚成体强壮桑椹乌贼角质颚下颚形态特征

A. 斜视图；B. 左侧壁前部截面图；C. 左侧壁后部截面图；D. 翼部下部横截面图；E. 翼部中部横截面图；F. 颚角下方翼部上部横截面图；G. 颚角横截面图；H. 颚角上方喙部横截面图

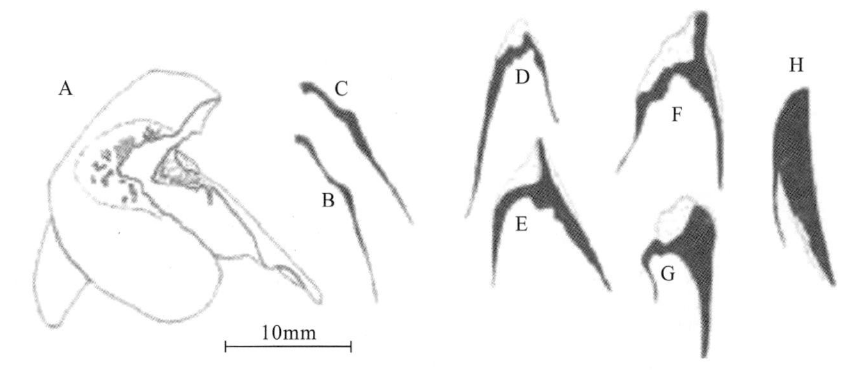

图 4-7　雄性成体强壮桑椹乌贼角质颚下颚形态特征

A. 斜视图；B. 左侧壁前部截面图；C. 左侧壁后部截面图；D. 翼部下部横截面图；E. 翼部中部横截面图；F. 颚角下方翼部上部横截面图；G. 颚角横截面图；H. 颚角上方喙部横截面图

表 4-2　亚成熟和成熟强壮桑椹乌贼角质颚下颚性别二态性

角质颚特征	亚成熟雌性	成熟雌性	亚成熟雄性	成熟雄性
长与高的比较	高度大于长度	长度约等于高度	长度大于高度	长度大于高度
色素沉着	前端接近黑色，之后迅速退变至褐色，翼部边缘琥珀色	接近黑色，之后仅在翼部边缘退变为黑褐色	接近黑色，之后至翼部边缘迅速退变为浅琥珀色	接近黑色，之后仅在翼部边缘退变为黑褐色
软骨质	翼部前端插入部具有窄的软骨质	无	宽的软骨质从颚角穿过翼部，翼部前端插入部具有宽的软骨质	翼部前端插入部具有窄的软骨质
颚缘长占翼长比例	50%翼长	40%翼长	80%～90%翼长	未测
颚缘形状	整个颚缘略弯曲	大约 80%颚缘直，远端 20%弯曲	大约 60%颚缘直，远端 40%弯曲	残余部分略弯曲
头盖长占基线长比例	30%基线长	受损明显，残余部分 10%基线长	30%基线长	40%基线长
可见脊突长占基线比例	30%基线长	50%基线长	50%基线长	40%基线长
翼宽	沿翼长方向等宽	沿翼长方向等宽	颚角部分最窄，向远端增宽	颚角部分最窄，向远端增宽
脊突增厚	明显	明显	不明显	不明显
侧壁缩进于脊突下方	否	否	是	是
侧壁皱	横截面半圆形，略微增厚	前端横截面半圆形，增厚成脊	宽，低，仅略微增厚	宽，低，仅略微增厚

Chen 等(2012a)分析认为，角质颚长度可用做柔鱼和阿根廷滑柔鱼的性别判定。Liu 等(2015b)采用逐步判别分析和主成分分析显示，角质颚长度可用做茎柔鱼不同地理群体的性别判定，厄瓜多尔、秘鲁和智利外海茎柔鱼性别判定成功率分别为 64.5%、52.6% 和 63.3%。

三、种群划分

许嘉锦(2003)利用几何形态测量法，分析发现台湾产砂蛸 *Octopus aegina* 与边蛸 *Octopus marginatus* 雌雄个体的角质颚没有明显差异。研究还发现，几何形态测量法在鉴别已知种类上的效果良好，正确归类概率为 92.7%，而径向测量法则为 86.1%(许嘉锦，2003)。Liu 等(2015b)对角质颚长度采用逐步判别分析，茎柔鱼不同地理群体的判别成功率为 89.5%。

四、种类鉴定

大洋沉积物中以及大洋捕食动物胃中留存的角质颚可用作属级(包括属级)以上种类的鉴定。头足类中各大类的角质颚结构有所差异(董正之，1991；Kubodera，2001；Lu 和 Ickeringill，2002)：柔鱼类的上颚头盖弧度较平，下颚颚角较小，头盖和侧壁较宽；枪乌贼类的上颚头盖弧度较圆，下颚颚角较大，头盖和侧壁均较狭窄；乌贼类的上颚颚角比较平直，下颚颚角更大，头盖和侧壁均较狭窄；蛸类的上颚喙和头盖均甚短，脊突尖狭，下颚喙也甚短，顶端钝，侧壁更为狭窄(图 4-8，Lu et al.，2002)。Ogden 等(1998)以章鱼科的角质颚进行形态测量，并与分子电泳结果作比较，探讨角质颚在亲缘关系上扮演的角色，其结论认为角质颚形态特征分析可用作属级分类鉴定。

有学者认为，头足类角质颚在种类鉴定与区分上也具有一定的价值，其形态特征是寻找头足类种间差异和物种鉴定的良好手段。Iverson 和 Pinkas(1971)根据角质颚特征将太平洋地区乳光枪乌贼 *Loligo opalecens* 与其他鱿鱼区分开来。Clarke 和 MacLeod (1974)根据角质特征区分西班牙临比戈湾(Vigo Bay)的头足类。Clark(1986)对头足类角质颚的判别进行了系统描述。Smale 等(1993)认为角质颚表面形态特征可用作种的鉴定，研究发现，根据角质颚表面的刻痕可以辨别 11 种分布在南非海域的章鱼。Lu 和 Ickeringill(2002)分析了澳大利亚南部水域 75 种头足类角质颚的形态特征，并依此建立了角质颚形态特征的分类检索表，分类级别至种。Kubodera 和 Furuhashi(1987)、Kubodera(2001)对分布在西北太平洋的 100 种头足类下颚分类特征进行了描述。因此，尽管头足类角质颚没有很明显的结构变化，但在野外工作或者缺少其他分类性状，特别是在对捕食动物胃含物分析时，角质颚形态特征仍然可用作头足类分类的重要依据。

Naef 在 1923 年就已经对不同科的头足类角质颚进行描述，但是并没有给出具体的分类标准。Clark(1962)在通过大量的头足类样本分析后，提出并统一了角质颚的术语命名，同时对超过 500 种不同的头足类进行分类鉴定。根据不同科角质颚的特点，说明了鉴定的注意事项，并编制出了检索表。该文提出的方法在头足类分类中被广泛引用，对角质颚的研究有着极为深远的意义。Iverson 和 Pinkas(1971)对东太平洋海域的头足类角质颚进行了描述，并用图进行解释。Wolff(1982)对热带太平洋海域 8 种不同的头足类角质颚，利用方差分析法将上颚 7 个测量值和下颚 5 个测量值进行比值转换，发现不同种

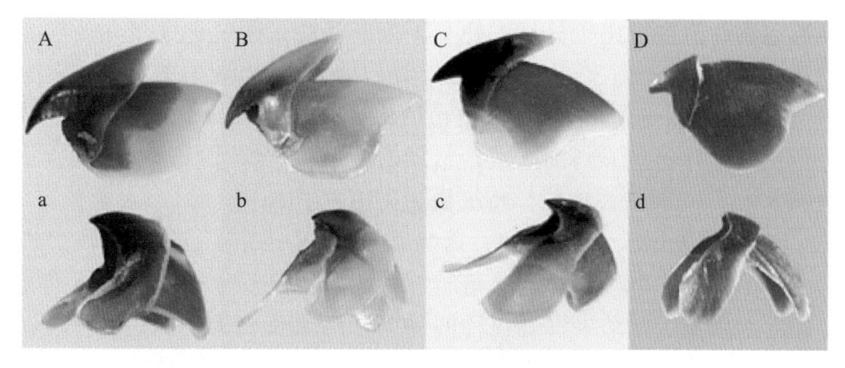

图 4-8　四种头足类角质颚

A. 柔鱼类上颚，a. 柔鱼类下颚；B. 枪乌贼类上颚，b. 枪乌贼类下颚；
C. 乌贼类上颚，c. 乌贼类下颚；D. 蛸类上颚，d. 蛸类下颚

类的值均有显著差异($P<0.05$)，同时对 8 个种类的角质颚分类提出了鉴别方法；随后用同样的方法对太平洋海域的 18 个种类进行了鉴别(Wolff，1984)。Clark(1986)总结了长期以来角质颚的分类研究，整理出版了 *A handbook for the identification of cephalopod beaks* 一书，该书为基于角质颚的头足类种类分类提供指导至今(图 4-9)，同时也提出了用下颚作为分类材料的优点：①比较容易采集(大型捕食者胃含物中多为下颚保存完好)；②有着较为稳定的形态特征；③不同种类下颚的形态差异较明显。Smale(1993)根据以上方法，对南非海域的 14 种八腕目(Octopoda)种类进行分类，列出了检索表，并且对角质颚的形态值与个体的胴长和体重建立了关系。Ogden 等(1998)根据角质颚 7 个长度标准化的比值，对南大洋 9 个头足类进行种类划分，结果认为下颚特征能够较好地对不同头足类区分到属，但对种的区分效果较差，同时角质颚特征并不适合建立发生关系(phylogenies)。Lu 和 Ickeringill(2002)对澳大利亚沿岸的头足类分布进行调查，并根据角质颚的形态进行种类划分，估算其生物量，为澳大利亚南部海域有鳍鱼类的摄食研究提供了依据。日本学者 Kubodera(2001)整理了西北太平洋地区的头足类资料，对不同种类的角质颚进行描述并分类，同时将相关的角质颚图片资料上传至互联网，供研究人员参考，也达到了共享资源的目的(http://research.kahaku.go.jp/zoology/Beak-E/index.htm)。随着人们对海洋认识的加深，有更多的头足类被发现。Xavier 和 Cherel(2009)根据多年来对南大洋(Southern Ocean)头足类种类的研究，完成了基于角质颚的南大洋海域头足类分类研究。奥地利学者 Byern 和 Klepal(2010)基于 Nesis(1987)的划分结果，结合之后新发现的种类和划分方法，通过吸盘的数量、茎化腕的形态、舌齿的形状和角质颚的大小，再次对微鳍乌贼属(*Idiosepius*)的种类进行评估；Vega(2011)也用头足类下颚的 7 个特征值对东南太平洋智利沿岸的 28 种头足类进行种类划分，使得智利沿岸的头足类分类更为系统化。

由于角质颚的特征在种间的差异较为明显，因此也应用于不同头足类之间的种类划分。Wolff 和 Wormuth(1979)对同属柔鱼科(Ommastrephidae)的柔鱼(*Ommastrephes bartramii*)和翼柄柔鱼(*Ommastrephes pteropus*)2 个种类，利用生物计量学的方法(biometric method)，依据角质颚的形态参数建立判别函数，进行种类划分。Pineda 等(1996)对巴塔哥尼亚枪乌贼(*Loligo gahi*)和圣保罗美洲枪乌贼(*Loligo sanpaulensis*)的

角质颚各项形态参数值进行比较分析，建立了判别函数，同时建立了角质颚参数值和胴长之间的关系。Martínez 等(2002)将滑柔鱼属(*Illex*)中的滑柔鱼(*Illex illecebrosus*)、科氏滑柔鱼(*Illex coindetii*)和阿根廷滑柔鱼(*Illex argentinus*)3 个种类的软体特征和角质颚特征进行比较，并建立了判别函数，结果认为角质颚特征所建立的判别函数，其正确率可以达到 83%，相对来说比软体特征更为可信。Chen 等(2012)对柔鱼科中柔鱼(*O. bartramii*)、茎柔鱼(*Dosidicus gigas*)、鸢乌贼(*Sthenoteuthis oualaniensis*)以及阿根廷滑柔鱼(*I. argentinus*)4 个经济种类的角质颚特征进行比较分析，通过标准化的角质颚特征参数，建立判别函数，结果发现在种间的判别结果正确率均超过了 95%(Mercer et al.，1980)。刘必林等(2015)通过逐步判别分析对我国近海的几种经济头足类的角质分析显示，种间的判别成功率为 96.2%。因此，角质颚在头足类的种类、种群划分中有着不可或缺的作用和意义。

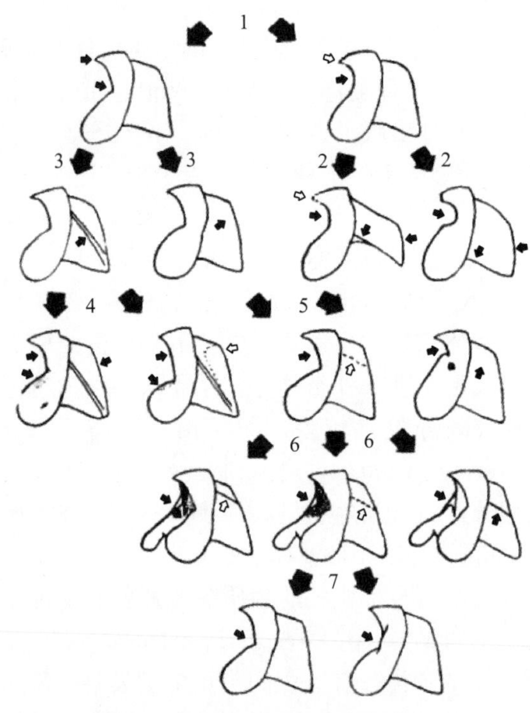

图 4-9 头足类角质颚分类鉴定步骤

实心大箭头表示分类的顺序，实心小箭头表示所需注意的特点，空心小箭头表示所需注意的微小差别

五、捕食者食性分析

头足类在海洋食物链中占有重要地位，是鲸(Kuramochi et al.，1993；Sekiguchi et al.，1996)、海豹(Clarke，1980)、海豚(Kuramochi et al.，1993)等海洋哺乳动物，金枪鱼(Perrin et al.，1973)、鲨鱼(Dunning et al.，1993)、箭鱼(Guerra et al.，1993；Hernández et al.，1995)等大型鱼类以及海鸟(Furness et al.，1984)的重要食物。头足类角质颚的一个重要特点就是不易被消化(Clarke，1962，1986；Hernández et al.，1995)，因此海洋生物学家可通过对角质颚的鉴定，分析其捕食者的食物组成。根据胃含物中残留的角质颚，Klages 和 Cooper(1997)认为 Gough 岛大西洋海燕 *Pterodroma incerta*

食物组成中有 12 种头足类；Piatkowski 等(2001)认为马尔维纳斯群岛帝王企鹅 *Aptenodytes patagonicus* 胃含物中有头足类 6 科共计 10 种；Evans 和 Hindell(2004)认为分布在澳大利亚水域的抹香鲸 *Physeter macrocephalus* 胃含物中包括了 50 种头足类。

六、资源评估

通过对大洋底层角质颚的鉴定，可以了解头足类的资源分布。大洋底层角质颚密度是头足类资源评估的一个重要依据。利用角质颚估算头足类资源量通常分为两步：首先对角质颚形态进行鉴定以确定头足类的种类；第二步，根据角质颚径向测量值与体重的关系式来确定消耗的头足类量，据此推算某个时期内总消耗量。Kubodera(2001)、Lu 和 Ickeringill(2002)分别建立了西北太平洋和澳大利亚南部水域头足角质颚径向测量值与体重的关系式，为以后该海域头足类资源评估提供了重要依据。Jackson(1995)利用角质颚估算了新西兰水域强壮桑椹乌贼的资源量。

七、生长估算

头足类角质颚具有稳定的形态结构，因此其长度在一定程度上可以反映头足类自身的生长状况。Kashiwada 等(1979)分析加利福尼亚中南部海域乳光枪乌贼 *Loligo opalescens* 发现，角质颚上颚头盖长、下颚脊突长与胴长、体重的相关性最好，雌雄个体间没有显著差异。Jackson(1995)研究显示，新西兰海域强壮桑椹乌贼 *Moroteuthis ingens* 上、下颚喙长与胴长、体重呈线性关系，雌雄个体间差异显著。Jackson 和 Mckinnon(1996)研究发现，新西兰南部海域的新西兰双柔鱼 *Nototodarus sloanii* 取对数值后的上、下颚喙长与胴长、体重关系显著。Jackson 等(1997)比较马尔维纳斯群岛强壮桑椹乌贼新鲜及干燥后角质颚喙长与胴长、体重的相关性发现，干燥后的角质颚喙长更能反映强壮桑椹乌贼的生长。Gröger 等(2000)建立了寒海乌贼 *Psychroteuthis glacialis* 的胴长、体重和下颚喙长之间的关系，所得三次非线性方程相关性极显著。郑小东等(2002)利用角质颚研究了曼氏无针乌贼 *Sepiella maindroni* 的生长，研究认为上颚头盖长、脊突长、吻长、翼长随胴长、体重呈线性增长。Staudinger 等(2009)根据角质颚长度重建了美国东海岸皮氏枪乌贼 *Loligo pealeii* 和滑柔鱼 *Illex illecebrosus* 的个体大小及生长状况。Lalas(2009)根据角质颚长度估算了新西兰东南沿海 *Macroctopus maorum* 的个体大小及其生长。刘必林和陈新军(2010)分析了印度洋西北海域鸢乌贼角质颚显示，角质颚长度与胴长呈极显著的线性相关，与体重呈极显著的指数相关。

第三节　印度洋西北海域鸢乌贼角质颚长度分析

根据 2004～2005 年我国鱿钓渔船对印度洋西北海域鸢乌贼资源调查期间采集的 103 个鸢乌贼角质颚和 60 枚耳石样本，分析了角质颚长度特征，并与鸢乌贼胴长、体重和日龄建立了关系。结果显示：角质颚长度与胴长呈极显著的线性相关，与体重呈极显著的指数相关。角质颚各部长度随着鸢乌贼日龄增加逐步增大，上、下颚头盖和脊突生长较快，喙部和翼部生长较慢；上颚头盖和脊突较下颚头盖和脊突生长快。上颚翼部呈幂函数生长，上、下颚其余各部均呈线性生长。

一、角质颚长度特征

经测定，鸢乌贼角质颚长度指标值分别如下：URL 为 3.33～12.92mm，UHL 为 11.0～35.56mm，UCL 为 13.31～50.77mm，UWL 为 3.38～12.64mm，ULWL 为 10.41～45.33mm；LRL 为 2.96～11.71mm，LHL 为 3.37～10.27mm，LCL 为 6.35～24.10mm，LWL 为 5.46～22.10mm，LLWL 为 9.43～34.44mm，BL 为 7.96～27.70mm。分析表明，角质颚长度与胴长均呈显著的线性相关($P<0.0001$)。

二、角质颚长度与胴长和体重的关系

分析表明，上颚的 UHL、UCL、URL、ULWL，以及下颚的 LLWL、LWL 与胴长 ML 之间呈极显著的线性关系($P<0.0001$)，其关系式如下：

$ML=13.302\times UHL+5.6945$($R^2=0.922$，$n=103$)[图 4-10(a)]

$ML=10.5\times UCL+5.1979$($R^2=0.952$，$n=103$)[图 4-10(b)]

$ML=38.319\times URL+23.618$($R^2=0.924$，$n=103$)[图 4-10(c)]

$ML=11.709\times ULWL+23.71$($R^2=0.951$，$n=103$)[图 4-10(d)]

$ML=13.902\times LLWL+20.397$($R^2=0.927$，$n=103$)[图 4-10(e)]

$ML=24.774\times LWL+22.773$($R^2=0.929$，$n=103$)[图 4-10(f)]

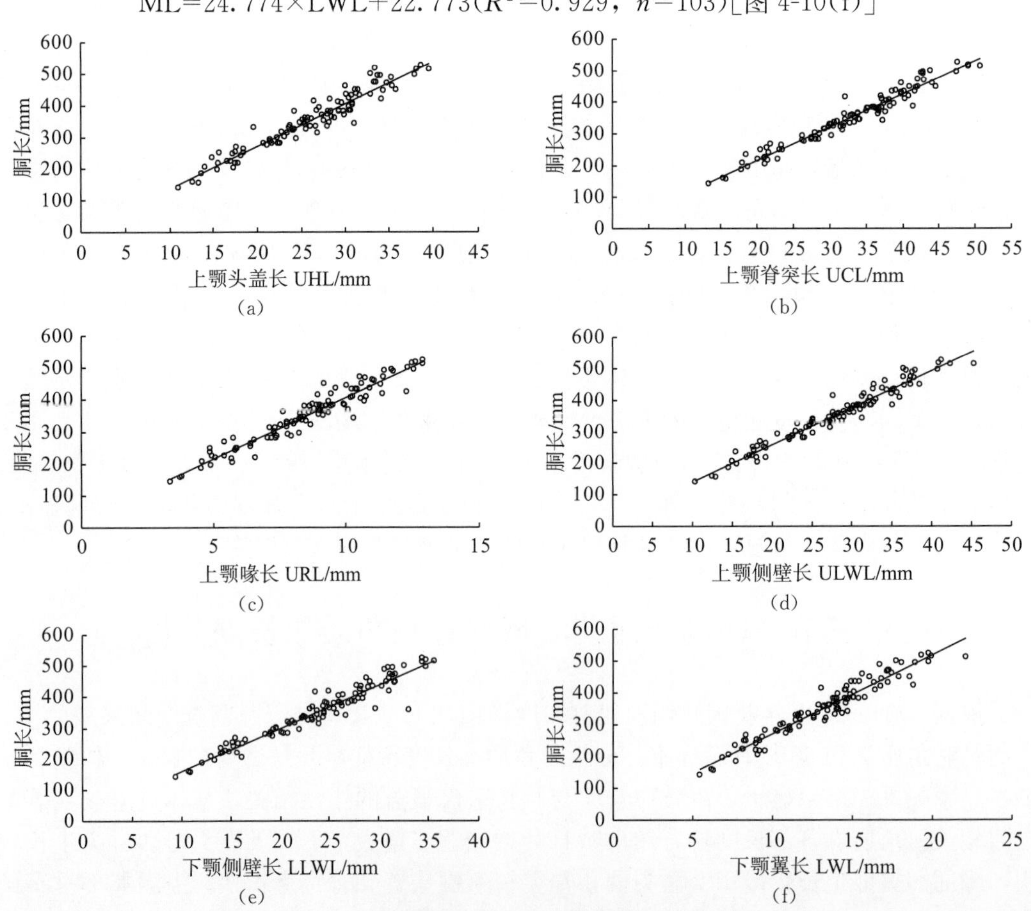

图 4-10 鸢乌贼胴长与主要角质颚长度指标关系

分析还表明，上颚的 UHL、UCL、URL、ULWL，以及下颚的 LLWL、LWL 与体重之间呈极显著的指数关系（$P<0.0001$），其关系式如下：

$BW=33.887\times e^{0.1317}\times UCL$（$R^2=0.929$，$n=103$）[图 4-11(a)]

$BW=38.97\times e^{0.1037}\times UCL$（$R^2=0.956$，$n=103$）[图 4-11(b)]

$BW=47.06\times e^{0.3777}\times URL$（$R^2=0.924$，$n=103$）[图 4-11(c)]

$BW=46.732\times e^{0.1157}\times ULWL$（$R^2=0.955$，$n=103$）[图 4-11(d)]

$BW=45.436\times e^{0.1372}\times LLWL$（$R^2=0.929$，$n=103$）[图 4-11(e)]

$BW=46.536\times e^{0.2444}\times LWL$（$R^2=0.931$，$n=103$）[图 4-11(f)]

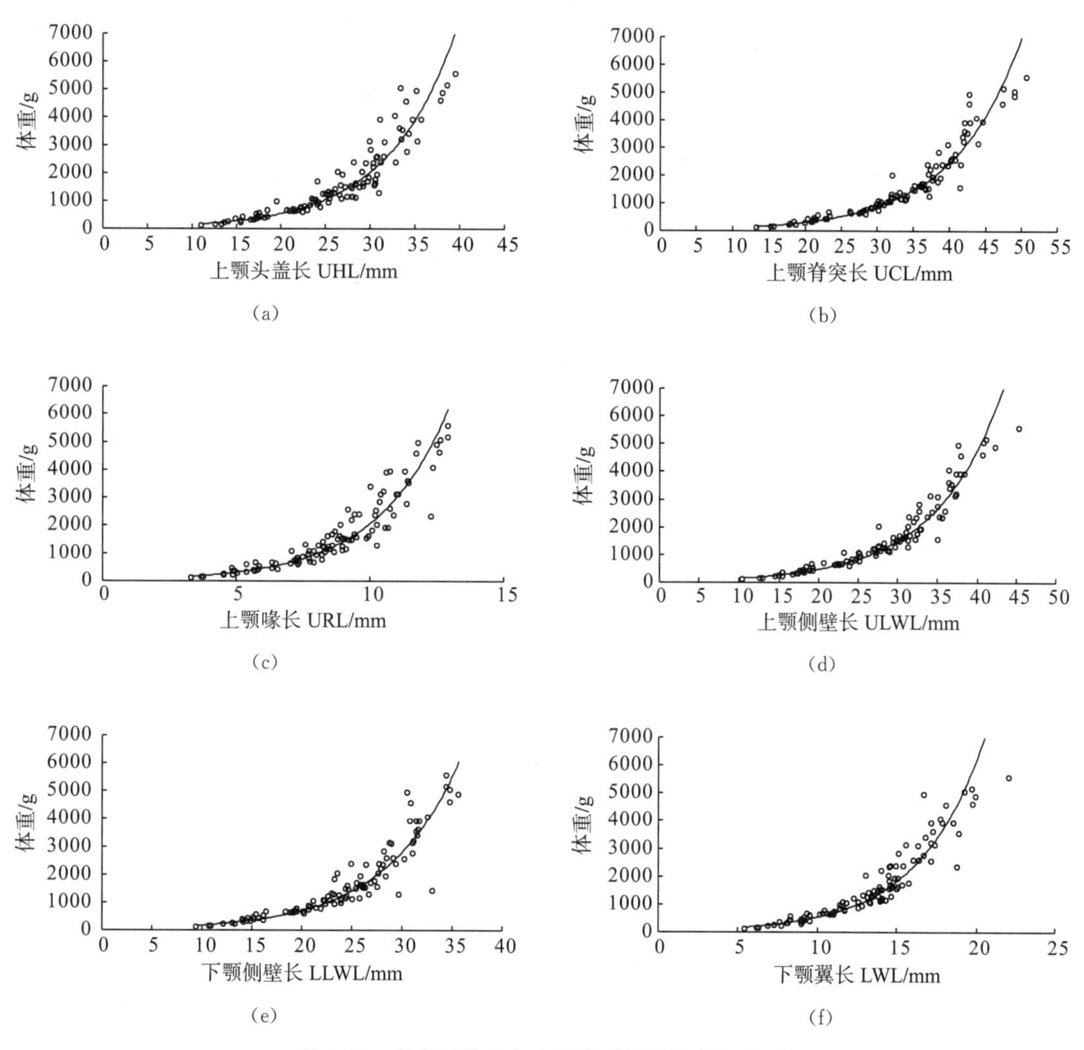

图 4-11　鸢乌贼体重与主要角质颚长度指标关系

三、角质颚各部生长

对 60 尾胴长 142～525mm、体重 100.5～5564.1g 的鸢乌贼耳石轮纹进行日龄鉴定，分析表明其样本的日龄为 88～297d。随着鸢乌贼日龄增加，角质颚各部长度逐渐增大。

日龄最小样本的上颚头盖部长 11.00mm、脊突长 13.31mm、喙部长 3.33mm、翼部长 3.38mm，下颚头盖部长 3.37mm、脊突长 6.35mm、喙部长 2.96mm、翼部长 5.46mm；日龄最大样本的头盖部长 39.56mm、脊突长 50.77mm、喙部长 12.92mm、翼部长 12.36mm，下颚头盖部长 10.27mm、脊突长 24.10mm、喙部长 11.71mm、翼部长 22.10mm。

分析表明，下颚头盖部、脊突部、喙部和翼部均呈线性生长($P<0.0001$)[图 4-12(a)～(d)]；上颚头盖部、脊突部和喙部也呈线性生长($P<0.0001$)[图 4-12(a)～(c)]，而翼部则呈幂函数生长($P<0.0001$)[图 4-12(d)]。由斜率分析可看出鸢乌贼上、下颚头盖部和脊突部较喙部和翼部生长快；上、下颚对比分析显示，上颚脊突部和喙部较下颚脊突部和喙部的生长快，而喙部和翼部的生长相当(图 4-12)。

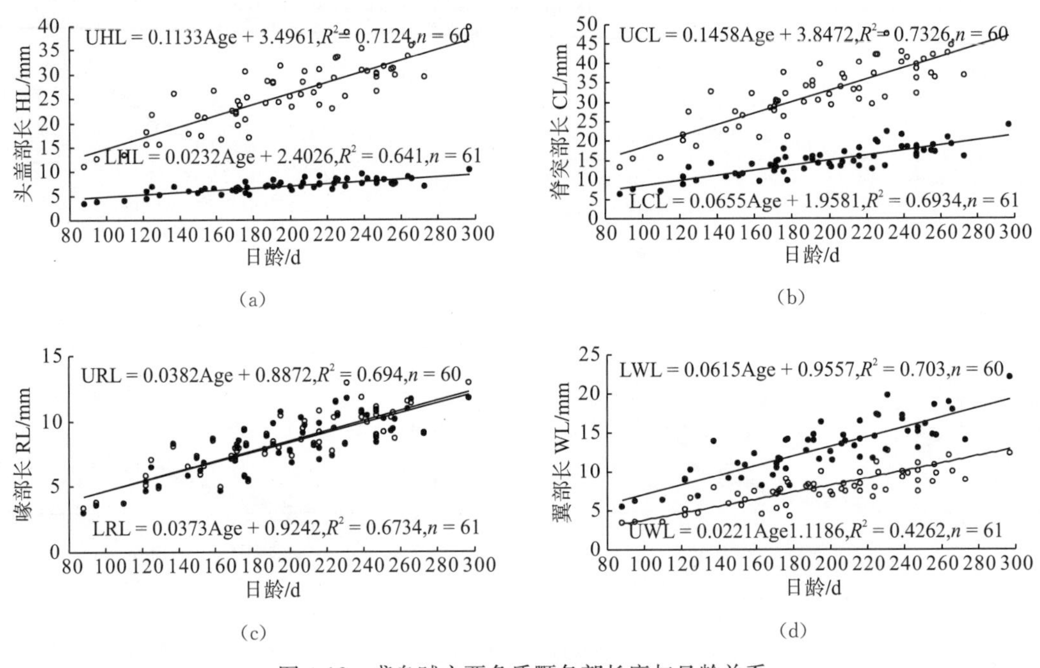

图 4-12 鸢乌贼主要角质颚各部长度与日龄关系

四、分析与讨论

1. 角质颚长度估算资源量可行性

头足类是鲸、海豹、海豚等海洋哺乳动物，金枪鱼、鲨鱼、箭鱼等大型鱼类以及海鸟的重要食物(刘必林和陈新军，2009)。通过对捕食动物胃中角质颚的分析，可估算头足类的资源量，其估算过程通常分为三步：首先对角质颚形态进行鉴定以确定头足类的种类；第二步，根据角质颚径向测量值与胴长和体重的关系式来确定消耗的头足类量，据此推算某个时期内总消耗量；第三步，根据捕食动物的资源量以及各种头足类在其胃含物中所占比例推算某种头足类的资源总量。Jackson(1995)根据角质颚长度估算了新西兰水域强壮桑椹乌贼的资源量，Gröger 等(2000)证实了寒海乌贼角质颚长度估算其资源量的可行性。虽然相关研究不多，但是随着各大洋及各海区头足类角质颚形态特征检索库的不断建立(Jackson, 1995; Wolff, 1984; Kubodera, 2001; Lu 和 Ickeringill, 2002)，运用角质颚估算头足类的资源量仍值得期待。

生活于印度洋的鸢乌贼是留尼汪圆尾鹱 *Pterodroma baraui* 和白尾鹲 *Phaethon lepturus* 等海鸟(Kojadinovic et al., 2007)、黄鳍金枪鱼 *Thunnus albacares* 和剑鱼 *Xiphias gladius* 等鱼类(Potier et al., 2007)的主要食饵，因此本研究所建立的角质颚长度指标与胴长和体重的关系可为今后印度洋海区鸢乌贼资源量的估算提供基础资料。

2. 鸢乌贼角质颚长度与生长

鸢乌贼分布于太平洋和印度洋，太平洋海域鸢乌贼角质颚的长度特征已有研究(Wolff, 1982, 1984; Kubodera, 2001)，而关于印度洋鸢乌贼的角质颚没有报道。西北太平洋鸢乌贼角质颚下颚喙长与胴长呈线性相关，其方程为 $ML=45.119\times LRL-37.8349$(Kubodera, 2001)；东热带太平洋鸢乌贼角质颚下颚 LRL 和 LLWL 与胴长和体重方程分别为 $ML=392.5\times LRL+6.98$，$ML=115.4\times LLWL-11.9$，$\ln BW=3.0\times \ln LRL+7.8$，$\ln BW=3.2\times \ln LLWL+4.7$(Wolff, 1982)。本书研究显示印度洋西北海域鸢乌贼角质颚上、下颚长度指标与胴长和体重相关性极显著，相关系数达到 0.9 以上。分别对比太平洋、印度洋 LLWL 与胴长和体重关系发现其关系式均存在较大差异，因此不同海域的鸢乌贼角质颚特征可能不同，但由于前人的研究缺乏角质颚其他长度数据，故无法与本书作更细致的比较。

鸢乌贼角质颚各部与其日龄呈明显的线性增长(除上颚翼部)，而从斜率分析发现角质各部生长存在一定差异，上、下颚头盖部和脊突部较喙部和翼部生长快；上颚脊突部和喙部较下颚脊突部和喙部的生长快，而喙部和翼部的生长两者相当。

第四节　北太平洋柔鱼角质颚长度分析

一、角质颚外部形态参数及其与胴长、体重的关系

统计分析表明，秋生群和冬春生群体雌性个体的角质颚形态参数的均值大于雄性，且秋生群的差距要大于冬春生群(表 4-3)。

表 4-3　两个柔鱼群体角质颚形态参数均值　单位：mm

形态指标	雌性		雄性	
	秋生群体	冬春生群体	秋生群体	冬春生群体
上头盖长(UHL)	25.65	21.70	17.00	18.80
上脊突长(UCL)	31.70	26.89	21.29	23.11
上喙长(URL)	8.46	7.12	5.68	6.35
上喙宽(URW)	7.39	6.24	5.40	5.56
上侧壁长(ULWL)	27.00	23.09	18.46	20.05
上翼长(UWL)	8.58	7.14	6.03	6.02
下头盖长(LHL)	8.87	7.28	5.74	6.21

续表

形态指标	雌性		雄性	
	秋生群体	冬春生群体	秋生群体	冬春生群体
下脊突长(LCL)	17.41	14.47	11.65	12.45
下喙长(LRL)	7.88	6.47	5.64	5.68
下喙宽(LRW)	7.59	6.32	5.43	5.55
下侧壁长(LLWL)	23.35	19.80	15.91	17.12
下翼长(LWL)	13.42	11.32	9.16	9.77

经拟合发现(除秋生群雄性个体样本数量较少无法分析外)，柔鱼角质颚外形 4 个参数值，即 UHL、UCL、LCL、LWL 与 ML、BW 存在显著的相关性，分别可用线性和指数关系来表达(图 4-13；$P<0.01$)。

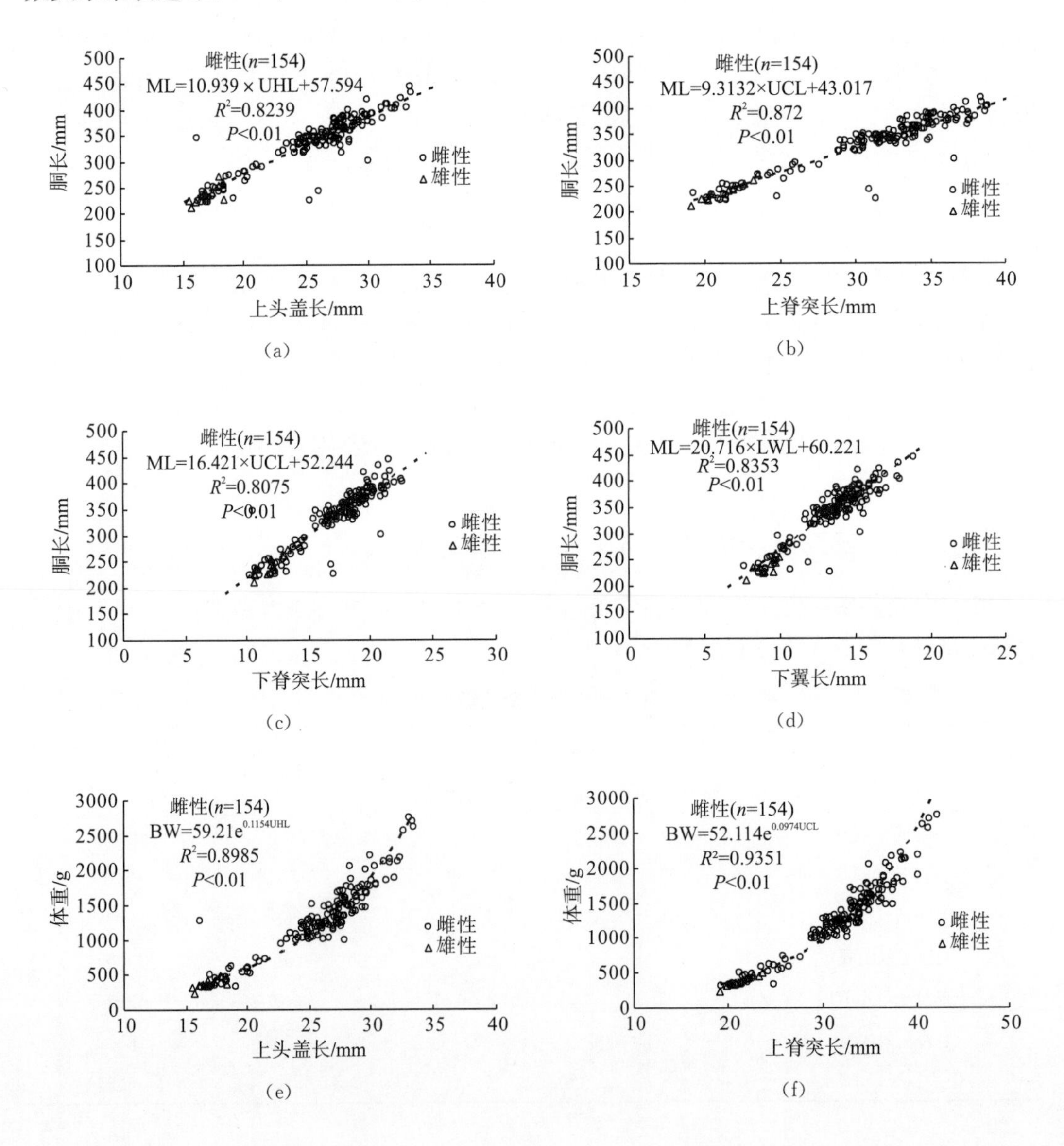

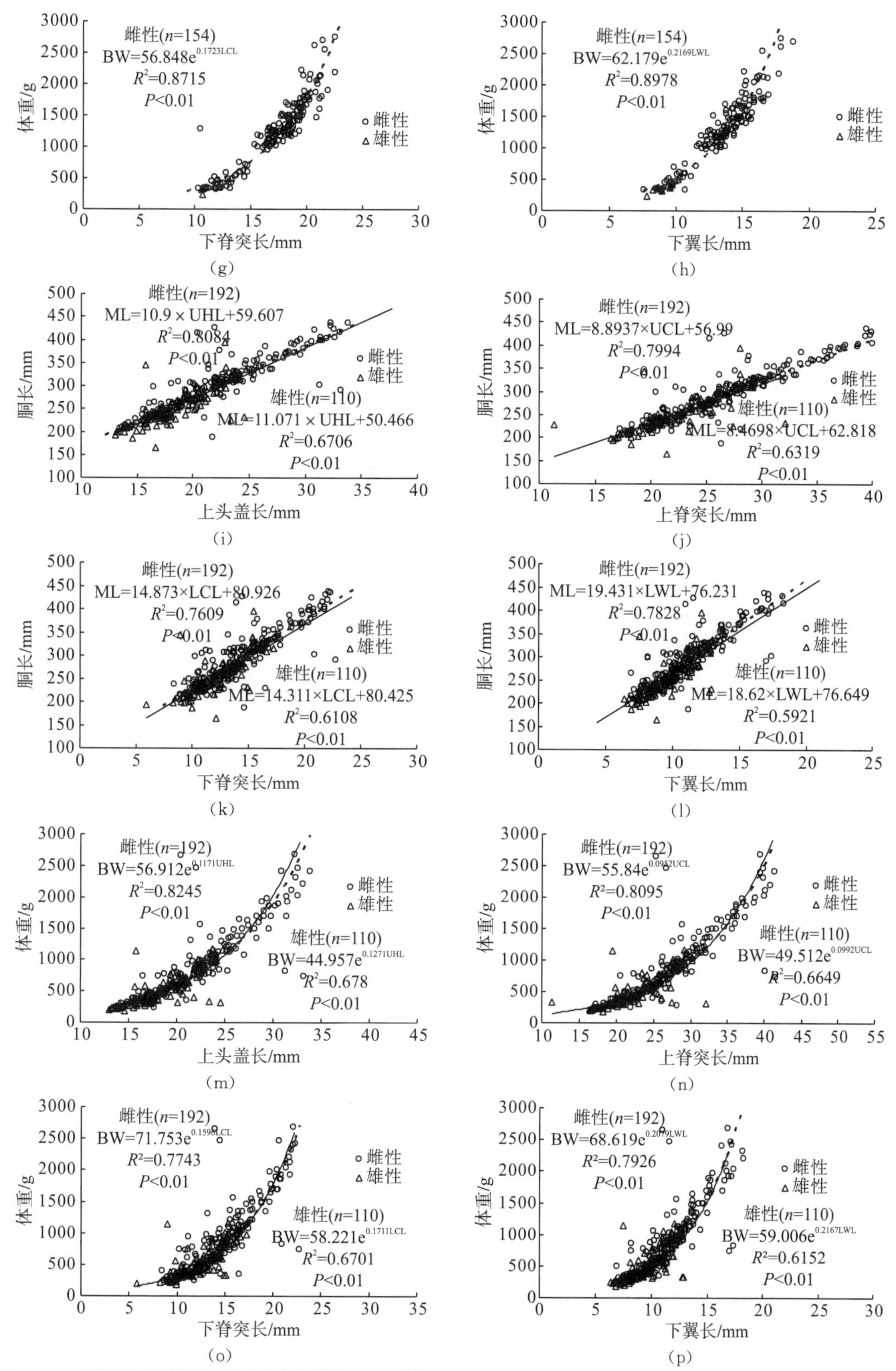

图 4-13　不同柔鱼群体的角质颚形态参数与胴长、体重关系示意图(图中虚线表示雌性曲线，实线表示雄性曲线)

(a)～(h)为秋生群，(i)～(p)冬春生群

二、主成分分析

主成分分析认为，第一、第二主成分的累积贡献率分别为：秋生群体雌性个体为93.01%，雄性为87.83%；冬春生群体雌性为96.32%，雄性为92.46%。从表4-4可知，秋生群第一主成分因子与角质颚各形态值均存在有较大的正相关，载荷系数均在0.28～0.3，其中雌性和雄性群体的最大载荷系数均为UCL/ML；第二主成分雌性和雄性群体也均与UWL/ML有较大的正相关。冬春生群第一主成分因子与角质颚各形态值均存在较大的正相关性，载荷系数均在0.28～0.3，其中雌性和雄性群体的最大载荷系数分别为ULWL/ML和LLWL/ML；第二主成分雌性和雄性群体分别与URW/ML和LRL/ML有较大的正相关性。

表4-4 两个柔鱼群体角质颚形态参数的主成分分析

形态参数值	秋生群				冬春生群			
	因子1		因子2		因子3		因子4	
	♀	♂	♀	♂	♀	♂	♀	♂
上头盖长/胴长	0.2935	0.3044	−0.0101	−0.2464	0.2923	0.2958	−0.278	−0.2977
上脊突长/胴长	0.2993*	0.3239*	0.005	0.1028	0.292	0.2917	−0.2488	−0.2225
上喙长/胴长	0.2837	0.2843	0.0163	−0.3664	0.2881	0.2855	0.1934	0.013
上喙宽/胴长	0.2922	0.2622	0.0976	−0.4385	0.2809	0.2851	0.6167*	0.3015
上侧壁长/胴长	0.2874	0.3167	−0.0453	0.0353	0.2937*	0.2979	−0.2129	−0.226
上翼长/胴长	0.2687	0.2416	0.7318*	0.4873*	0.2845	0.2813	0.0712	0.2706
下头盖长/胴长	0.2708	0.2852	−0.6502	−0.3456	0.2833	0.2768	−0.1809	−0.3343
下脊突长/胴长	0.2923	0.3159	−0.142	0.202	0.2895	0.296	−0.1742	−0.0789
下喙长/胴长	0.292	0.2685	−0.0361	0.2663	0.2884	0.2796	0.3418	0.5351*
下喙宽/胴长	0.2934	0.2701	−0.0267	0.302	0.2888	0.2853	0.3393	0.4254
下侧壁长/胴长	0.2966	0.2981	−0.0144	−0.113	0.2933	0.2994*	−0.1915	−0.1385
下翼长/胴长	0.2923	0.2814	0.0855	0.1681	0.2891	0.2888	−0.2471	−0.205
特征值	10.8981	9.0854	0.2646	1.4555	11.3534	10.693	0.205	0.4028
百分率%	90.8177	75.7117	2.2053	12.1295	94.6113	89.1081	1.7082	3.3563

注：*为各主成分中负载绝对值最高的指标

三、不同群体、不同胴长组的角质颚形态值差异比较

将不同群体同一性别的角质颚外形数据进行均数差异性t检验，发现不同群体的雌性个体在角质颚的各项形态参数上均表现出显著性差异($P<0.01$)，而雄性个体角质颚形态参数的各项指标差异均不显著($P>0.05$)。

方差分析(ANOVA)表明，秋生群体和冬春生群体雌性个体不同胴长组间的各项角质颚形态参数变化均存在极显著差异($P<0.01$)。应用多重比较分析(LSD)进一步分析发

现，秋生群体雌性个体角质颚参数 UHL/ML、URL/ML、LHL/ML、LRW/ML 在胴长组＜250mm 和 250～300mm 不存在差异($P>0.05$)(因秋生群雄性个体样本数量较少无法分析)，但冬春生群体的雌、雄性的各项角质颚形态参数在不同胴长组之间均存在显著差异($P<0.01$)。

四、性成熟度与不同柔鱼群体角质颚形态参数的关系

冬春生群体雌性样本性成熟度均在Ⅰ～Ⅲ，其所占比例分别为 11.04%、35.06%、53.90%，雄性样本性成熟度在Ⅰ～Ⅳ，其所占比例分别为 48.82%、22.73%、31.82%、3.64%。秋生群体的雌、雄样本性成熟度都在Ⅰ～Ⅲ，其中雌性样本各期所占比例分别为 20.83%、63.54%、15.63%，雄性为 27.27%、63.64%、9.09%。

除了秋生群体中雄性样本偏少无法进行分析外，ANOVA 分析认为，秋生群体雌性个体以及冬春生群体雌、雄个体不同性成熟度间的各角质颚形态参数均存在显著差异(P＜0.01)。LSD 分析也同样表明，冬春生群体雌性个体和秋生群体雌雄个体的各项角质颚形态参数在性成熟度Ⅰ期与Ⅱ期、Ⅱ期与Ⅲ期、Ⅰ期与Ⅲ期均存在显著差异($P<0.05$)(图 4-14)。

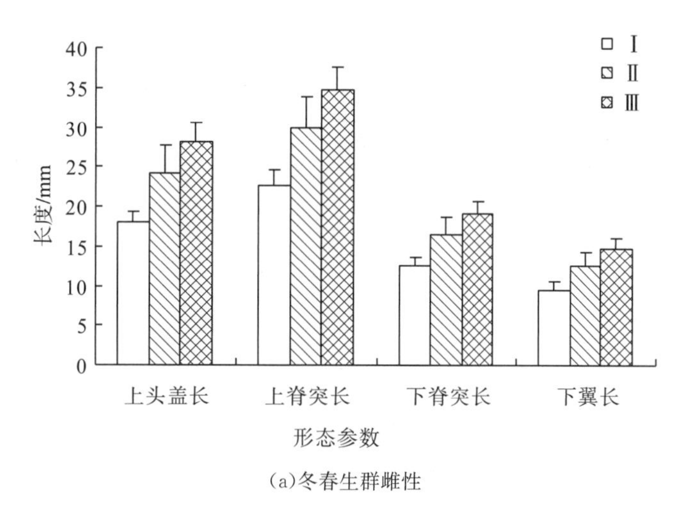

(a)冬春生群雌性

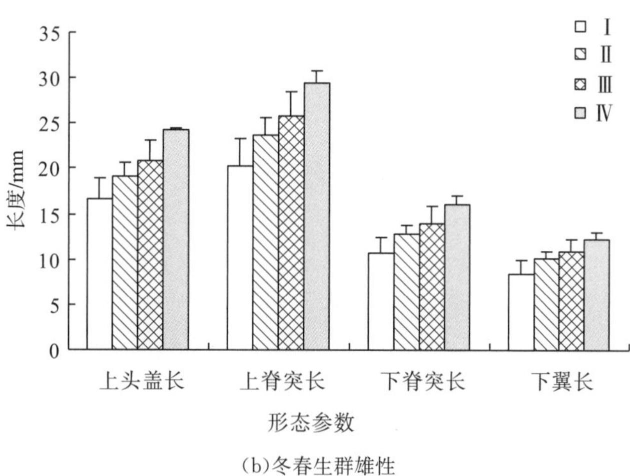

(b)冬春生群雄性

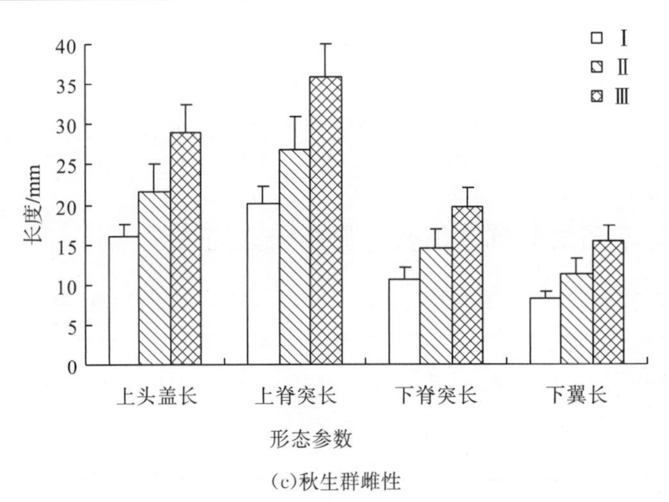

(c)秋生群雌性

图 4-14 不同柔鱼群体角质颚形态参数与性腺成熟度关系

对不同群体同一性成熟度雌性柔鱼个体的角质颚形态参数分析发现，性成熟度为Ⅰ期和Ⅱ期时，两个群体角质颚各项指标均存在极显著差异($P<0.01$)，而性成熟度为Ⅲ期时角质颚各项指标均不存在差异($P>0.05$)。

五、分析与讨论

1. 不同群体角质颚形态差异

从主成分分析来看，柔鱼秋生群的角质颚形态参数的第一和第二主成分因子分别是UCL/ML和UWL/ML，而冬春生群体的第一和第二主成分因子分别是侧壁长(其中雌性为ULWL/ML，雄性为LLWL/ML)和喙部(雌性为URW/ML，雄性为LRL/ML)。结合先前的分析结果，可以认为柔鱼角质颚生长主要是脊突和侧壁，而非头盖部，并且在水平方向上生长较快，其次是喙部。头足类在生长过程中会发生食性的变化，而角质颚作为重要的摄食器官，其形态也会随着食性变化而变化(Castro 和 Hernández-García，1995)。在幼稚鱼时期，柔鱼一般以浮游动物和甲壳类为食，其个体较小；到成鱼时，基本以鱼类和头足类为食，这些海洋生物个体相对较大，需要强大的咬合力才能捕获并且撕碎猎物。因此，脊突和侧壁的快速生长可以给角质颚活动提供一个强大的支点，保证柔鱼在咬合时的力量支撑，而喙部的生长，尤其是喙端的生长，可更好地撕碎猎物，以便摄食和消化，提高捕食的效率。角质颚这一特点可以保证食物的高效利用，使柔鱼快速生长，这也是生物体形态结构和功能统一的典型例子。

应用传统的线性测量方法并结合头足类硬组织中的参数可成功进行种群判别(Pineda et al.，2002；Chen et al.，2012；Liu et al.，2015b)。尽管通过数据标准化可以有效地提高判别分析的准确性(Chen et al.，2012；方舟等，2014；Liu et al.，2015b)，但是传统形态测定还是存在一定的不确定性，它无法准确地解释自然状态物体形态的变化，同时也可能因为客观因素给测量带来较大的误差(Francis，1986)。几何形态测量法主要关注形态的整体变化，而不是某几个长度值，该方法不仅被应用于鱼类种类和种群的鉴别中(Maderbacher et al.，2008；Bravi et al.，2013)，同时也被用来研究不同保存条件下形态的变化过程(Martinez et al.，2013)。根据本研究统计分析结果，可以认为北太平洋柔鱼的两个群体角质颚形态有着显著的差异(表 2-6，表 2-8 和表 2-10)，在不同的生长阶段，其洄游路径不同，可能造成了食物组成和摄食行为的差异(Bower and Ichii，2005；Watanabe et al.，2004，2008)。冬春生群体(西部群体)5 月份在亚北极边界(subarctic boundary)和副热带锋面(subtropical front)之间的过渡区(transition zone)，该区域远离叶绿素锋面，生产力较低，直至夏季或秋季才开始向北洄游(Ichii et al.，2009)，因此主要摄食小型的浮游性鱿鱼(*Watasenia scintillans*)和日本银鱼(*Engraulis japonicas*)(Watanabe et al.，2004，2008)，秋生群(东部群体)7 月份洄游至亚北极锋面(subarctic front)和亚北极边界之间的过渡区中心地带(transitional domain)，主要摄食长体标灯鱼(*Symbolophorus californiensis*)、日本爪乌贼(*Onychoteuthis borealijaponica*)和亚寒带的甲壳类(*Ceratoscopelus warmingii*)、鱿鱼类(*Gonatus berryi*，*Berryteuthis anonychus*)(Watanabe et al.，2004)。两个群体的个体即使处在生长的同一阶段，也有着不同的生长速度(Ichii et al.，2009)。Crespi-abril 等(2010)认为不同群体的阿根廷滑柔鱼角质颚形态没有差异，游泳速度可能是引起胴体形态差异的主要原因。其研究区域集中在一个很小的范围内(圣马蒂亚斯湾)(Crespi-abril et al.，2010)，周边的海洋环境相对比较稳定，因此鱿鱼的食物组成也不会有很大的差异，因此不同群体的角质颚形态没有表现出差异。后续的研究应关注柔鱼幼体的角质颚形态的变化(Uchikawa et al.，2009)。

2. 不同性别角质颚形态差异

本研究中发现不同性别的耳石和角质颚的形态在东部群体中均存在差异($P<0.05$)，这种现象是由不同性别个体在洄游过程中路线不同而产生的，因此雌性个体在向北洄游的过程中，雄性个体为了避免自相残食依然停留在产卵场海域(Bower 和 Ichii，2005；Chen 和 Chiu，2003；Ichii et al.，2009)。这也正是我们在所调查海域中并不能发现更多雄性个体的原因。由于纬度上的分隔，不同的环境条件最终可以影响硬组织的形态变化。这种不同也在判别分析的结果中有所反映(表 2-4 和 2-5)。西部群体在形态特征上反映出不同于东部群体的情况。大多数的角质颚特征在不同性别中有差异($P<0.05$)；但是所有的耳石形态在雌雄个体中并无任何差异($P>0.05$)。西部群体的雌雄个体均生活在同一海域，有着相似的海洋环境和统一的洄游路径。因此这种在角质颚形态上的性别差异可能是性成熟的不同步性所造成的，这种繁殖策略在其他许多的头足类中都有发现(Rocha et al.，2001)。不过这种雌雄二态性的差异很小，在判别分析中有较多的个体重合(图 2-8 和图 2-9)。

3. 性成熟对角质颚形态的影响

在本研究所采集的样本中，没有发现性成熟等级为Ⅴ期的个体，Ⅳ期个体也较少，同时柔鱼产完卵即死亡的特点也对采样造成了一定的难度。在所采集的样本中，Ⅰ期与Ⅱ期为性未成熟，Ⅲ期为性成熟。研究发现同一柔鱼群体在不同的性成熟度下，角质颚各项参数均存在着显著的差异，而雌性的差异较雄性更为明显；不同群体角质颚生长在性未成熟阶段有着显著的差异，而在性成熟阶段这种差异已经不存在。幼稚鱼期的柔鱼主要是以甲壳类和少量的鱼类[主要为灯笼鱼科 myctophids(Parry，2006)]为食，随着个体的生长以及性腺发育的需求，对摄食量的需求越来越大(Xue et al.，2013)，同时也开始捕食鱿鱼类，因此角质颚也需要迅速生长，从而能够更好更快地捕获猎物，同时也使得性腺能够更快地发育生长。因此性腺成熟也是促进角质颚形态的变化的原因之一。

第五节　几种近海经济头足类的角质颚长度分析

一、中国枪乌贼

1. 角质颚形态性别差异

由表 4-5 可知，样本中所有角质颚形态学参数的均值雌性比雄性略大，其中只有上头盖长(UHL)、上脊突长(UCL)、上侧壁长(ULWL)三项指标雌雄差值超过 1mm，而上喙长(URL)、上喙宽(URL)、上翼长(UWL)、下头盖长(LHL)、下喙长(LRL)、下喙宽(LRW)六项指标雌雄差值均小于 0.5mm。

表 4-5　中国枪乌贼角质颚形态参数值

形态参数	雄性			雌性		
	最大值/mm	最小值/mm	均值/mm	最大值/mm	最小值/mm	均值/mm
上头盖长(UHL)	17.25	5.56	9.933	16.30	6.83	11.143
上脊突长(UCL)	23.62	9.50	13.902	21.95	9.46	15.416
上喙长(URL)	4.30	1.77	2.871	5.37	1.97	3.083
上喙宽(URW)	5.11	2.10	3.098	4.01	2.45	3.286
上侧壁长(ULWL)	18.43	6.85	10.396	17.28	7.70	11.667
上翼长(UWL)	7.97	2.29	4.438	6.82	3.02	4.909
下头盖长(LHL)	6.58	2.08	3.615	5.59	2.28	4.000
下脊突长(LCL)	13.99	3.52	7.875	13.16	5.55	8.707
下喙长(LRL)	5.36	1.47	3.039	4.44	1.21	3.216
下喙宽(LRW)	5.16	1.52	3.609	4.93	2.13	3.877
下侧壁长(LLWL)	16.16	6.07	9.622	14.07	7.00	10.596
下翼长(LWL)	10.57	2.39	6.491	10.62	2.09	7.240

分雌雄对中国枪乌贼角质颚 12 个形态参数进行 Student's *t* 检验(表 4-6)，雌雄个体角质颚 12 个形态参数中上喙长(URL)、上喙宽(URW)、下头盖长(LHL)、下喙长(LRL)、下喙宽(LRW)差异不显著($P>0.05$)，其他形态参数差异显著($P<0.05$)。

表 4-6　中国枪乌贼角质颚形态参数指标 Student's *t* 检验

形态参数	上头盖长(UHL)	上脊突长(UCL)	上喙长(URL)	上喙宽(URW)	上侧壁长(ULWL)	上翼长(UWL)
P 值	0.018	0.025	0.106	0.105	0.021	0.042

形态参数	下头盖长(LHL)	下脊突长(LCL)	下喙长(LRL)	下喙宽(LRW)	下侧壁长(LLWL)	下翼长(LWL)
P 值	0.056	0.044	0.243	0.090	0.019	0.042

2. 角质颚外部形态参数与胴长关系

角质颚主要形态参数与胴长的生长关系方程如表 4-7 所示，根据 AIC 准则比较来看(表 4-8)，上头盖长(UHL)、上脊突长(UCL)、上侧壁长(ULWL)、下侧壁长(LLWL)与胴长(ML)拟合呈指数方程中 AIC 最小，分别为 38.17、79.79、10.57、5.34；上喙宽(URW)、下喙长(LRL)与胴长(ML)拟合呈线性方程中 AIC 最小，分别为－176.94、－130.50。综合可得中国枪乌贼角质颚主要参数与胴长生长模型见表 4-7。

表 4-7　中国枪乌贼角质颚主要形态参数与胴长关系拟合方程

形态参数	线性方程	指数方程	对数方程	幂函数方程
上头盖长(UHL)	$y=0.0437x+3.3974$ $R^2=0.7322$	$y=5.191e^{0.0042x}$ $R^2=0.6824$	$y=6.5716\ln x-22.686$ $R^2=0.6793$	$y=0.4214x^{0.6315}$ $R^2=0.6423$
上脊突长(UCL)	$y=0.0587x+5.0826$ $R^2=0.7641$	$y=7.4675e^{0.004x}$ $R^2=0.7263$	$y=8.8263\ln x-29.952$ $R^2=0.7092$	$y=0.6752x^{0.6043}$ $R^2=0.6841$
上侧壁长(ULWL)	$y=0.0498x+2.9309$ $R^2=0.819$	$y=5.1576e^{0.0045x}$ $R^2=0.7781$	$y=7.4989\ln x-26.854$ $R^2=0.7639$	$y=0.3375x^{0.6847}$ $R^2=0.7405$
下侧壁长(LLWL)	$y=0.0367x+4.0807$ $R^2=0.7261$	$y=5.3919e^{0.0037x}$ $R^2=0.6398$	$y=5.5184\ln x-17.823$ $R^2=0.6737$	$y=0.5749x^{0.5623}$ $R^2=0.6074$
上喙宽(URW)	$y=0.008x+1.8875$ $R^2=0.4361$	$y=2.0787e^{0.0025x}$ $R^2=0.434$	$y=1.221\ln x-2.9797$ $R^2=0.4183$	$y=0.4433x^{0.3875}$ $R^2=0.4174$
下喙长(LRL)	$y=0.0103x+1.4595$ $R^2=0.4486$	$y=1.7453e^{0.0034x}$ $R^2=0.4153$	$y=1.5847\ln x-4.8734$ $R^2=0.4389$	$y=0.2098x^{0.5298}$ $R^2=0.4087$

表 4-8　中国枪乌贼角质颚主要形态参数与胴长关系拟合方程 AIC 比较

形态参数	线性方程	指数方程	对数方程	幂函数方程
上头盖长(UHL)	43.10	38.17	61.70	49.92
上脊突长(UCL)	86.37	79.79	107.95	94.95
上侧壁长(ULWL)	17.90	10.57	45.27	26.77
下侧壁长(LLWL)	10.31	5.34	28.35	17.71
上喙宽(URW)	－176.94	－176.17	－173.74	－174.89
下喙长(LRL)	－130.50	－128.28	－128.72	－129.39

3. 角质颚外部形态参数与体重关系

中国枪乌贼角质颚主要形态参数与体重的生长关系方程如表 4-9 所示，根据 AIC 准则(表 4-10)，上头盖长(UHL)、上脊突长(UCL)、上侧壁长(ULWL)、下侧壁长(LLWL)与体重(BW)拟合呈线性关系，AIC 最小，分别为－1.37、47.92、－22.40、－20.36。上喙宽(URW)与体重拟合呈幂函数方程中 AIC 最小，为－178.43。下喙长(LRL)与体重拟合呈对数函数方程中 AIC 最小，为－134.13。综合可得中国枪乌贼角质颚主要参数与体重生长模型见表 4-9。

表 4-9　中国枪乌贼角质颚主要形态参数与体重关系拟合方程

形态参数	线性方程	指数方程	对数方程	幂函数方程
上头盖长(UHL)	$y=0.0296x+6.9493$	$y=7.2815e^{0.0028x}$	$y=3.0339\ln x-3.4198$	$y=2.6428x^{0.2952}$
	$R^2=0.8155$	$R^2=0.7489$	$R^2=0.7742$	$R^2=0.7333$
上脊突长(UCL)	$y=0.0393x+9.9047$	$y=10.353e^{0.0027x}$	$y=4.0133\ln x-3.7961$	$y=3.9762x^{0.2789}$
	$R^2=0.8277$	$R^2=0.7813$	$R^2=0.7801$	$R^2=0.7612$
上侧壁长(ULWL)	$y=0.0329x+7.0617$	$y=7.489e^{0.003x}$	$y=3.3505\ln x-4.368$	$y=2.5767x^{0.3107}$
	$R^2=0.8702$	$R^2=0.8152$	$R^2=0.8162$	$R^2=0.7982$
下侧壁长(LLWL)	$y=0.0248x+7.0746$	$y=7.2935e^{0.0025x}$	$y=2.5509\ln x-1.6502$	$y=2.9406x^{0.2635}$
	$R^2=0.7893$	$R^2=0.685$	$R^2=0.753$	$R^2=0.688$
上喙宽(URW)	$y=0.0053x+2.5498$	$y=2.5618e^{0.0017x}$	$y=0.5629\ln x+0.6087$	$y=1.3753x^{0.1802}$
	$R^2=0.4453$	$R^2=0.448$	$R^2=0.4486$	$R^2=0.4552$
下喙长(LRL)	$y=0.0066x+2.3284$	$y=2.3256e^{0.0022x}$	$y=0.7114\ln x-0.1364$	$y=0.9975x^{0.2434}$
	$R^2=0.4408$	$R^2=0.4142$	$R^2=0.4588$	$R^2=0.4423$

表 4-10　中国枪乌贼角质颚主要形态参数与体重关系拟合方程 AIC 比较

形态参数	线性方程	指数方程	对数方程	幂函数方程
上头盖长(UHL)	−1.37	10.80	19.21	4.88
上脊突长(UCL)	47.92	61.90	72.81	58.14
上侧壁长(ULWL)	−22.40	268.16	13.08	−8.25
下侧壁长(LLWL)	−20.36	−13.42	−4.19	−14.61
上喙宽(URW)	−177.05	−175.09	−177.68	−178.44
下喙长(LRL)	−130.77	−126.89	−134.13	−133.82

二、杜氏枪乌贼

1. 角质颚形态性别差异

由表 4-11 可知，样本中所有角质颚形态学参数的均值雄性个体小于雌性个体，经测定杜氏枪乌贼角质颚形态参数指标，雄性 UHL 为 1.72～10.87、雌性 UHL 为 1.74～9.58，雄性 UCL 为 4.25～13.03、雌性 UCLW 为 4.07～14.10，雄性 URL 为 0.11～2.86、雌性 URL 为 0.98～7.83，雄性 URW 为 1.05～3.34、雌性 URW 为 0.79～6.01，雄性 ULWL 为 3.07～9.89、雌性 ULWL 为 0.92～10.09，雄性 UWL 为 1.08～3.95、雌性 UWL 为 1.17～6.94，雄性 LHL 为 1.21～3.87、雌性 LHL 为 1.32～3.89，雄性 LCL 为 1.3～7.17、雌性 LCL 为 1.38～7.76，雄性 LRL 为 0.65～4.93、雌性 LRL 为 0.59～2.95，雄性 LRW 为 1.03～4.45、雌性 LRW 为 0.37～6.16，雄性 LLWL 为 1.69～8.68、雌性 LLWL 为 1.51～9.71，雄性 LWL 为 1.3～6.15、雌性 LWL 为 0.97～7.56。单因素方差分析法结果显示，角质颚上喙长 URL、下脊突长 LCL 的形态参数在雌、雄个体间的差异性显著($0.01<P<0.05$)，角质颚下侧壁长 LLWL 的形态参数在雌、雄个体间的

差异性极显著($P<0.01$)。角质颚其他形态参数在雌、雄个体间的差异性不显著($P>0.05$)，因此，应将雌、雄分开进行主成分分析及分析与胴长、体重间关系。

表 4-11　杜氏枪乌贼角质颚形态参数值

形态参数	雄性/mm			雌性/mm			P 值
	最大值	最小值	均值±标准差	最大值	最小值	均值±标准差	
上头盖长(UHL)	10.87	1.72	5.56±1.45	9.58	1.74	5.76±1.35	>0.05
上脊突长(UCL)	13.03	4.25	7.81±1.81	14.09	1.44	7.86±2.07	>0.05
上喙长(URL)	2.86	0.11	1.78±0.43	7.83	0.98	1.88±0.54	$0.01<P<0.05$
上喙宽(URW)	3.34	1.05	2.05±0.46	6.01	0.79	2.13±0.51	>0.05
上侧壁长(ULWL)	9.89	3.07	5.96±1.33	10.09	0.92	6.06±1.45	>0.05
上翼长(UWL)	3.95	1.08	2.37±0.61	6.94	1.17	2.39±0.69	>0.05
下头盖长(LHL)	3.87	1.21	2.15±0.50	3.89	1.32	2.24±0.47	>0.05
下脊突长(LCL)	7.17	1.3	4.21±1.13	7.76	1.38	4.46±1.05	$0.01<P<0.05$
下喙长 LRL	4.93	0.65	1.58±0.46	2.95	0.59	1.55±0.41	>0.05
下喙宽(LRW)	4.45	1.03	2.11±0.52	6.16	0.37	2.10±0.59	>0.05
下侧壁长(LLWL)	8.68	1.69	5.09±1.32	9.71	1.51	5.43±1.28	<0.01
下翼长(LWL)	6.15	1.3	3.66±0.86	7.56	0.97	3.57±0.93	>0.05

注：$P>0.05$ 表示角质颚形态在雌、雄间差异性不显著，$0.01<P<0.05$ 表示角质颚形态在雌、雄间差异性显著，$P<0.01$ 表示角质颚形态在雌、雄间差异性极显著

2. 角质颚外部形态参数与胴长关系

分析表明(表 4-12)，雄性角质颚的上头盖长(UHL)、上脊突长(UCL)、上喙长(URL)、下脊突长(LCL)、下喙长(LRL)、下喙宽(LRW)与胴长(ML)之间呈极显著的线性关系($P<0.01$)。

表 4-12　雄性杜氏枪乌贼角质颚主要形态参数与胴长关系拟合方程

形态参数	线性方程	指数方程	对数方程	幂函数方程
上头盖长(UHL)	$y=0.0524x+1.5997$	$y=2.8478e^{0.0085x}$	$y=4.3641\ln x-13.147$	$y=0.2412x^{0.7266}$
	$R^2=0.9155$	$R^2=0.8755$	$R^2=0.8912$	$R^2=0.8869$
上脊突长(UCL)	$y=0.0705x+2.3795$	$y=4.0052e^{0.0084x}$	$y=5.9467\ln x-17.772$	$y=0.3441x^{0.7202}$
	$R^2=0.9225$	$R^2=0.8761$	$R^2=0.9116$	$R^2=0.9032$
上喙长(URL)	$y=0.0113x+0.8176$	$y=1.0263e^{0.0062x}$	$y=0.9615\ln x-2.4457$	$y=0.1629x^{0.5399}$
	$R^2=0.8063$	$R^2=0.7684$	$R^2=0.7966$	$R^2=0.7847$
下脊突长(LCL)	$y=0.0383x+1.2892$	$y=2.1585e^{0.0084x}$	$y=3.2216\ln x-9.6061$	$y=0.187x^{0.7192}$
	$R^2=0.8051$	$R^2=0.7462$	$R^2=0.7909$	$R^2=0.7653$
下喙长(LRL)	$y=0.0089x+0.8588$	$y=0.9805e^{0.0057x}$	$y=0.7411\ln x-1.639$	$y=0.1934x^{0.4791}$
	$R^2=0.5221$	$R^2=0.4636$	$R^2=0.5204$	$R^2=0.4799$
下喙宽(LRL)	$y=0.0157x+0.8772$	$y=1.2007e^{0.0069x}$	$y=1.2889\ln x-3.4513$	$y=0.1719x^{0.5758}$
	$R^2=0.707$	$R^2=0.6545$	$R^2=0.6688$	$R^2=0.6429$

分析表明(表 4-13)，雌性角质颚的上头盖长(UHL)、上喙长(URL)、上喙宽(URW)、下脊突长(LCL)、下喙长(LRL)、下喙宽(LRW)与胴长(ML)之间呈极显著的线性关系($P<0.01$)。

表 4-13 雌性杜氏枪乌贼角质颚主要形态参数与胴长关系拟合方程

形态参数	线性方程	指数方程	对数方程	幂函数方程
上头盖长(UHL)	$y=0.0513x+2.3811$	$y=3.2626e^{0.0083x}$	$y=3.624\ln x-9.2615$	$y=0.4876x^{0.5901}$
	$R^2=0.701$	$R^2=0.6283$	$R^2=0.6671$	$R^2=0.6086$
上喙长(URL)	$y=0.01x+1.2406$	$y=1.3447e^{0.0051x}$	$y=0.7308\ln x-1.1303$	$y=0.3994x^{0.3732}$
	$R^2=0.5274$	$R^2=0.4959$	$R^2=0.5215$	$R^2=0.4996$
上喙宽(URW)	$y=0.0147x+1.0689$	$y=1.2815e^{0.0068x}$	$y=1.0783\ln x-2.4357$	$y=0.2517x^{0.4997}$
	$R^2=0.5607$	$R^2=0.5244$	$R^2=0.5496$	$R^2=0.5215$
下脊突长(LCL)	$y=0.0381x+1.9304$	$y=2.5714e^{0.0079x}$	$y=2.6379\ln x-6.4972$	$y=0.4382x^{0.5525}$
	$R^2=0.6038$	$R^2=0.5276$	$R^2=0.5563$	$R^2=0.4939$
下喙长(LRL)	$y=0.0132x+0.6881$	$y=0.8935e^{0.0081x}$	$y=0.9109\ln x-2.22$	$y=0.1468x^{0.5644}$
	$R^2=0.6222$	$R^2=0.5848$	$R^2=0.6041$	$R^2=0.5768$
下喙宽(LRL)	$y=0.0165x+0.9992$	$y=1.2525e^{0.0074x}$	$y=1.1626\ln x-2.7287$	$y=0.2327x^{0.5236}$
	$R^2=0.5355$	$R^2=0.4847$	$R^2=0.5024$	$R^2=0.4622$

3. 角质颚外部形态参数与体重关系

分析还表明(表 4-14)，雄性角质颚的上头盖长(UHL)、上脊突长(UCL)、上喙长(URL)、下脊突长(LCL)、下喙长(LRL)、下喙宽(LRW)与体重(BW)之间呈极显著的指数关系($P<0.01$)。

表 4-14 雄性杜氏枪乌贼角质颚主要形态参数与体重关系拟合方程

形态参数	线性方程	指数方程	对数方程	幂函数方程
上头盖长(UHL)	$y=0.0775x+3.9286$	$y=4.1325e^{0.0128x}$	$y=1.6989\ln x+0.7917$	$y=2.3538x^{0.2962}$
	$R^2=0.8136$	$R^2=0.7247$	$R^2=0.7634$	$R^2=0.7636$
上脊突长(UCL)	$y=0.1074x+5.5722$	$y=5.834e^{0.0128x}$	$y=2.3809\ln x+1.1487$	$y=3.2931x^{0.2997}$
	$R^2=0.865$	$R^2=0.7856$	$R^2=0.8584$	$R^2=0.8711$
上喙长(URL)	$y=0.0162x+1.3894$	$y=1.4086e^{0.0089x}$	$y=0.3839\ln x+0.6523$	$y=0.9178x^{0.219}$
	$R^2=0.5896$	$R^2=0.5301$	$R^2=0.5999$	$R^2=0.5855$
下脊突长(LCL)	$y=0.0632x+2.8992$	$y=3.0425e^{0.0141x}$	$y=1.3238\ln x+0.5054$	$y=1.7064x^{0.3113}$
	$R^2=0.7555$	$R^2=0.6736$	$R^2=0.726$	$R^2=0.7194$
下喙长(LRL)	$y=0.0242x+1.5815$	$y=1.1984e^{0.01x}$	$y=0.3783\ln x+0.4323$	$y=0.7158x^{0.2542}$
	$R^2=0.6535$	$R^2=0.5056$	$R^2=0.6122$	$R^2=0.607$
下喙宽(LRL)	$y=0.0242x+1.5815$	$y=1.6377e^{0.0105x}$	$y=0.4912\ln x+0.709$	$y=1.0944x^{0.2221}$
	$R^2=0.6535$	$R^2=0.5861$	$R^2=0.5555$	$R^2=0.539$

分析表明（表 4-15），雌性角质颚的上头盖长（UHL）、上喙长（URL）、上喙宽（URW）、下脊突长（LCL）、下喙长（LRL）、下喙宽（LRW）与体重（BW）之间呈极显著的线性关系（$P<0.01$）。

表 4-15　雌性杜氏枪乌贼角质颚主要形态参数与体重关系拟合方程

形态参数	线性方程	指数方程	对数方程	幂函数方程
上头盖长（UHL）	$y=0.0819x+4.1308$ $R^2=0.8044$	$y=4.3057e^{0.0135x}$ $R^2=0.7363$	$y=1.8382\ln x+0.6145$ $R^2=0.844$	$y=2.3305x^{0.3152}$ $R^2=0.835$
上喙长（URL）	$y=0.0205x+1.3898$ $R^2=0.6041$	$y=1.4048e^{0.0113x}$ $R^2=0.5326$	$y=0.4558\ln x+0.5307$ $R^2=0.6796$	$y=0.8508x^{0.2614}$ $R^2=0.6466$
上喙宽（URW）	$y=0.0209x+1.6631$ $R^2=0.5616$	$y=1.6873e^{0.0095x}$ $R^2=0.52$	$y=0.5076\ln x+0.6618$ $R^2=0.6233$	$y=1.0445x^{0.2398}$ $R^2=0.6157$
下脊突长（LCL）	$y=1.1232x+0.2183$ $R^2=0.5463$	$y=3.2621e^{0.0138x}$ $R^2=0.6762$	$y=1.4072\ln x+0.4726$ $R^2=0.7834$	$y=1.7627x^{0.3187}$ $R^2=0.7706$
下喙长（LRL）	$y=0.0184x+1.1124$ $R^2=0.5875$	$y=1.1616e^{0.0108x}$ $R^2=0.5113$	$y=0.4345\ln x+0.2653$ $R^2=0.5141$	$y=0.6855x^{0.2653}$ $R^2=0.4847$
下喙宽（LRL）	$y=0.0223x+1.6536$ $R^2=0.5806$	$y=1.6841e^{0.0098x}$ $R^2=0.5084$	$y=0.5722\ln x+0.4997$ $R^2=0.6165$	$y=0.9794x^{0.2641}$ $R^2=0.5885$

三、短蛸

1. 角质颚形态性别差异

由表 4-16 可知，短蛸角质颚形态参数指标，雄性 UHL 为 1.82～3.26、雌性 UHL 为 1.71～3.16，雄性 UCL 为 4.16～7.87、雌性 UCL 为 1.31～9.21，雄性 URL 为 0.59～2.12、雌性 URL 为 0.58～1.98，雄性 URW 为 1.11～2.97、雌性 URW 为 0.97～2.9，雄性 ULWL 为 1.17～7.02、雌性 ULWL 为 3.42～7.46，雄性 UWL 为 1.14～4.69、雌性 UWL 为 0.93～3.96，雄性 LHL 为 1.22～2.47、雌性 LHL 为 1.08～2.72，雄性 LCL 为 1.67～5.2、雌性 LCL 为 3.24～5.88，雄性 LRL 为 0.098～3.89、雌性 LRL 为 0.6～2.15，雄性 LRW 为 1.09～2.99、雌性 LRW 为 0.25～4.9，雄性 LLWL 为 2.56～6.62、雌性 LLWL 为 3.85～7.06，雄性 LWL 为 1.89～13.82、雌性 LWL 为 1.16～4.98。单因素方差分析法结果显示，角质颚上喙宽（URW）、上翼长（UWL）、下脊突长（LCL）、下侧壁长（LLWL）的形态参数在雌、雄个体间的差异性显著（$0.01<P<0.05$），角质颚其他形态参数在雌、雄个体间的差异性不显著（$P>0.05$）。因此，应将雌、雄分开进行主成分分析及分析与胴长、体重间关系。

表 4-16　短蛸角质颚形态参数值

形态参数	雄性/mm			雌性/mm			*P* 值
	最大值	最小值	均值±标准差	最大值	最小值	均值±标准差	
上头盖长（UHL）	3.26	1.82	2.44±0.30	3.16	1.71	2.51±0.30	>0.05
上脊突长（UCL）	7.87	4.16	6.23±0.69	9.21	1.31	6.38±0.91	>0.05

续表

形态参数	雄性/mm			雌性/mm			P 值
	最大值	最小值	均值±标准差	最大值	最小值	均值±标准差	
上喙长(URL)	2.12	0.59	1.33±0.26	1.98	0.58	1.33±0.25	>0.05
上喙宽(URW)	2.97	1.11	1.97±0.45	2.9	0.97	2.07±0.36	0.01<P<0.05
上侧壁长(ULWL)	7.02	1.17	5.02±0.69	7.46	3.42	5.17±0.62	>0.05
上翼长(UWL)	4.69	1.14	1.97±0.56	3.96	0.93	1.84±0.49	0.01<P<0.05
下头盖长(LHL)	2.47	1.22	1.82±0.29	2.72	1.08	1.85±0.30	>0.05
下脊突长(LCL)	5.2	1.67	4.03±0.59	5.88	3.24	4.19±0.52	0.01<P<0.05
下喙长(LRL)	3.89	0.098	1.19±0.36	2.15	0.6	1.19±0.28	>0.05
下喙宽(LRW)	2.99	1.09	1.86±0.35	4.9	0.25	1.94±0.49	>0.05
下侧壁长(LLWL)	6.62	2.56	4.83±0.64	7.06	3.85	4.99±0.58	0.01<P<0.05
下翼长(LWL)	13.82	1.89	3.37±1.01	4.98	1.16	3.34±0.74	>0.05

注：$P>0.05$ 表示角质颚形态在雌、雄间差异性不显著，$0.01<P<0.05$ 表示角质颚形态在雌、雄间差异性显著，$P<0.01$ 表示角质颚形态在雌、雄间差异性极显著

2. 角质颚外部形态参数与胴长关系

分析表明(表 4-17)，雄性角质颚的上脊突长(UCL)、上喙长(URL)、上喙宽(URW)、下喙长(LRL)、下侧壁长(LLWL)、下翼长(LWL)与胴长(ML)之间呈极显著的线性关系($P<0.01$)。

表 4-17 雄性短蛸角质颚主要形态参数与胴长关系拟合方程

形态参数	线性方程	指数方程	对数方程	幂函数方程
上脊突长(UCL)	$y=0.0644x+3.4634$	$y=3.9611e^{0.0105x}$	$y=2.5911\ln x-3.4838$	$y=1.2748x^{0.4222}$
	$R^2=0.6205$	$R^2=0.6153$	$R^2=0.6069$	$R^2=0.6064$
上喙长(URL)	$y=0.0153x+0.6441$	$y=0.7738e^{0.012x}$	$y=0.6352\ln x-1.0792$	$y=0.1998x^{0.4987}$
	$R^2=0.577$	$R^2=0.5674$	$R^2=0.5807$	$R^2=0.5742$
上喙宽(URW)	$y=0.0322x+0.6141$	$y=0.9763e^{0.0165x}$	$y=1.2762\ln x-2.7871$	$y=0.1697x^{0.6554}$
	$R^2=0.6518$	$R^2=0.6546$	$R^2=0.6283$	$R^2=0.637$
下喙长(LRL)	$y=0.0191x+0.4212$	$y=0.6103e^{0.0164x}$	$y=0.7689\ln x-1.6436$	$y=0.1026x^{0.6629}$
	$R^2=0.5133$	$R^2=0.5304$	$R^2=0.5296$	$R^2=0.5517$
下侧壁长(LLWL)	$y=0.0482x+2.7604$	$y=3.1296e^{0.01x}$	$y=1.8915\ln x-2.269$	$y=1.0961x^{0.3942}$
	$R^2=0.557$	$R^2=0.5476$	$R^2=0.5308$	$R^2=0.5241$
下翼长(LWL)	$y=0.0561x+1.1192$	$y=1.7284e^{0.0164x}$	$y=2.2216\ln x-4.8025$	$y=0.2992x^{0.6556}$
	$R^2=0.5424$	$R^2=0.541$	$R^2=0.5319$	$R^2=0.5408$

分析表明(表 4-18)，雌性角质颚的上喙长(URL)、上侧壁长(ULWL)、上翼长(UWL)、下喙长(LRL)、下侧壁长(LLWL)、下翼长(LWL)与胴长(ML)之间呈极显著的线性关系($P<0.01$)。

表 4-18　雌性短蛸角质颚主要形态参数与胴长关系拟合方程

形态参数	线性方程	指数方程	对数方程	幂函数方程
上喙长(URL)	$y=0.0184x+0.5147$ $R^2=0.5469$	$y=0.7123e^{0.0139x}$ $R^2=0.5409$	$y=0.7927\ln x-1.6688$ $R^2=0.5389$	$y=0.1346x^{0.6037}$ $R^2=0.5388$
上侧壁长(ULWL)	$y=0.0537x+2.9006$ $R^2=0.5213$	$y=3.3522e^{0.0102x}$ $R^2=0.5076$	$y=2.3273\ln x-3.5263$ $R^2=0.5128$	$y=0.9855x^{0.4428}$ $R^2=0.503$
上翼长(UWL)	$y=0.0267x+0.5793$ $R^2=0.512$	$y=0.9015e^{0.0148x}$ $R^2=0.4797$	$y=1.1976\ln x-2.7638$ $R^2=0.5039$	$y=0.138x^{0.6707}$ $R^2=0.4786$
下喙长(LRL)	$y=0.0203x+0.3156$ $R^2=0.5238$	$y=0.5745e^{0.0166x}$ $R^2=0.5134$	$y=0.894\ln x-2.1655$ $R^2=0.5214$	$y=0.0749x^{0.7341}$ $R^2=0.5122$
下侧壁长(LLWL)	$y=0.0664x+2.255$ $R^2=0.548$	$y=2.9012e^{0.013x}$ $R^2=0.5308$	$y=2.7529\ln x-5.2215$ $R^2=0.5321$	$y=0.6642x^{0.5423}$ $R^2=0.5182$
下翼长(LWL)	$y=0.0504x+1.3011$ $R^2=0.5486$	$y=1.9076e^{0.0137x}$ $R^2=0.5129$	$y=2.2561\ln x-4.992$ $R^2=0.527$	$y=0.3376x^{0.6189}$ $R^2=0.5019$

3. 角质颚外部形态参数与体重的生长关系

分析还表明(表 4-19)，雄性角质颚的上脊突长(UCL)、上喙长(URL)、上喙宽(URW)、下喙长(LRL)、下侧壁长(LLWL)、下翼长(LWL)与体重(BW)之间呈极显著的指数关系($P<0.01$)。

表 4-19　雄性短蛸角质颚主要形态参数与体重关系拟合方程

形态参数	线性方程	指数方程	对数方程	幂函数方程
上脊突长(UCL)	$y=0.0383x+5.0046$ $R^2=0.6177$	$y=5.1025e^{0.0061x}$ $R^2=0.5953$	$y=1.1256\ln x+2.4169$ $R^2=0.586$	$y=3.3605x^{0.1808}$ $R^2=0.5774$
上喙长(URL)	$y=0.007x+1.0625$ $R^2=0.5276$	$y=1.0748e^{0.0055x}$ $R^2=0.5069$	$y=0.2309\ln x+0.5115$ $R^2=0.5671$	$y=0.6963x^{0.1813}$ $R^2=0.5561$
上喙宽(URW)	$y=0.014x+1.4273$ $R^2=0.5271$	$y=1.4614e^{0.0075x}$ $R^2=0.5156$	$y=0.4338\ln x+0.4019$ $R^2=0.552$	$y=0.8303x^{0.2377}$ $R^2=0.5558$
下喙长(LRL)	$y=0.0077x+0.9173$ $R^2=0.5247$	$y=0.9402e^{0.0064x}$ $R^2=0.516$	$y=0.2494\ln x+0.3153$ $R^2=0.5282$	$y=0.561x^{0.2127}$ $R^2=0.5348$
下侧壁长(LLWL)	$y=0.0334x+3.9168$ $R^2=0.5611$	$y=3.9922e^{0.0068x}$ $R^2=0.5543$	$y=0.9146\ln x+1.8717$ $R^2=0.5446$	$y=2.6285x^{0.1866}$ $R^2=0.5417$
下翼长(LWL)	$y=0.0248x+2.685$ $R^2=0.5542$	$y=2.7634e^{0.0069x}$ $R^2=0.5237$	$y=0.8045\ln x+0.7689$ $R^2=0.5439$	$y=1.5897x^{0.2296}$ $R^2=0.5436$

分析还表明(表 4-20)，雌性角质颚的上喙长(URL)、上侧壁长(ULWL)、上翼长(UWL)、下喙长(LRL)、下侧壁长(LLWL)、下翼长(LWL)与体重(BW)之间呈极显著的指数关系($P<0.01$)。

表 4-20 雌性短蛸角质颚主要形态参数与体重关系拟合方程

形态参数	线性方程	指数方程	对数方程	幂函数方程
上喙长(URL)	$y=0.0067x+1.0688$	$y=1.0877e^{0.005x}$	$y=0.2307\ln x+0.4995$	$y=0.7062x^{0.1745}$
	$R^2=0.5204$	$R^2=0.5115$	$R^2=0.4952$	$R^2=0.4932$
上侧壁长(ULWL)	$y=0.0259x+4.2558$	$y=4.31e^{0.0051x}$	$y=0.9244\ln x+1.9329$	$y=2.7271x^{0.1817}$
	$R^2=0.5173$	$R^2=0.5101$	$R^2=0.5649$	$R^2=0.5645$
上翼长(UWL)	$y=0.011x+1.4261$	$y=1.4585e^{0.006x}$	$y=0.3768\ln x+0.4987$	$y=0.8733x^{0.2076}$
	$R^2=0.5461$	$R^2=0.504$	$R^2=0.5145$	$R^2=0.4841$
下喙长(LRL)	$y=0.0081x+0.8732$	$y=0.9049e^{0.0068x}$	$y=0.305\ln x+0.091$	$y=0.4667x^{0.2576}$
	$R^2=0.5463$	$R^2=0.5172$	$R^2=0.5485$	$R^2=0.5264$
下侧壁长(LLWL)	$y=0.0292x+3.9807$	$y=4.0715e^{0.0057x}$	$y=0.967\ln x+1.6291$	$y=2.5525x^{0.1914}$
	$R^2=0.5446$	$R^2=0.52$	$R^2=0.5176$	$R^2=0.5026$
下翼长(LWL)	$y=0.0203x+2.7843$	$y=2.8477e^{0.0056x}$	$y=0.8299\ln x+0.6227$	$y=1.5389x^{0.2347}$
	$R^2=0.5646$	$R^2=0.5133$	$R^2=0.5877$	$R^2=0.5581$

第六节 利用角质颚形态判定我国近海几种经济头足类

根据2013年8月于舟山市沈家门东河菜场采集的5种近海常见经济头足类(剑尖枪乌贼、杜氏枪乌贼、金乌贼、曼氏无针乌贼和短蛸)，利用逐步判别和主成分分析法对其上、下角质颚的各5种长度指标(喙长、头盖长、脊突长、侧壁长、翼长)进行分析。结果显示，这5种头足类角质颚长度差异显著(ANOVA：$P<0.001$)，其中以金乌贼的角质颚尺寸最大，短蛸的角质颚尺寸最小。判别分析显示，角质颚长度适合用来划分头足类的种类，综合判别成功率为96.2%，其中以上颚侧壁长、上颚头盖长和下颚脊突长对判定的贡献率最高。然而，与之相比，标准化后的角质颚长度则更适合用来划分头足类的种类，综合判别成功率达到100%，其中以标准化下颚喙长和标准化下颚翼长对判定的贡献率最高。主成分分析显示，角质颚长度及标准化后角质颚长度对枪乌贼类和乌贼类的判定成功率均达到100%。本书建立了一种基于角质颚长度判别分析法的头足类种类判定的新方法，丰富了头足类种类鉴定的技术手段，为我国学者在相关领域的研究提供了基础。

一、角质颚长度种间差异

方差分析显示，剑尖枪乌贼、杜氏枪乌贼、金乌贼、曼氏无针乌贼和短蛸等5种头足类角质颚各部的长度差异显著(ANOVA：$P<0.001$)。从角质颚各部的长度可看出金乌贼的角质颚尺寸最大，其次为杜氏枪乌贼和曼氏无针乌贼，再次为剑尖枪乌贼，短蛸的角质颚尺寸最小(表4-21)。

表 4-21　五种头足类角质颚长度

变量	均值±标准差/mm					P
	剑尖枪乌贼	杜氏枪乌贼	金乌贼	曼氏无针乌贼	短蛸	
UHL	5.32±0.85	9.73±0.90	17.91±1.74	7.89±0.73	2.89±0.26	<0.001
UCL	7.48±0.96	12.53±2.05	23.95±2.10	10.81±1.01	7.81±0.61	<0.001
URL	1.67±0.29	3.04±0.45	5.15±0.61	2.58±0.34	1.33±0.20	<0.001
ULWL	4.81±0.81	9.78±0.97	18.41±1.41	8.37±0.85	6.04±0.45	<0.001
UWL	2.20±0.42	4.09±0.59	8.24±0.92	3.60±0.45	2.24±0.35	<0.001
LHL	2.06±0.42	3.28±0.33	5.77±0.68	3.21±0.43	2.15±0.27	<0.001
LCL	4.16±0.69	7.05±0.98	14.40±1.37	6.09±0.83	4.96±0.51	<0.001
LRL	1.53±0.28	2.80±0.39	4.85±1.14	2.31±0.42	1.33±0.25	<0.001
LLWL	4.83±0.73	9.16±0.96	17.68±2.89	7.84±0.71	6.21±0.61	<0.001
LWL	2.62±0.57	4.89±0.74	13.00±2.05	5.17±0.91	3.57±0.44	<0.001

二、角质颚长度判别分析

SDA 分析显示，10 个角质颚原始长度指标中仅 ULWL、UHL、LCL、LWL、LHL、LLWL、UCL 被用于最终的判别分析，由典型相关系数(表 4-22)和 Wilks' λ(表 4-23)分析可得 ULWL、UHL、LCL 贡献了绝大部分种间差异。5 种头足类总的判别成功率为 96.2%，其中金乌贼和短蛸的判别成功率为 100%，剑尖枪乌贼、杜氏枪乌贼和曼氏无针乌贼依次为 98.0%、86.3%和 96.5%[表 4-24，图 4-15(a)]。

表 4-22　五种头足类角质颚长度逐步判别分析标准化系数

角质颚长度	标准化系数 1	标准化系数 2	标准化系数 3	标准化系数 4
UHL	0.599	−1.639	0.467	−0.036
UCL	0.046	0.395	0.202	−0.229
ULWL	0.485	0.328	−1.709	−0.349
LHL	−0.353	0.058	−0.624	1.005
LCL	0.100	0.695	0.675	−0.774
LLWL	0.140	0.148	0.680	0.065
LWL	0.062	0.414	0.799	0.805

表 4-23　基于角质颚长度的逐步判别分析结果

判别步数	变量	输入 *F* 量	Wilks' λ	统计 *F* 量	自由度 1	自由度 2
1	ULWL	1552.071	0.38	1552.071	4	243.000
2	UHL	146.631	0.11	516.293	8	484.000
3	LCL	38.357	0.07	298.970	12	637.918
4	LWL	20.114	0.05	213.371	16	733.850
5	LHL	14.301	0.04	169.040	20	793.623
6	LLWL	7.274	0.04	138.914	24	831.493
7	UCL	3.873	0.03	117.345	28	855.938

表 4-24 基于角质颚长度的头足类种类判别成功率

种类	判别率	成功判别的样本数					
		剑尖枪乌贼	杜氏枪乌贼	金乌贼	曼氏无针乌贼	短蛸	总样本数
剑尖枪乌贼	98.0%	48	0	0	1	0	49
杜氏枪乌贼	86.3%	0	56	0	0	0	56
金乌贼	100.0%	0	0	44	7	0	51
曼氏无针乌贼	96.5%	0	0	2	52	1	55
短蛸	100.0%	0	0	0	0	37	37

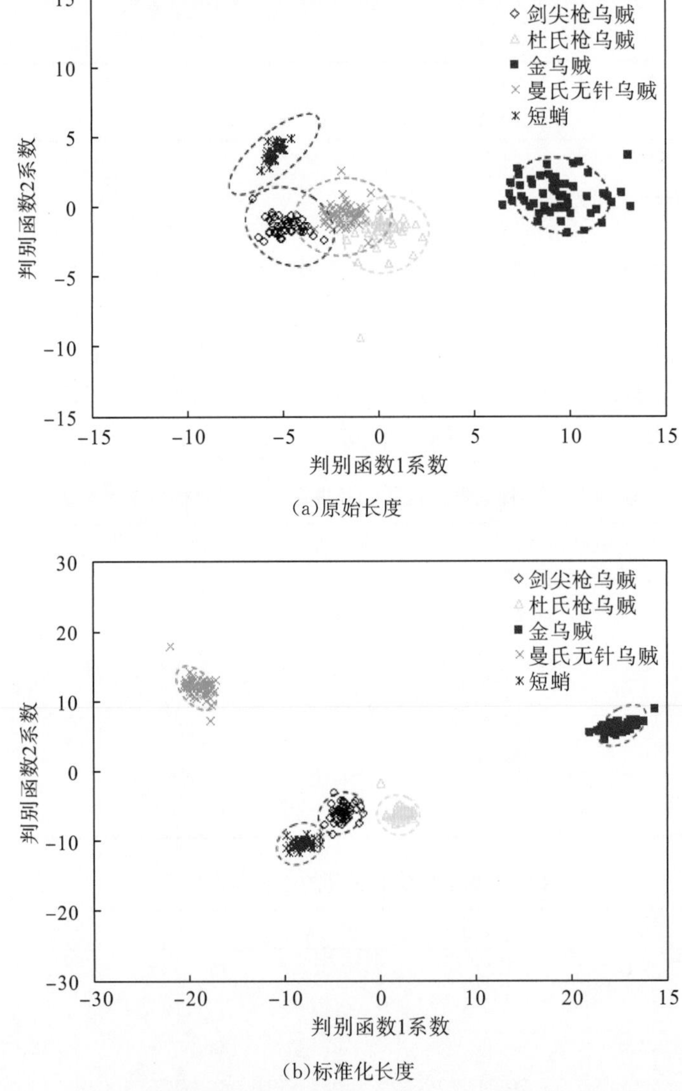

(a)原始长度

(b)标准化长度

图 4-15 五种头足类角质颚原始长度及标准化长度判别分析函数系数散点图

SDA 分析显示，枪乌贼类(剑尖枪乌贼和杜氏枪乌贼)以及乌贼类(金乌贼和曼氏无针乌贼)种间的判别成功率为 100%(表 4-25)；PCA 分析显示，根据角质颚长度差异可以将剑尖枪乌贼与杜氏枪乌贼以及金乌贼与曼氏无针乌贼完全分开(图 4-16)。

表 4-25　基于角质颚长度的枪乌贼和乌贼类种间判别成功率、Wilks' λ 和 P 值

	枪乌贼类			乌贼类	
	剑尖枪乌贼	杜氏枪乌贼		金乌贼	曼氏无针乌贼
剑尖枪乌贼	100%	0%	金乌贼	100%	0%
杜氏枪乌贼	0%	100%	曼氏无针乌贼	0%	100%
总体	100%		总体	100%	
Wilks' λ	0.103		Wilks' λ	0.044	
P	0.000		P	0.000	

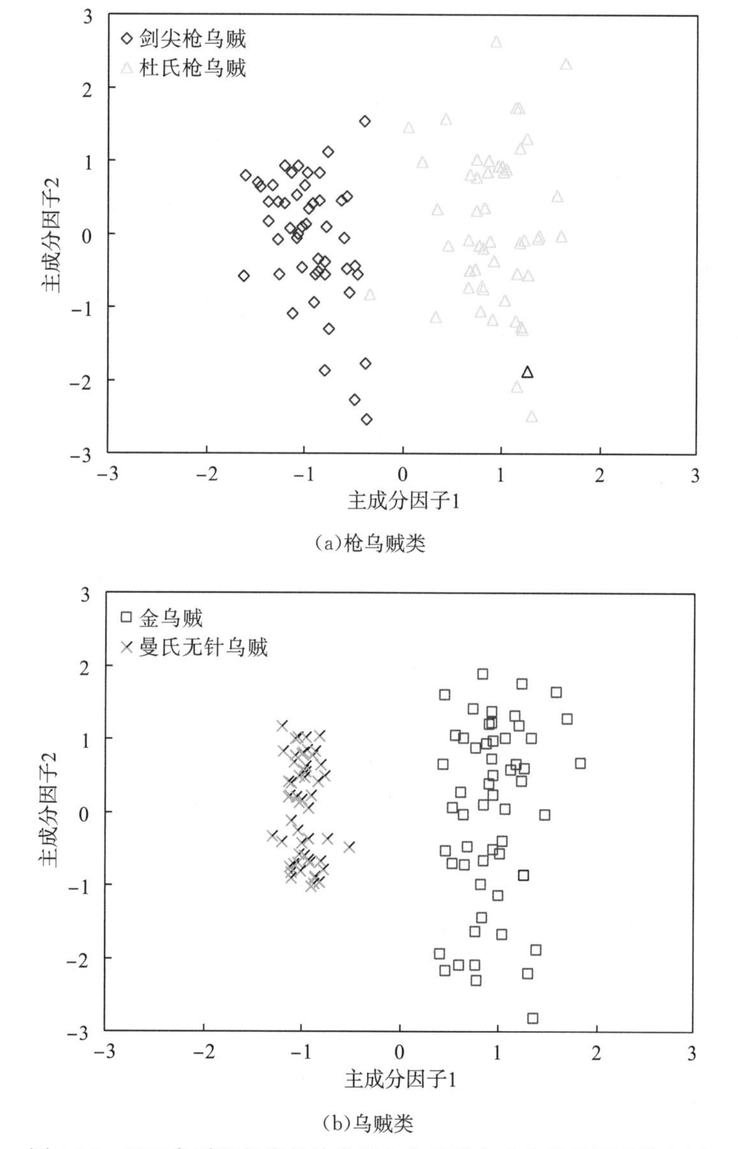

(a)枪乌贼类

(b)乌贼类

图 4-16　基于角质颚长度的枪乌贼和乌贼类主成分分析因子散点图

三、角质颚标准化长度判别分析

SDA分析显示，10个角质颚标准化长度指标中仅LRLs、LWLs、ULWLs、URLs、UWLs、LCLs、UCLs、LHLs和LLWLs被用于最终的判别分析，由典型相关系数(表4-26)和Wilks' λ(表4-27)分析可得LRLs和LWLs贡献了绝大部分种间差异。5种头足类总的判别成功率为100.0%(表4-28)。

表4-26 五种头足类角质颚标准化长度典型判别分析标准化系数

角质颚长度	标准化系数1	标准化系数2	标准化系数3	标准化系数4
UCLs	0.201	0.973	−0.472	−1.366
URLs	0.166	0.236	0.662	0.573
ULWLs	−0.685	−0.283	1.638	−0.122
UWLs	−0.368	−0.275	−0.373	0.981
LHLs	−0.533	0.040	−1.099	0.248
LCLs	0.484	−1.204	0.155	0.399
LRLs	0.841	0.177	−0.195	0.225
LLWLs	0.636	0.012	0.213	−0.954
LWLs	−0.248	0.943	−0.225	0.525

表4-27 基于角质颚标准化长度的逐步判别分析结果

判别步数	变量	输入 F 量	Wilks' λ	统计 F 量	$df1$	$df2$
1	LRLs	9684.392	0.006	9684.392	4	243.000
2	LWLs	2762.569	0.000	5173.809	8	484.000
3	ULWLs	834.171	0.000	4239.374	12	637.918
4	URLs	453.232	0.000	4195.895	16	733.850
5	UWLs	77.207	0.000	3193.456	20	793.623
6	LCLs	40.420	0.000	2601.828	24	831.493
7	UCLs	48.820	0.000	2357.348	28	855.938
8	LHLs	27.847	0.000	2117.459	32	871.920
9	LLWLs	8.948	0.000	1844.669	36	882.391

表4-28 基于角质颚长度的头足类种类判别成功率

种类	判别率	成功判别的样本数					
		剑尖枪乌贼	杜氏枪乌贼	金乌贼	曼氏无针乌贼	短蛸	总样本数
剑尖枪乌贼	100%	49	0	0	0	0	49
杜氏枪乌贼	100%	0	56	0	0	0	56
金乌贼	100%	0	0	51	0	0	51
曼氏无针乌贼	100%	0	0	0	55	0	55
短蛸	100%	0	0	0	0	37	37

SDA分析显示，枪乌贼类(剑尖枪乌贼和杜氏枪乌贼)以及乌贼类(金乌贼和曼氏无针乌贼)种间的判别成功率为100%(表4-29)；PCA分析显示，角质颚标准化长度差异可以将剑尖枪乌贼与杜氏枪乌贼以及金乌贼与曼氏无针乌贼完全分开(图4-17)。

表4-29　基于角质颚标准化长度的枪乌贼和乌贼类种间判别成功率、Wilks' λ和 *P* 值

	枪乌贼类			乌贼类	
	剑尖枪乌贼	杜氏枪乌贼		金乌贼	曼氏无针乌贼
剑尖枪乌贼	100%	0%	金乌贼	100%	0%
杜氏枪乌贼	0%	100%	曼氏无针乌贼	0%	100%
总体	100%		总体	100%	
Wilks' λ	0.021		Wilks' λ	0.003	
P	0.000		*P*	0.000	

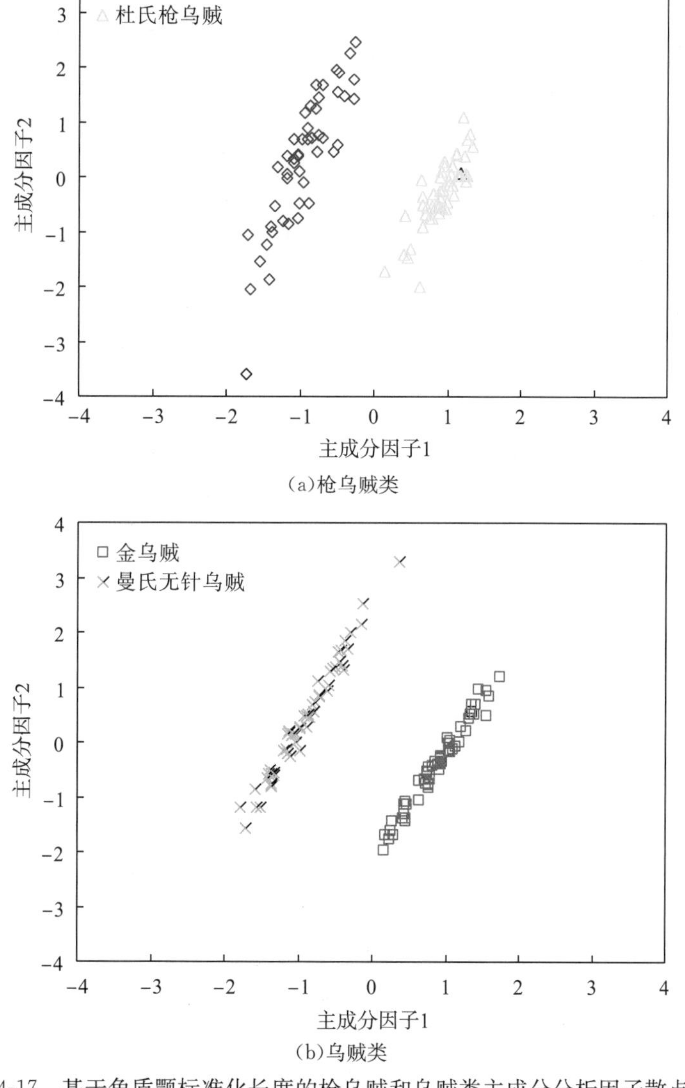

(a)枪乌贼类

(b)乌贼类

图4-17　基于角质颚标准化长度的枪乌贼和乌贼类主成分分析因子散点图

四、分析与讨论

角质颚作为头足类少数硬组织之一，形态结构稳定，它在头足类，尤其属以上单元的分类鉴定中起着重要作用(刘必林等，2009)。柔鱼类、枪乌贼类、乌贼类和蛸类等4种主要头足类的角质形态差异明显(董正之，1991)。枪乌贼类(剑尖枪乌贼、杜氏枪乌贼)的上颚头盖弧度较圆，下颚颚角较大，头盖和侧壁均较狭窄；乌贼类(金乌贼、曼氏无针乌贼)的上颚颚角比较平直，下颚颚角更大，头盖和侧壁均较狭窄；蛸类(短蛸)的上颚喙和头盖均甚短，脊突尖狭，下颚喙也甚短，顶端钝，侧壁更为狭窄。然而，角质颚形态特征在种这一分类上的鉴定作用显得有些复杂，它需要研究者对角质颚各部的细微结构一一进行判别，有些相近种类之间的角质颚形态特征可能完全没有差异，因此角质颚形态测量学的出现弥补了这些不足(Clarke 1962，1986)。例如，研究认为，枪乌贼类角质颚的种间差异极其微小，因此只能通过角质颚某些部位的长度差异才能将其相互区分(Pineda et al.，1996)。根据角质颚的形态和长度特征，部分大洋及海域的头足类得到了鉴定，例如，西班牙临比戈湾(Clark et al.，1974)、南非海域(Smale et al.，1993)、西北太平洋(Kubodera et al.，1987)、澳大利亚南部(Lu et al.，2002)以及南大洋(Xavier et al.，2009)等。

近年来，业内的学者们不断尝试通过角质颚长度来鉴定那些分类地位相近、栖息环境相似的头足类(Martínez et al.，2002；Vega et al.，2002；许嘉锦，2003；Chen et al.，2003)。本书研究发现，角质颚长度同样适合用来判定我国近海的头足类，逐步判别分析结果显示，判别成功率高达96.2%以上。然而，与之相比，标准化后的角质颚长度更适合用作种类的判定，其判别成功率达到了100%。由于标准化后的角质颚长度排除了头足类个体自身大小对其角质颚长度的影响，因此判定效果更准确、更有效，这在以往的研究中得到了充分证明(Vega et al.，2002；Lefkaditou et al.，2004；李思亮等，2010；Chen et al.，2012；Liu et al.，2015)。角质颚长度用于区分分类地位上相近的种类同样效果较好，PCA分析显示，枪乌贼类(剑尖枪乌贼和杜氏枪乌贼)以及乌贼类(金乌贼和曼氏无针乌贼)种间的判别成功率达到100%。然而尽管如此，角质颚长度还是常被用于头足类的种群鉴定(Vega et al.，2002；Kassahn et al.，2003；Doubleday et al.，2009)，例如，鉴定茎柔鱼性别的成功率超过60%(Liu et al.，2015)。Vega等(2002)根据角质颚长度分析显示，采自太平洋和大西洋的巴塔哥尼亚枪乌贼*Loligo gahi*分属3个不同种群。Kassahn等(2003)和Doubleday等(2009)根据分子标记以及角质颚和内壳的形态分别分析了澳大利亚巨乌贼*S. apama*和毛利蛸*O. maorum*复杂的种群结构。李思亮等(2010)认为角质颚长度差异可用来划分北太平洋柔鱼群体；在此基础上，Fang等(2014)通过角质颚和耳石长度的综合判别分析，将北太平洋柔鱼划分为东部和西部两个群体。Liu等(2015)根据角质颚长度对茎柔鱼潜在的地理种群进行了划分，判别成功率达到89.5%。

头足类的软体组织形态不够稳定，因此用于种类或种群判定的效果不好(Martínez et al.，2002)。此外，其另外一个重要缺陷就是化学结构不稳定、极易腐蚀，这对样品的保存、获取途径等要求极高。然而，角质颚不仅形态特征明显，而且其化学结构异常稳定(Miserez et al.，2007)、极耐腐蚀，常残留于头足类捕食者的胃中，是大型捕食动物食性分析的理想材料(Xavier et al.，2011)。因此，在缺少其他分类性状，尤其对捕食动物的胃含物分析时，角质颚的形态是头足类分类鉴定的重要依据。根据胃含物中残留的角质分析显示，鱼类(Cherel et al.，2004)、鲸类(Clarke et al，1998)、海豚(Blanco et al.，2006)、海鸟(Piatkowski et al.，2001)等都是头足类的主要捕食者。

五、结论

我国近海的剑尖枪乌贼、杜氏枪乌贼、金乌贼、曼氏无针乌贼、短蛸等5种常见经济头足类的角质颚长度差异十分显著，根据角质颚长度的差异可对其进行种类判别，判别效果显著，而且标准化后的角质颚长度鉴定头足类种类的效果更好。过去的研究显示，仅凭角质颚形态上的差别来判定分类地位相近或栖息环境相似的头足类的效果不佳，而本研究揭示角质长度的差异更适合解决此类问题。因此，本研究方法的提出将大大提高角质颚在头足类种类鉴定中的作用，为进一步分析不同头足类物种在海洋生态系统中所扮演的角色提供了前期基础。此外，以往的研究还显示，角质颚长度在头足类种群甚至性别鉴定上都起着重要作用，今后应重点在种群鉴定方面开展相关研究，丰富头足类种群研究方法，为我国近海头足类资源合理开发利用提供基础。

第七节　利用角质颚形态划分东太平洋茎柔鱼种群结构

本节通过对厄瓜多尔、秘鲁和智利外海的1490尾茎柔鱼的角质颚和胴体的17个形态指标进行检测，划分了茎柔鱼的不同地理群体。线性回归显示，角质颚长度指标与胴长呈显著的线性关系。角质颚所有长度指标地理差异明显($P<0.001$)，智利外海的角质颚最大，厄瓜多尔外海的角质颚最小。尽管散点图显示雌、雄茎柔鱼的角质颚形态存在一定的重合，但是统计显示雌、雄茎柔鱼角质颚形态差异显著($P<0.001$)，因而可用作性别鉴定。逐步判别分析显示，茎柔鱼胴体和角质颚形态均可用来划分地理种群，但是作为硬组织的角质颚要比作为软组织的胴体的划分效果更好。此外，研究显示，标准化后的角质颚和胴体形态指标要比标准化前的形态指标划分地理种群的效果更好。

一、角质颚性别和地理差异

回归分析显示，茎柔鱼角质颚长度与胴长呈显著的线性关系($P<0.001$)。角质颚长度指标逐步判别显示，厄瓜多尔、秘鲁和智利外海雌、雄茎柔鱼判别正确率为52.5%～64.5%，总Wilks' λ值为0.840～0.976($P<0.001$)(表4-30)。因此尽管PCA分析显示雌、雄茎柔鱼主成分因子散点图存在一定的重叠(图4-18)，但是雌、雄茎柔鱼角质颚长度指标差异还是显著的($P<0.001$)。

三海区茎柔鱼角质颚所有长度指标均差异显著(ANOVA：$P<0.001$)。智利外海茎柔鱼角质颚尺寸最大，而厄瓜多尔外海尺寸最小(表4-31)。因此，可根据角质颚长度指标的差异对不同海区的地理种群进行判别。

表 4-30 茎柔鱼性别判定成功率和 Wilks' λ 值

	厄瓜多尔		秘鲁		智利	
	雌性	雄性	雌性	雄性	雌性	雄性
雌性	60.6%	39.4%	47.8%	52.2%	62.2%	37.8%
雄性	26.8%	73.2%	27.4%	72.6%	34.4%	65.6%
总体	64.5%		52.6%		63.3%	
Wilks' λ	0.840		0.976		0.902	

表 4-31 厄瓜多尔、秘鲁和智利外海茎柔鱼角质颚形态测量长度

角质颚形态参数	均值±标准差/mm			P
	厄瓜多尔	秘鲁	智利	
UHL	9.14±1.99	21.98±4.83	28.64±3.20	$P<0.001$
UCL	11.38±2.44	27.10±5.94	35.52±3.72	$P<0.001$
URL	3.16±0.76	7.95±1.80	10.26±1.33	$P<0.001$
ULWL	9.99±2.11	23.19±5.06	29.49±3.20	$P<0.001$
UWL	2.52±0.53	6.43±1.49	7.46±0.95	$P<0.001$
LHL	2.35±0.49	6.31±1.39	7.59±1.08	$P<0.001$
LCL	5.26±1.01	13.03±2.88	16.71±1.93	$P<0.001$
LRL	3.00±0.60	7.47±1.71	9.42±1.16	$P<0.001$
LLWL	8.60±1.76	20.00±4.31	26.04±2.88	$P<0.001$
LWL	4.60±0.94	10.55±2.25	13.52±1.59	$P<0.001$

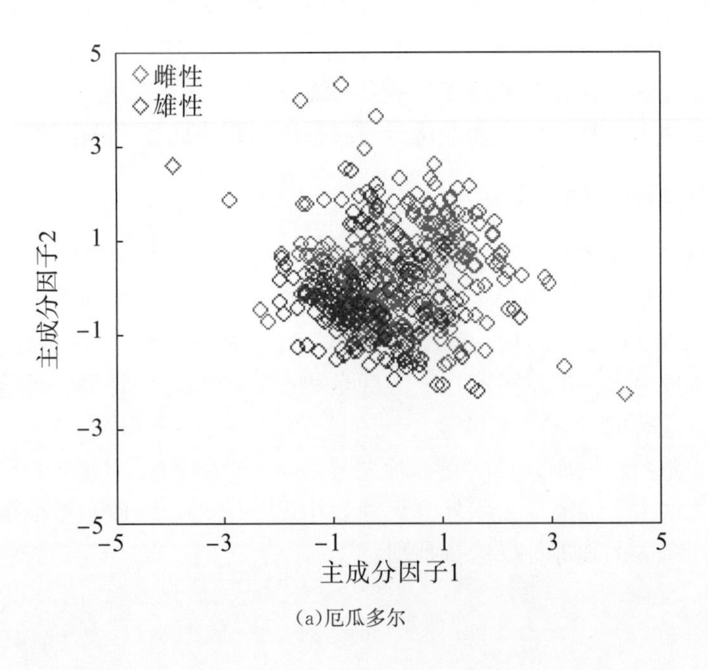

(a)厄瓜多尔

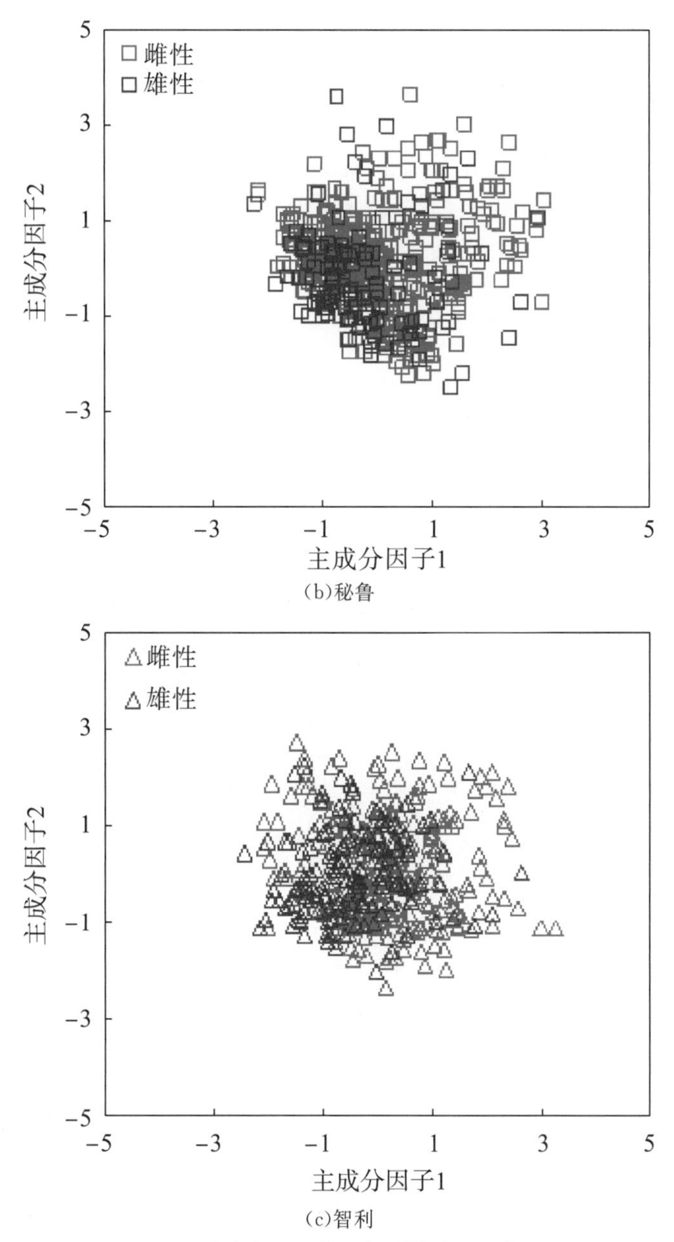

图 4-18　厄瓜多尔、秘鲁和智利外海雌、雄茎柔鱼角质颚形态测量参数主成分分析散点图

二、判别分析

各海区 5 个胴体形态测量指标(胴宽 MW、鳍长 FL、头宽 HW、触腕长 TL、触腕穗长 CL)被用于判别分析，判别系数(表 4-32)和 Wilks' λ 值(表 4-33)显示 FL、HW 和 TL 贡献了大部分地理差异。胴体形态测量指标逐步判别分析显示，前两个判别函数可成功区分 3 个不同地理种群，第一和第二判别函数分别解释 63.7%和 36.3%的差异率(图 4-19)。三海区茎柔鱼总体判别成功率分别为 77.3%，其中厄瓜多尔、秘鲁和智利外海茎柔鱼分别为 76.6%、74.8%和 81.5%(表 4-33)。

表 4-32　胴体、角质颚及标准化角质颚形态参数逐步判别分析标准化系数

胴体	标准化系数 1	标准化系数 2	角质颚	标准化系数 1	标准化系数 2	标准化角质颚	标准化系数 1	标准化系数 2
MW	−0.249	−0.544	UCL	0.167	−1.313	UCLs	−4.592	0.416
FL	1.277	−0.100	UWL	0.691	1.332	URLs	−0.164	−1.719
HW	−0.140	1.510	LLWL	0.187	0.770	ULWLs	0.262	−1.936
TL	0.805	−0.702	LHL	−0.944	−0.438	UWLs	1.183	−0.085
CL	−0.845	0.187	ULWL	−0.087	1.209	LHLs	1.969	−1.604
			LCL	0.151	0.786	LCLs	0.532	3.285
			URL	0.418	−0.204	LRLs	0.550	2.538
			LWL	0.240	−2.715	LWLs	0.548	−0.579
			UHL	0.199	0.879			

注：MW 胴宽，FL 鳍长，HW 头宽，TL 触腕长，CL 触腕穗长；UCL 上颚脊突长，UWL 上颚翼长，LLWL 下颚侧壁长，LHL 下颚头盖长，ULWL 上颚侧壁长，LCL 下颚脊突长，URL 上颚喙长，LWL 下颚翼长，UHL 上颚头盖长；UCLs 标准化上颚脊突长，URLs 标准化上颚喙长，ULWLs 标准化上颚侧壁长，UWLs 标准化上颚翼长，LHLs 标准化下颚头盖长，LCLs 标准化下颚脊突长，LRLs 标准化下颚喙长，LWLs 标准化下颚翼长

表 4-33　基于胴体形态参数的逐步判别分析结果

判别步数	变量	输入 F 量	Wilks' λ	统计 F 量	自由度 1	自由度 2
1	FL	577.846	0.563	577.846	2	1487
2	HW	293.509	0.403	426.900	4	2972
3	TL	73.372	0.367	322.011	6	2970
4	CL	60.194	0.340	265.700	8	2968
5	MW	22.603	0.329	220.116	10	2966

海区	判别成功率/%	被成功判别样本数		
		厄瓜多尔	秘鲁	智利
厄瓜多尔	76.6	374	56	58
秘鲁	74.8	77	434	69
智利	81.5	48	30	344
总体	77.3	513	519	408

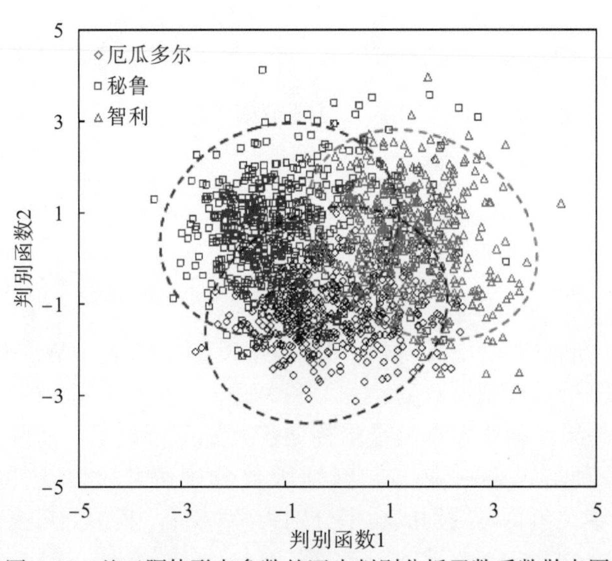

图 4-19　基于胴体形态参数的逐步判别分析函数系数散点图

角质颚形态测量参数逐步判别分析显示，其中 9 个指标(上颚脊突长 UCL、上颚翼长、下颚侧壁长、下颚头盖长、上颚侧壁长、下颚脊突长、上颚喙长、下颚翼长、上颚头盖长)有效地区分了不同地理种群。判别函数 1 解释了角质颚地理差异的 98.0%(图 4-20)。UCL、UWL 和 LLWL 等前三个变量贡献大部分判别系数的变化(表 4-32)，当这三者用作判别分析时，Wilks' λ 值由 0.166 降至 0.153(表 4-34)。三海区茎柔鱼总体判别成功率分别为 89.5%，其中厄瓜多尔、秘鲁和智利外海茎柔鱼分别为 100%、79.5%和 91.2%(表 4-33)。根据判别系数(表 4-32)和 Wilks' λ 值(表 4-34)显示，标准化后前两个角质颚形态参数(标准化下头盖长 LHLs 和标准化下脊突长 LCLs)贡献了大部分角质颚地理差异。标准化角质颚形态参数判别分析显示判别成功率为 100%(表 4-35，图 4-21)。

表 4-34　基于角质颚形态参数的逐步判别分析结果

判别步数	变量	输入 F 量	Wilks' λ	统计 F 量	自由度 1	自由度 2
1	UCL	3740	0.166	3740	2	1487
2	UWL	37.64	0.158	1127	4	2972
3	LLWL	24.20	0.153	771	6	2970
4	LHL	16.30	0.150	588	8	2968
5	ULWL	11.45	0.147	476	10	2966
6	LCL	10.55	0.145	401	12	2964
7	URL	6.84	0.144	346	14	2962
8	LWL	7.45	0.142	305	16	2960
9	UHL	5.07	0.141	273	18	2958

海区	判别成功率/%	被成功判别样本数		
		厄瓜多尔	秘鲁	智利
厄瓜多尔	100.0	488	0	0
秘鲁	79.5	11	461	108
智利	91.2	0	37	385
总体	89.5	499	498	493

表 4-35　基于标准化角质颚形态参数的逐步判别分析结果

判别步数	变量	输入 F 量	Wilks' λ	统计 F 量	自由度 1	自由度 2
1	LHLs	21090	0.034	21090	2	1487
2	LCLs	23750	0.001	22374	4	2972
3	UCLs	1778	0.000	27881	6	2970
4	LRLs	305.6	0.000	24900	8	2968
5	URLs	145.4	0.000	21799	10	2966
6	UWLs	108.8	0.000	19456	12	2964
7	ULWLs	31.88	0.000	17025	14	2962
8	LWLs	13.39	0.000	15022	16	2960

续表

海区	判别成功率/%	被成功判别样本数		
		厄瓜多尔	秘鲁	智利
厄瓜多尔	100	488	0	0
秘鲁	100	0	580	0
智利	100	0	0	422
总体	100	488	580	422

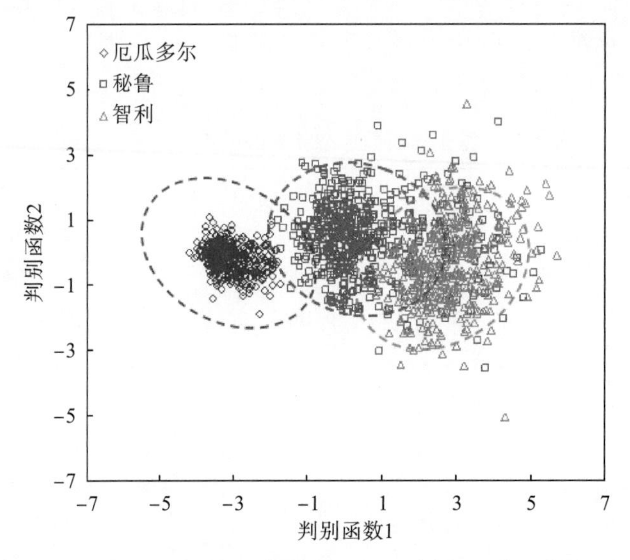

图 4-20 基于角质颚形态参数的逐步判别分析函数系数散点图

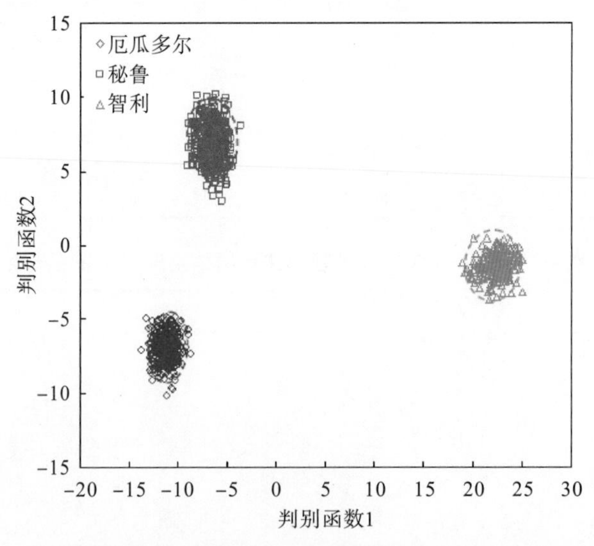

图 4-21 基于标准化角质颚形态参数的逐步判别分析函数系数散点图

三、分析与讨论

头足类的性别二态性常常反映在各种第二性状上，例如个体大小和形态的不同(Hanlon和Messenger，1996)。过去的研究显示，茎柔鱼雌、雄个体年龄结构、性成熟胴长、生长率等差异明显(Liu et et al.，2013b)。头足类硬组织的(耳石、角质颚和内壳等)性别二态性明显(Bolstad，2006；Almonacid-Rioseco et al.，2009；Chen et al.，2012b)。Mercer等(1980)研究认为，角质颚的形态可用作鱿鱼的性别鉴定。本书研究发现，尽管PCA散点图显示厄瓜多尔、秘鲁和智利外海茎柔鱼角质颚形态存在一定的重合(图4-18)，但是三海区还是存在明显的差异($P<0.001$)，正确判别成功率为60%(表4-18)。这一结果与Chen等(2012a)在智利的研究结果相似，其正确判别成功率在70%左右。类似的角质颚性别二态性在其他柔鱼科种类如柔鱼和阿根廷滑柔鱼中也同样存在(Chen et al.，2012a)。

茎柔鱼是一种广泛分布于东太平洋，群体结构十分复杂的鱿鱼类。一般地，可根据成体的个体大小将其分为3个主要种群(Nigmatullin et al.，2001)：小型群(雌、雄胴长分别为140～340mm和130～260mm)主要出现在赤道水域，中型群(雌、雄胴长分别为280～600mm和240～420mm)在其栖息范围内均有分布，大型群(雌性胴长为550～650mm至1000～1200mm，雄性胴长>400mm)在其栖息范围的南北限两端才有分布。然而，其他一些研究根据茎柔鱼的洄游策略将其划分为南、北两个群体(Nesis，1983；Clarke和Paliza，2000)，这一结论后来也被分子遗传学手段所证实(Sandoval-Castellanos et al.，2007；Staaf et al.，2010)。最近的研究根据耳石微量元素的地理差异对茎柔鱼的不同地理种群进行了划分(Liu et al.，2013a)。与之相比，本研究通过角质颚形态的地理差异将茎柔鱼不同地理群体进行了划分，类似的研究也用于滑柔鱼属不同种类的鉴定(Martínez et al.，2002)。

以往的研究通常采用身体的外部形态来划分种群(Bembo et al.，1996，Saborido-Rey和Nedreas，2000)。然而，对于例如腹足类、头足类等软体动物来说，其身体形态不容易量化(De Wolf et al. 1998，Martínez et al.，2002)。因此，基于硬组织形态的多元分析更适合用作种类鉴定与种群判别(Neige和Boletzky，1997；Martínez et al.，2002；Chen et al.，2012a)。角质颚作为头足类的重要硬组织之一，形态稳定以及耐腐蚀等特点使其更适宜用作种类鉴定与种群判别。Pineda等(1996)比较了两种枪乌贼的角质颚形态差异。Martínez等(2002)认为，角质颚形态的多元分析对滑柔鱼属不同种类的判别成功率相当高。

过去的一些研究将角质颚与其他硬组织或者分子遗传学结合在一起来研究头足类的种群结构(Vega et al.，2002，Kassahan et al.，2003，Doubleday et al.，2009)。Vega等(2002)分析了巴塔哥尼亚枪乌贼 *Loligo gahi* 三个不同地理群体的角质颚形态差异。Kassahan等(2003)采用分子遗传学手段结合内壳及角质颚形态分析了澳大利亚巨乌贼 *Sepia apama* 复杂的种群结构。Doubleday等(2009)通过微卫星标记法，并结合内壳及角质颚形态差异分析，成功地揭示了澳大利亚和新西兰水域毛利蛸 *O. maorum* 的种群结构。Li等(2010)根据角质颚的形态结构划分了西北太平洋柔鱼的两个群体。本研究显示，茎柔鱼角质颚的所有长度指标地理差异均十分明显，且都可以用来划分种群。然而，逐步判别分析显示，UCL、UWL 和 LLWL 对种群划分的贡献率最高。

本书的研究结果显示角质颚形态判定茎柔鱼种群的效果(成功判别率为 89.5%)要比身体形态(判别成功率为 77.3%)好，类似的结果在滑柔鱼属的种类鉴定和种群判别中也有发现(Martínez et al.，2002)。例如，角质颚形态用于科氏滑柔鱼 *Illex coindetii* 种群的判别成功率为 83.0%，而对身体形态的判别成功率为 72.3%(Martínez et al.，2002)。这种硬组织(角质颚)与软组织(身体)形态在头足类种群判别上的差异在秘鲁海域的巴塔哥尼亚枪乌贼中也有体现(Vega et al.，2002)。为了排除个体大小对角质颚形态差异的影响，许多研究在进行判别分析前首先对角质颚的长度指标进行标准化(Vega et al.，2002；Lefkaditou 和 Bekas，2004；Li et al.，2010；Chen et al.，2012a)。本研究将标准化后的角质颚残差用于判别分析，结果显示判别成功率达到 100%，这说明标准化后的形态指标对种群的判别效果要明显好于未标准化的形态指标。

过去的研究认为，环境通常是影响头足类地理种群软体或硬组生长的主要因素(Arkhipkin et al.，1996，Neige 和 Boletzky，1997)，这在茎柔鱼中也有报道(Yi et al.，2012，Liu et al.，2013b)。茎柔鱼的分布通常与环境和食物的变化息息相关(Argüelles et al.，2012；Ruiz-Cooley et al.，2013；Stewart et al.，2012，2014)，所以正如在乌贼和章鱼中的研究一样(Kassahn et al.，2003，Doubleday et al.，2009)，茎柔鱼形态的地理差异与栖息环境的空间变化密切相关。然而，大量的研究表明，茎柔鱼与许多其他鱿鱼类一样(Arkhipkin et al.，2000，Pecl 和 Jackson，2008，Ichii et al.，2009)，具有很高的环境适应能力(Argüelles et al.，2008；Keyl et al.，2011；Hoving et al.，2013)。因此，如果这种适应性密切影响角质颚的形态的话，至少今后在利用角质颚形态来研究鱿鱼类种群的话需要考虑此类不确定因素。

第八节　基于地标点法的北太平洋柔鱼群体和性别判别分析

头足类硬组织(如角质颚)的形态在不同群体和性别中存在的差异非常常见，这也非常有利于我们区分种群和性别。本节利用几何形态测量法分析北太平洋柔鱼不同群体和性别的上下角质颚的形态差异，同时对柔鱼角质颚的色素沉着等级也进行了研究，样本于 2013 年 5 月至 10 月在北太平洋海域由专业鱿钓船捕获。根据分析结果认为，北太平洋柔鱼的东部和西部群体的角质颚存在显著差异(MANCOVA，$P<0.01$)，异速生长也在角质颚的长度上有所表现。角质颚的色素沉着等级随着角质颚的不断生长，等级不断提高。西部群体中，仅在下颚的形态和色素沉着等级表现出性别差异，而下颚的色素沉着等级也随着下颚形态而变化。柔鱼种群可以有效地根据角质颚形态的主成分分析结果区分，而性别则无法用该方法区分。造成这种现象的原因可能是不同种群之间的摄食习性有很大的差异，而不同性别间处在类似的栖息地中。

一、不同群体角质颚形态变化及其可视化

多重协方差分析结果认为，分别利用上颚和下颚作为材料所得出的结果相似(表 4-36)。两个群体的上下颚形态均存在差异，不同色素沉着等级间的角质颚形态也同

样存在差异(表 4-36)。考虑到交互作用的影响,两个群体上下颚的异速生长趋势都存在显著差异($P<0.01$,表 4-36)。不同色素沉着等级间的异速生长液都存在着显著差异($P<0.01$,表 4-36)。色素沉着等级还对不同群体上颚形态有着交互效应(表 4-36)。

表 4-36 对不同群体角质颚形态的多元协方差分析

因子	上颚						
	df	SS	MS	Rsq	*F*	*Z*	*P*
大小	1	0.0328	0.0328	0.0452	10.8008	8.6821	0.001^{*}
性别	1	0.0344	0.0344	0.0474	11.3438	9.0091	0.001^{*}
色素等级	1	0.0072	0.0072	0.0099	2.3753	2.1473	0.011^{*}
大小×性别	1	0.0068	0.0068	0.0093	2.2269	1.9787	0.025^{*}
大小×色素等级	1	0.0051	0.0051	0.0070	1.6860	1.4850	0.103^{ns}
性别×色素等级	1	0.0071	0.0071	0.0097	2.3264	2.2301	0.014^{*}
大小×性别×色素等级	1	0.0042	0.0042	0.0058	1.3893	1.2873	0.162^{ns}
残差	207	0.6287	0.0030				
总和	214	0.7263					
因子	下颚						
	df	SS	MS	Rsq	*F*	*Z*	*P*
大小	1	0.0294	0.0294	0.0339	7.8178	6.2586	0.001^{*}
性别	1	0.0128	0.0128	0.0147	3.3913	2.8563	0.005^{*}
色素等级	1	0.0099	0.0099	0.0114	2.6300	2.3475	0.010^{*}
大小×性别	1	0.0127	0.0127	0.0146	3.3703	2.9294	0.004^{*}
大小×色素等级	1	0.0102	0.0102	0.0118	2.7194	2.5207	0.008^{*}
性别×色素等级	1	0.0060	0.0060	0.0069	1.6018	1.4588	0.107^{ns}
大小×性别×色素等级	1	0.0059	0.0059	0.0067	1.5551	1.4573	0.108^{ns}
残差	207	0.7789	0.0038				
总和	214	0.8658					

主成分分析结果表明,不同群体上颚和下颚的形态可以用前四个主成分来进行解释区分(上颚:前四个主成分解释总变异的 60.0%;下颚:解释总变异的 61.1%,图 4-22)。东部群体的上颚形态变化比西部群体更为突出[图 4-23(a)]。但是东部群体的下颚形态比西部群体的要更为集中[图 4-23(b)]。形态预测值表明不同色素沉着等级在上颚的形态中有着不同的变化趋势(表 4-36),而西部群体在色素等级 1 和 2 时变化很小[图 4-23(c)]。不同等级的色素沉着在两个群体的下颚形态中有着类似的变化趋势[图 4-23(d),表 4-36]。异速生长,尤其是西部群体,在下颚不同的形态中有着不同的趋势[图 4-23(d)],而上颚中则没有这样的特征变化(表 4-36)。两个群体角质颚的薄板条样变形网格如图 4-24 所示。

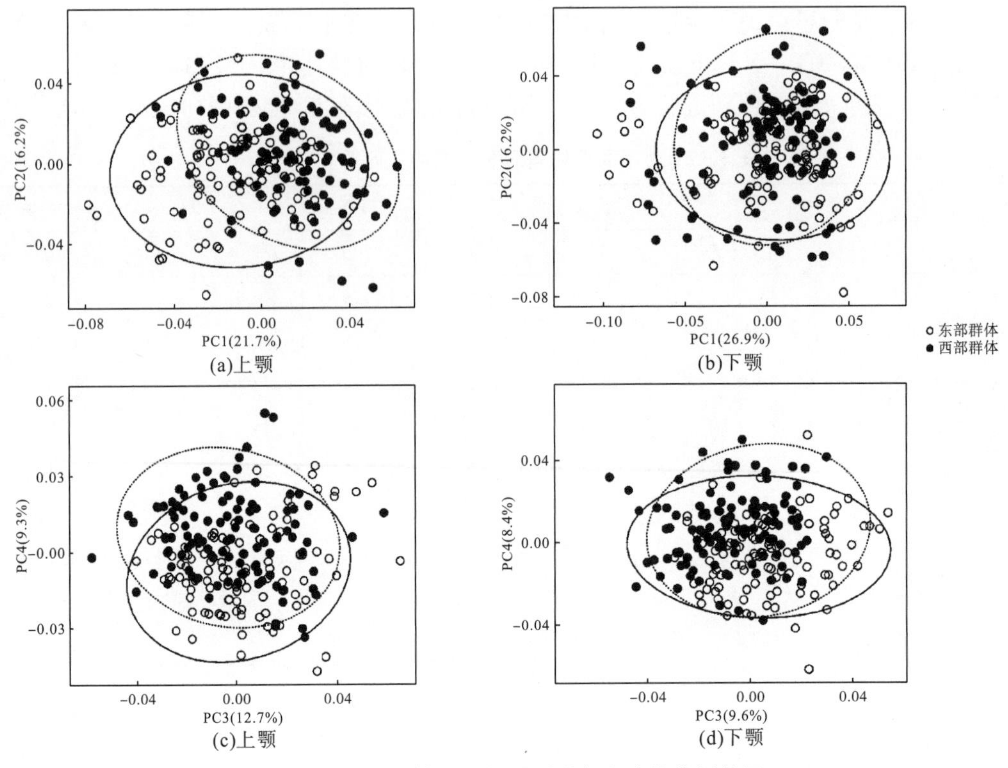

图 4-22 不同群体上颚与下颚形态主成分分析结果

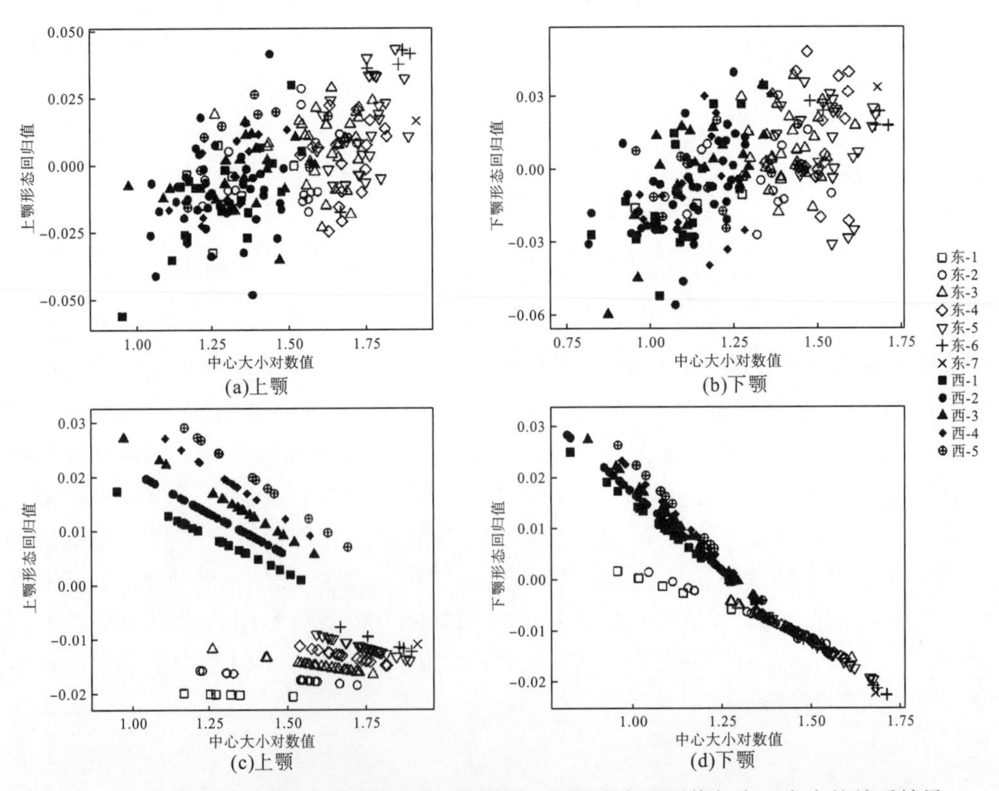

图 4-23 不同群体上颚与下颚形态回归分数及上下颚形态预测值与中心大小的关系结果

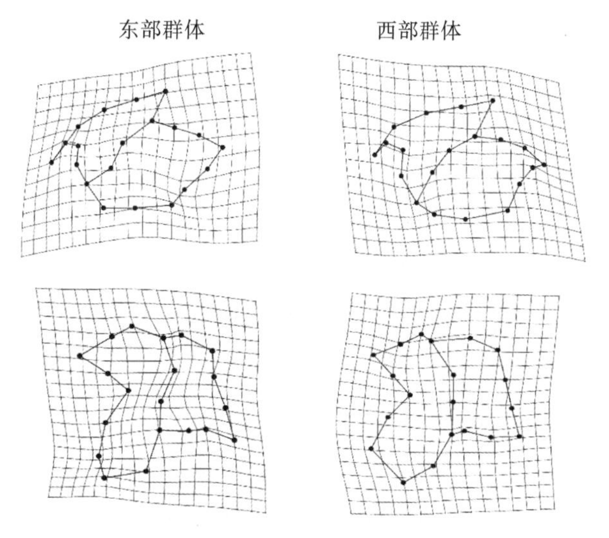

图 4-24 不同群体的角质颚模拟网格化薄板条样图

二、不同性别角质颚形态变化及其可视化

对西部群体不同性别个体进行分析，上下颚的多重协方差分析结果有着很大的不同(表 4-37)。雌雄上颚的形态没有差异，而下颚的形态变化中发现了明显的雌雄二态性现象，不同的色素等级也影响到了异速生长(表 4-37)。从预测值看，下颚的形态完全被分开，雌雄没有交集(图 4-26)。

表 4-37 对西部群体不同性别角质颚形态的多元协方差分析

因子	上颚						
	df	SS	MS	Rsq	*F*	*Z*	*P*
大小	1	0.0081	0.0081	0.0236	2.6668	2.3119	0.013*
性别	1	0.0057	0.0057	0.0166	1.8722	1.6842	0.064ns
色素等级	1	0.0087	0.0087	0.0254	2.8765	2.6282	0.003*
大小×性别	1	0.0049	0.0049	0.0142	1.6063	1.5035	0.092ns
大小×色素等级	1	0.0017	0.0017	0.0049	0.5612	0.5341	0.833ns
性别×色素等级	1	0.0025	0.0025	0.0072	0.8156	0.7874	0.564ns
大小×性别×色素等级	1	0.0019	0.0019	0.0057	0.6476	0.6103	0.726ns
残差	102	0.3095	0.0030				
总和	109	0.3431					

因子	下颚						
	df	SS	MS	Rsq	*F*	*Z*	*P*
大小	1	0.0218	0.0218	0.0519	6.1216	4.9716	0.001*
性别	1	0.0105	0.0105	0.0249	2.9388	2.6095	0.005*
色素等级	1	0.0056	0.0056	0.0133	1.5673	1.4087	0.120ns

续表

因子	下颚						
	df	SS	MS	Rsq	*F*	*Z*	*P*
大小×性别	1	0.0041	0.0041	0.0096	1.1367	1.0413	0.299ns
大小×色素等级	1	0.0078	0.0078	0.0186	2.1937	2.0184	0.030*
性别×色素等级	1	0.0037	0.0037	0.0087	1.0291	0.9427	0.367ns
大小×性别×色素等级	1	0.0036	0.0036	0.0086	1.0177	0.9669	0.353ns
残差	102	0.3640	0.00357				
总和	109	0.4211					

注：* 表示具有显著性($P<0.05$)，ns 表示无显著性，下同。

主成分分析结果认为，上颚和下颚的形态类似(上颚：前四个主成分解释总变异的 60.1%；下颚：解释总变异的 61.6%，图 4-25)。研究并未发现随着个体生长上颚与下颚在形态上发生的变化[图 4-26(a)，(b)]。不同群体的形态预测值与上颚形态呈负相关[图 4-26(c)]，与下颚形态呈正相关[图 4-26(d)]。尽管统计结果表明下颚形态中不同的色素等级出现了异速生长的现象，但是结果并不明显[表 4-37，图 4-26(d)]。不同性别角质颚的薄板条样变形网格如图 4-27 所示。

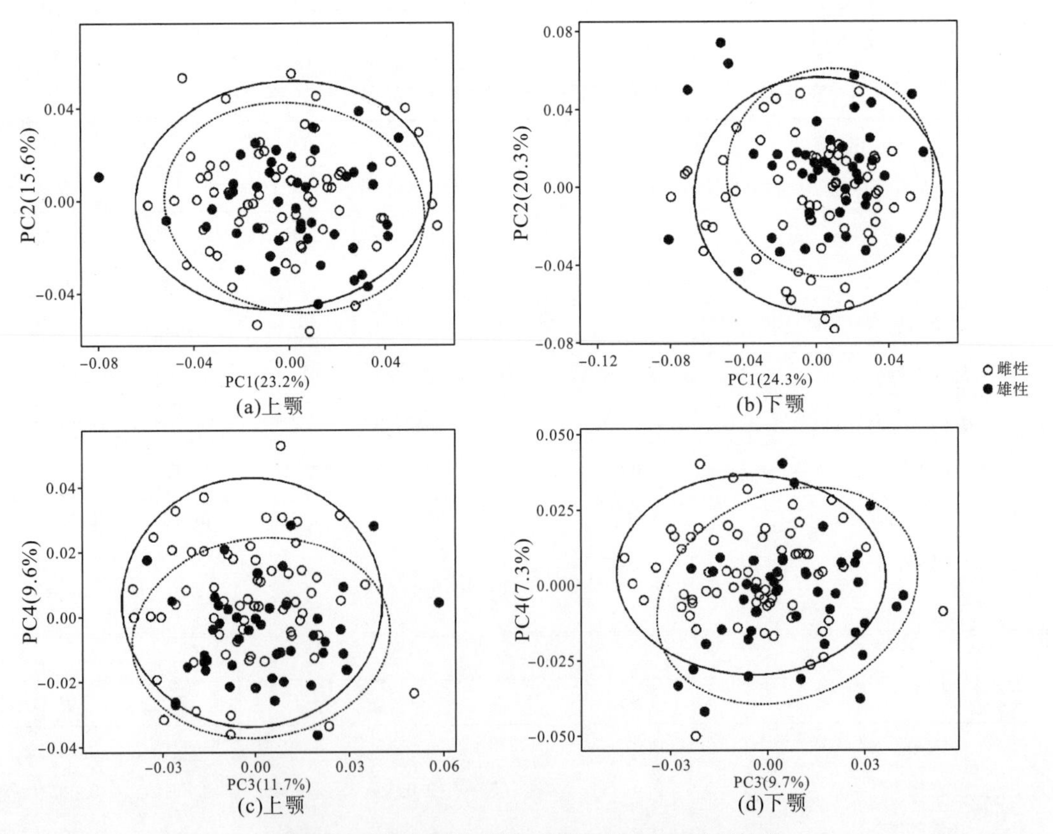

图 4-25 不同性别上颚与下颚形态主成分分析结果

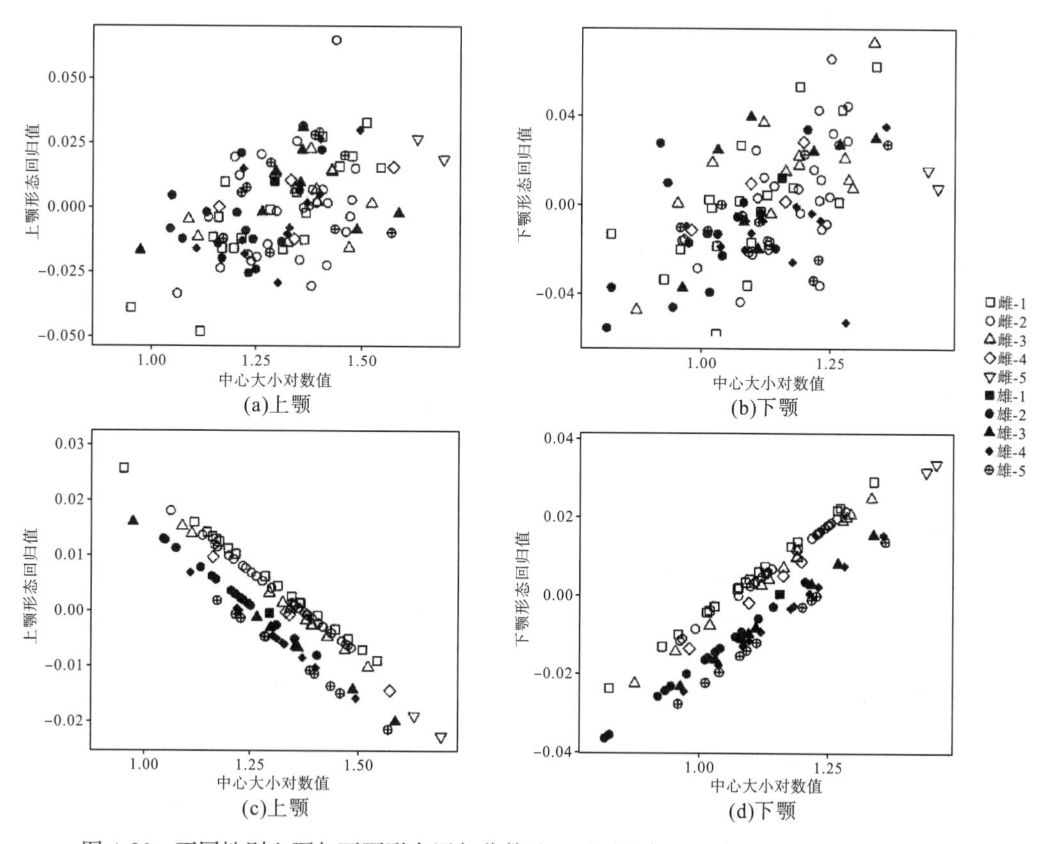

图 4-26　不同性别上颚与下颚形态回归分数及上下颚形态预测值与中心大小的关系结果

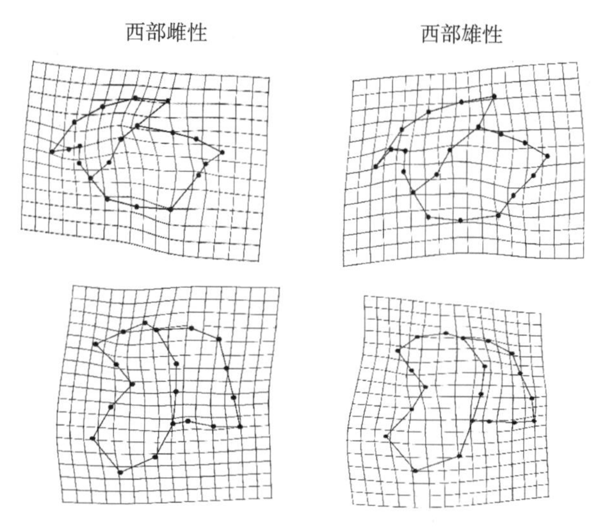

图 4-27　不同性别的角质颚模拟网格化薄板条样图

三、基于地标点结果的判别分析

本研究中将东部群体、西部雌性和西部雄性认定为 3 个不同的组来进行后续的判别分析。前 20 项主成分分别可以解释上颚变异的 98.1%和下颚变异的 97.5%，因此以此进行后续的判别分析。

逐步判别分析的结果认为，在上颚中有 9 个主成分用于解释判别函数(表 4-38)。Wilks' λ 值为 0.325～0.824(表 4-38)。经过交互验证后，西部雌性个体判别成功率为 54.3%，西部雄性个体为 42.2%，东部群体为 86.7%(表 4-38)。下颚中有 8 个合适的主成分用于解释判别函数(表 4-39)，总 Wilks' λ 值为 4.853，范围为 0.491～0.842。经过交互验证后，西部雌性个体判别成功率分别为 58.7%，西部雄性个体为 57.8%，东部群体为 81.9%(表 4-39)。上颚和下颚都表现出了群体和性别判别的可行性。

表 4-38 以上颚主成分值为基础的判别分析结果

步骤	参数值	Wilks' λ	*df*1	*df*2	*P* 值
1	PC6	0.824	2	212	<0.001
2	PC1	0.657	4	422	<0.001
3	PC4	0.531	6	420	<0.001
4	PC12	0.455	8	418	<0.001
5	PC2	0.407	10	416	<0.001
6	PC5	0.384	12	414	<0.001
7	PC20	0.363	14	412	<0.001
8	PC3	0.342	16	410	<0.001
9	PC16	0.325	18	408	<0.001

群组	样本分类数			原始/%	交互验证/%
	W-M	W-F	E-F		
W-M	31	22	3	67.4	54.3
W-F	12	34	8	53.1	42.2
E-F	3	8	94	89.5	86.7
总计	46	64	105	70.4	66.5

注：W-F：西部雌性；W-M：西部雄性；E-F：东部雌性

表 4-39 以下颚主成分值为基础的判别分析结果

步骤	参数值	Wilks' λ	*df*1	*df*2	*P* 值
1	PC3	0.842	2	212	<0.001
2	PC4	0.701	4	422	<0.001
3	PC9	0.637	6	420	<0.001
4	PC2	0.588	8	418	<0.001
5	PC11	0.556	10	416	<0.001
6	PC10	0.529	12	414	<0.001
7	PC14	0.509	14	412	<0.001
8	PC13	0.491	16	410	<0.001

续表

群组	样本分类数			原始/%	交互验证/%
	W-M	W-F	E-F		
W-M	31	15	8	67.4	58.7
W-F	10	42	11	65.6	57.8
E-F	5	7	86	81.9	81.9
总计	46	64	105	70.4	69.5

注：W-F：西部雌性；W-M：西部雄性；E-F：东部雌性

四、分析与讨论

应用传统的线性测量方法并结合头足类的硬组织中的参数可成功进行种群判别(Pineda et al.，2002；Chen et al.，2012；方舟等，2012)。尽管通过数据标准化可以有效地提高判别分析的准确性(Pineda et al.，2002；Liu et al.，2015；方舟等，2012)，但是传统形态测定还是有一定的不确定性，它无法准确地解释自然状态物体形态的变化，同时也可能因为客观因素给测量带来较大的误差(Francis 和 Mattlin，1986)。几何形态测量法主要关注形态的整体变化，而不是某几个长度值，该方法不仅被应用于鱼类种类和种群的鉴别中(Maderbacher et al.，2008；Bravi et al.，2013)，同时也讨论了不同保存条件下形态的变化过程(Martinez et al.，2013)。根据本研究统计分析结果，可以认为北太平洋柔鱼的两个群体角质颚形态有着显著的差异。这可能是在不同的生长阶段，其洄游路径不同，造成了食物组成和摄食行为的差异(Watanabe et al.，2004；Bower 和 Ichii，2005；Watanabe et al.，2008)。冬春生群体(西部群体)5 月份在亚北极边界(subarctic boundary)和副热带锋面(subtropical front)之间的过渡区(transition zone)，该区域远离叶绿素锋面，生产力较低，直至夏季或秋季才开始向北洄游(Ichii et al.，2009)，因此主要摄食小型的浮游性鱿鱼(*Watasenia scintillans*)和日本银鱼(*Engraulis japonicas*)(Watanabe et al.，2004；Bower and Ichii，2005)，秋生群(东部群体)7 月份洄游至亚北极锋面(subarctic front)和亚北极边界之间的过渡区中心地带(transitional domain)，主要摄食长体标灯鱼(*Symbolophorus californiensis*)、日本爪乌贼(*Onychoteuthis borealijaponica*)和亚寒带的甲壳类(*Ceratoscopelus warmingii*)、鱿鱼类(*Gonatus berryi*，*Berryteuthis anonychus*)(Watanabe et al.，2004)。两个群体的个体即使处在生长的同一阶段，也有着不同的生长速度(Ichii et al.，2009)。Crespi-abril 等(2010)认为不同群体的阿根廷滑柔鱼角质颚形态没有差异，游泳速度可能是引起胴体形态差异的主要原因。其研究区域集中在一个很小的范围内(圣马蒂亚斯湾)(Crespi-abril et al.，2010)，周边的海洋环境相对比较稳定，鱿鱼的食物组成也不会有很大的差异，因此不同群体的角质颚形态没有表现出差异。后续的研究应关注柔鱼幼体的角质颚形态变化(Uchikawa et al.，2009)。

在角质颚地标点研究结果中发现性别差异显著的同时，性别间的异速生长差异也很显著，这在其他种类中并不常见(Martínez et al.，2002；Lefkaditou 和 Bekas，2004)。不同的生长阶段和交配行为可能是这种差异的原因之一(Bolstad，2006)。雌雄间较低的判别正确率和先前对同一种类的分析结果类似(Liu et al.，2015b)，但是雌雄角质颚形态在变形网格中有着很明显的差异。西部雌性群体和雄性群体有着类似的洄游路径，而东部群体的雌雄洄游路径则完全不同(Ichii et al.，2009)。因此西部群体雌雄个体在生长过程中经历类似的海域，摄食的种类也类似(Ogden et al.，1998；Lu 和 Ickeringill，2002；Xavier 和 Cherel，2009)。在柔鱼的生长过程中，雌性的生长速度要快于雄性，这种情况也反映在了角质颚上，因此最终造成了雌雄之间形态存在一定的差异(Yatsu et al.；1997；Arimoto 和 Kawamura，1998)。Chen 等(2012)也表明角质颚雌雄差异也受到角质颚长度参数的选择和数据分析方法的影响。本研究中使用了几何形态测量法，该方法基于普氏分析，它可以有效地消除非形态变化的影响，用严格的统计分析方法来分析物体的形态变化(方舟等，2012)。因此利用几何形态测量法唯一可能存在的误差就是在获取地标点数据的过程中产生。

地标点分析法结果可知，上颚在群体判别中效果较好，下颚在性别判别中效果较好。在角质颚咬合的过程中，上颚的运动处于主动状态，如上文所述，不同群体不同摄食习性直接导致了上颚的形态差异。下颚的形态有很多特征，时常用于不同头足类的分类中。在本研究中测量形态也同样是下颚形态有着较大的性别差异。因此，头足类下颚也可以推广到今后的性别差异研究中去。

第五章　角质颚微结构的分析与应用

第一节　角质颚生长纹

头足类的角质颚与其耳石、内壳、眼晶体等硬组织一样，存在明显的生长纹结构，但与耳石有所不同，它是二维的生长。角质颚的初始生长纹形成时间随种类变化而有所不同，有些种类形成于孵化时，有些种类形成于孵化后。角质颚与耳石一样，同样具有特殊的标记纹结构，它们的形成与头足类个体发育和环境变化息息相关。

一、生长纹

角质颚头盖、脊突、侧壁、翼部等各部表面的生长纹明显，肉眼可见，呈波动的条带状(图 5-1)，而喙部的生长纹需要切割研磨后才可见。因此，角质颚的生长纹观察分为表面和内部生长纹观察法两种：①一般情况下，表面生长纹观察法是将角质颚沿头盖部后缘向喙部顶端纵向剪开后，选取纹路清晰的侧壁内表面(lateral wall inner surface，LWS)的生长纹直接在解剖镜下观察(图 5-2)；然而对于一些幼体头足类，例如真蛸的幼体，可直接观察头盖侧表面(lateral hood surface，LHS)的生长纹；②内部生长纹观察法是将角质颚沿头盖部后缘向喙部顶端纵向剪开后，再经过包埋、研磨、抛光后在显微镜下观察喙部截面(rostrum sagittal section，RSS)的生长纹(图 5-2)。Perales-Raya 和 Hernández-González(1998)在真蛸 *Octopus vulgaris* 角质颚喙内部发现规则的生长纹，Hernández-lópez(2001)观察了真蛸角质颚上颚侧壁表面的生长纹结构。Cuccu 等(2013)根据角质颚上颚侧壁中的生长纹估算了地中海撒丁岛海域野生真蛸的年龄结构。Perales-Raya 等(2010)研究显示，真蛸角质颚上、下颚喙部生长纹数目相等，而利用下颚喙部生长纹数据估算其年龄更精确；对比喙部和侧壁生长纹显示，利用喙部生长纹鉴定年龄更准确，而利用侧壁生长纹鉴定年龄则更简单、方便、快捷。

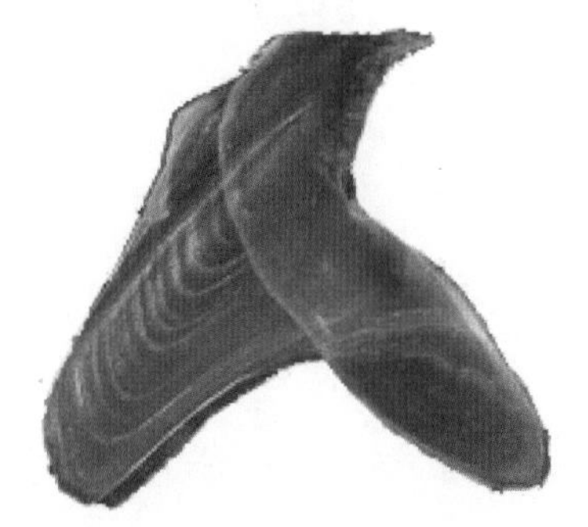

图 5-1　角质颚表面生长纹

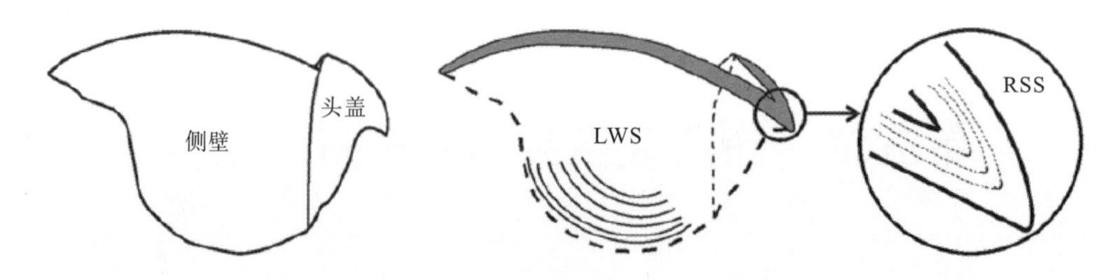

图 5-2 角质颚喙部与侧壁生长纹示意图(引自 Perales-Raya et al.，2014)

Perales-Raya 等(2010)观察发现，真蛸角质颚上颚喙背部生长纹宽度由外围向中心逐渐增大，喙中部生长纹宽度约从第 90 纹开始逐渐减小，然而上颚侧壁生长纹宽度基本维持不变。研究表明，角质颚生长纹的宽度与耳石的轮纹相似，它与水温关系密切。Hernández-lópez(2001)认为，大加那利岛真蛸角质颚上颚侧壁的生长纹宽度在冬季要大于夏季，而 Canali 等(2011)则认为，那不勒斯湾真蛸样本角质颚上颚侧壁的生长纹宽度在夏季要大于冬季。

二、初始纹

Canali 等(2011)分析野外采集的真蛸角质颚生长纹发现，侧壁的生长纹数目高于喙部的生长纹，并推测可能造成这一现象的原因有两点：一是角质颚喙部顶端腐蚀使得生长纹计数小于实际数目，二是角质喙部生长纹在真蛸孵化后几个星期以后才开始沉积。Bárcenas 等(2014)通过对实验饲养的玛雅蛸 *O. maya* 未受腐蚀的角质颚喙部生长纹判读发现，生长纹数目与实际饲养天数相等，因此推翻了以上第二个假设，认为蛸类角质颚喙部初始纹形成于其孵化时。然而，由于野外采集的头足类角质颚样本喙部顶端常因捕食食物时遭受腐蚀或损坏，因此根据角质颚喙部生长纹所估算的年龄往往要比实际年龄小。日本学者酒井光夫(2007)分析了人工孵化的几种柔鱼科头足类(阿根廷滑柔鱼 *Illex argentinus*、太平洋褶柔鱼 *Todarodes pacificus*、茎柔鱼 *Dosidicus gigas*、柔鱼 *Ommastrephes bartramii* 和鸢乌贼 *Sthenoteuthis oualaniensis*)仔鱼的角质颚侧壁发现，柔鱼和茎柔鱼孵化后第一天角质颚第一轮生长纹就开始形成，而阿根廷滑柔鱼和太平洋褶柔鱼孵化后第二天角质颚第一轮生长纹才开始形成(图 5-3)。

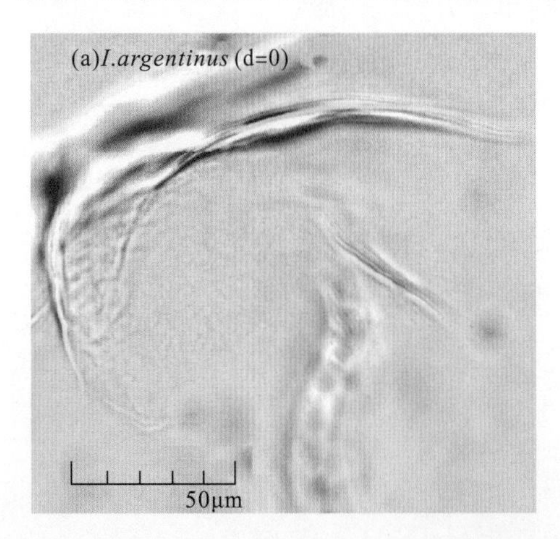

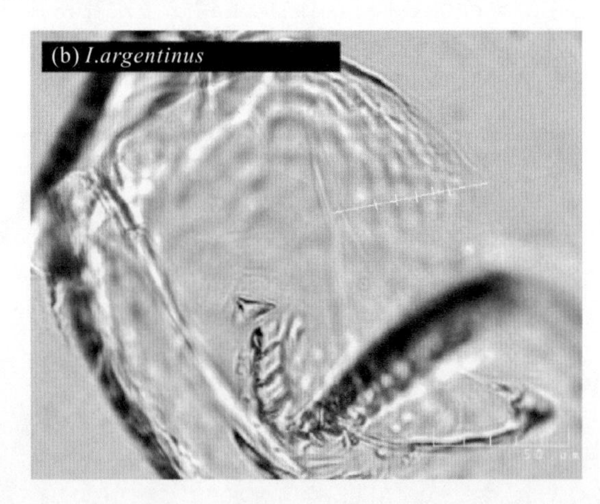

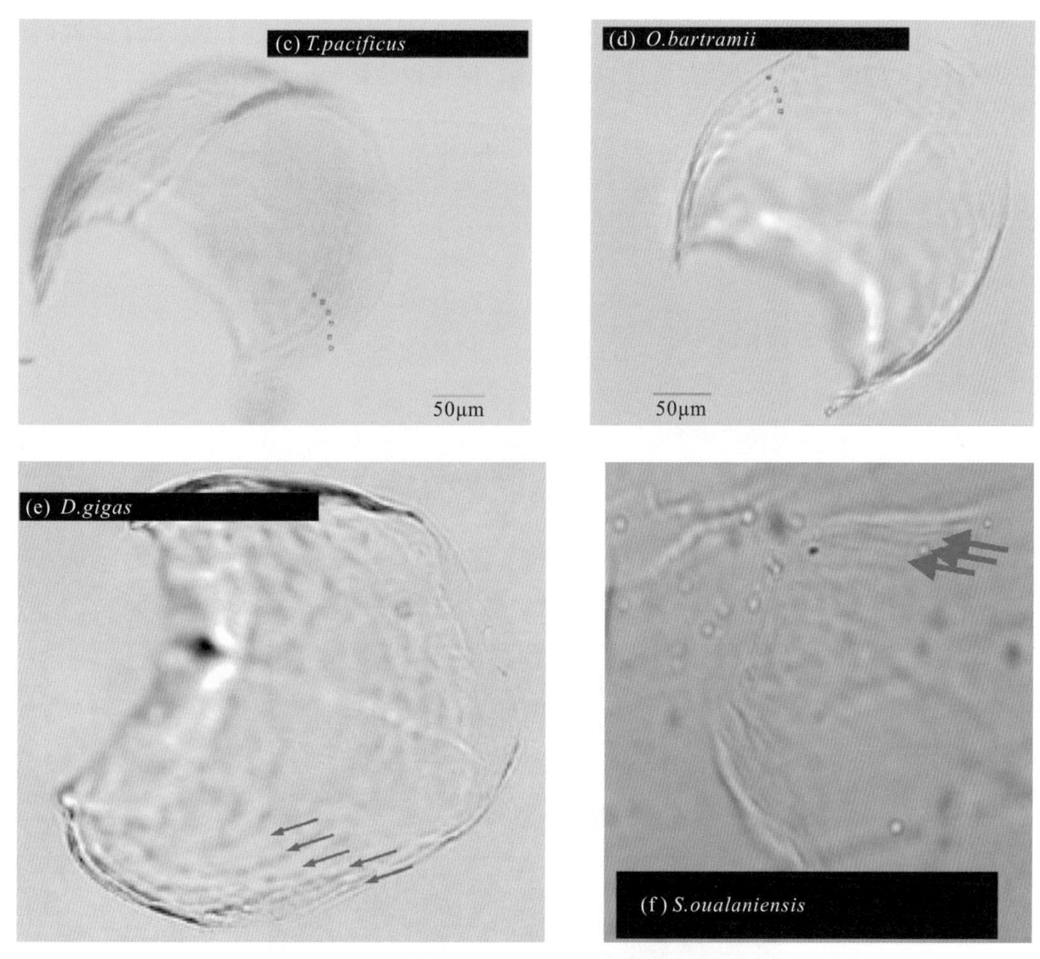

图 5-3　几种人工孵化柔鱼科仔鱼角质颚侧壁生长纹

三、标记纹

海洋生物硬组织中(如鱼类和头足类耳石、头足类内壳等)正常的生长纹序列经常被一些特殊的生长纹所阻隔，这种特殊的生长纹被称作标记轮(check or stress check)，其结构特征与周围正常的生长纹完全不同(Panella，1971；Lipski et al.，1991)。它们的形成与海洋生物生命周期内所经历的压力事件有关。例如，压力事件导致银鲑 *Oncorhynchus kisutch* 的鳃对钙吸收量减少，因此此时生长纹中钙含量减少，与周围生长比较就形成了标记纹(Campana，1983)。

研究显示角质颚标记纹通常比正常生长纹更宽颜色更深(Canali et al.，2011)，这种标记纹在鱿鱼类耳石(Villanueva，2000)和蛸类内壳(Barratt and Allcock，2010；Hermosilla et al.，2010)中也有发现，它们的形成被认为与头足类生活环境的变化以及自身生理的特性变化有关(Perales-Raya et al.，2014a，2014b)。例如居住条件改变造成的标记纹(图 5-4)，捕捞事件造成的标记纹(图 5-5)，温度波动产生的标记纹(图 5-6)，生殖事件造成的标记纹(图 5-7)。Perales-Raya 等(2014a)通过限制真蛸的居住条件实验，在真蛸的角质颚中成功发现由此而产生的标记纹。Franco-Sanos 等(2015)通过改变真蛸的饲养环境(转移运输、虹吸等)，结果在角质颚前端色素沉着部成功观察到了因此而产生的标记纹，同时他们还认为灯光强度、食物、同样也会影响标记纹的形成。

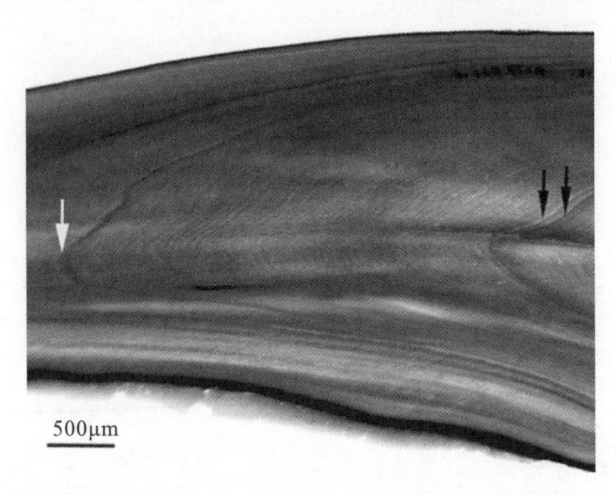

图 5-4 真蛸角质颚喙部由限制居住条件而产生标记纹(引自 Perales-Raya et al., 2014a)

白色箭头为限制居住 24h 产生的 1 条标记纹；黑色尖头为限制居住 48h 产生的 2 条标记纹

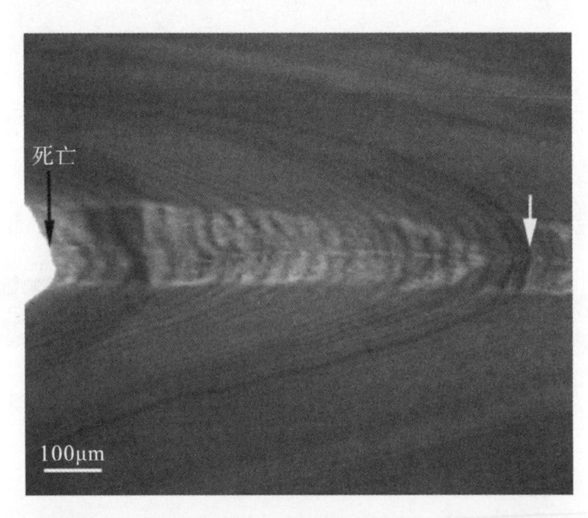

图 5-5 真蛸喙部由捕捞所产生的标记纹(白色尖头所示，引自 Perales-Raya et al., 2014a)

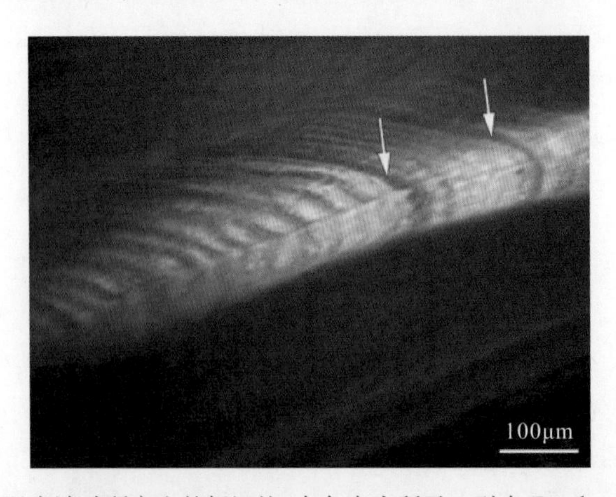

图 5-6 真蛸喙部由温度波动所产生的标记纹(白色尖头所示，引自 Perales-Raya et al., 2014b)

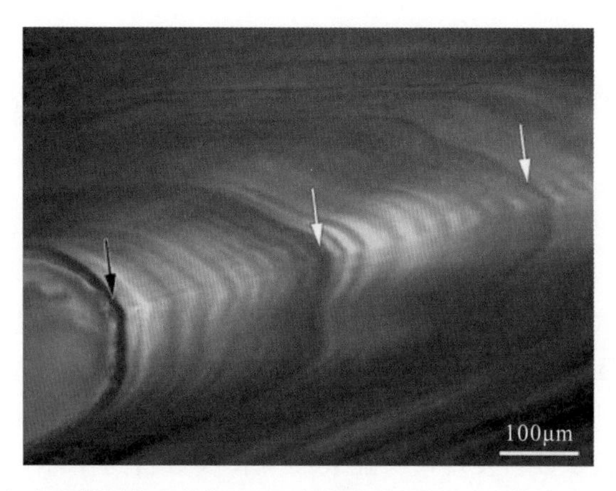

图 5-7　真蛸喙部由生殖事件所产生的标记纹（白色尖头所示，引自 Perales-Raya et al.，2014b）

四、异常结构

在头足类的硬组织当中，往往会存在一些异常结构，胡贯宇等（2015）、Liu 等（2016）在茎柔鱼角质颚喙部观察到了异常结构（图 5-8）。

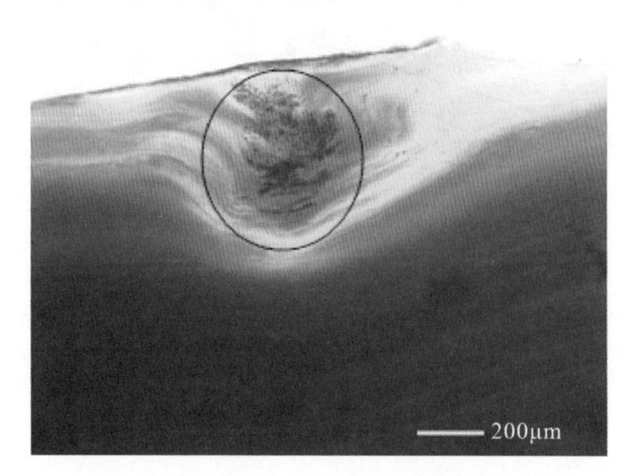

图 5-8　茎柔鱼角质颚喙部截面头盖部异常结构（黑色圆圈内指示异常结构，引自 Liu et al.，2016）

第二节　角质颚生长纹日周期性验证

Clarke 在 1962 年首次报道了头足类角质颚中的生长纹结构，1965 年又对强壮桑椹乌贼 *Moroteuthis ingens* 角质颚生长纹进行了专门的研究，Nixon（1973）和 Smale 等（1993）也分别在头足类角质颚中发现了相似的结构，1998 年 Raya 和 Hernández-González 第一次推断真蛸角质颚喙内部规则生长纹的沉积可能与其年龄相关，直到 2001 年 Hernández-lópez 才从实验角度证实了真蛸角质颚生长纹的日周期性。Oosthuizen 和 Canali 等先后在 2003 年和 2011 年分别用四环素化学标记和热标记法证实了真蛸角质颚生长纹的日周期性。Perales-Raya 等（2014）通过化学标记和环境标记法等方法证实，真蛸整个生命周期内角质颚侧壁和喙部的生长纹都具有日周期性。2013 年 Bárcenas 等通过实验室饲养法证实了玛雅蛸 *O. Maya* 角质颚生长纹同样具有日周期性。尽管如此，大多数头足类角质颚的生长纹日周期性还没有得到证实，不过研究头足类的学者们似乎存在一个共识——角质颚的生长纹符合“一日一纹”的生长规律。

一、实验室饲养法

Hernández-lópez 等(2001)研究对比实验室饲养的真蛸幼体的实际日龄与角质颚上颚侧壁表面(lateral wall surface，LWS)的生长纹数目发现，有 48.1%的个体角质颚的生长纹数目与实际生长天数相等，22.2 %和 29.6%的个体角质颚的生长纹数目比实际生长天数少一天或多一天。回归分析显示(图 5-9)，真蛸幼体角质颚生长纹基本符合一日一纹的生长特性。Perales-Raya 等(2014)研究对比实验室饲养的真蛸幼体的实际日龄与角质颚上颚头盖侧表面的生长纹数目发现，头盖表面生长纹数目与实际日龄高度一致(表 5-1)；对比实验室饲养的真蛸成体的实际日龄与角质颚上颚侧壁内表面和喙部截面的生长纹数目发现，侧壁内表面和喙部截面的生长纹数目与实际日龄基本接近(表 5-2)。

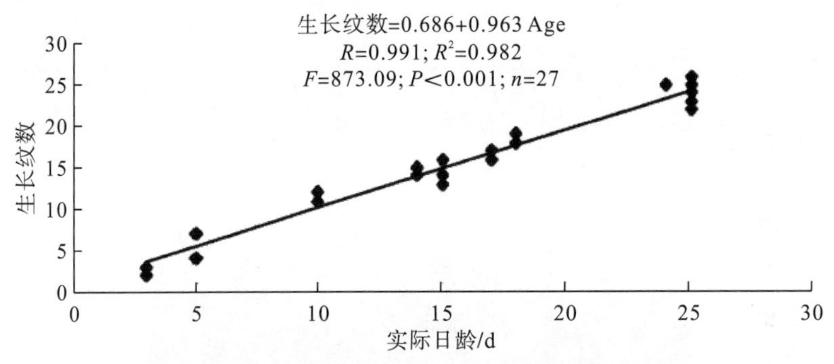

图 5-9 真蛸幼体角质颚侧壁生长纹数目与实际日龄关系

表 5-1 已知日龄的真蛸幼体角质颚上颚头盖侧表面生长纹计数

样本号	采集地点	腹胴长/mm	日龄/d	头盖生长纹数目	CV/%
PL-C1	加那利群岛	1.57	0	0	0.00
PL-C2	加那利群岛	1.86	0	0	0.00
PL-C3	加那利群岛	1.69	0	1	0.00
PL-C4	加那利群岛	1.90	15	14	0.00
PL-C5	加那利群岛	2.03	15	14	0.00
PL-C6	加那利群岛	1.84	15	15	4.88
PL-C7	加那利群岛	1.95	21	19	7.44
PL-C0	加那利群岛	2.21	29	26	13.86
PL-C8	加那利群岛	2.04	29	29	2.48
PL-C9	加那利群岛	1.93	29	24	0.00
PL-C10	加那利群岛	3.34	44	44	0.00
PL-C11	加那利群岛	3.27	44	43	1.66
PL-C12	加那利群岛	2.83	44	42	1.70
PL-C13	加那利群岛	2.80	60	57	2.48
PL-C14	加那利群岛	3.84	60	58	2.44
PL-C15	加那利群岛	3.09	60	59	4.79

续表

样本号	采集地点	腹胴长/mm	日龄/d	头盖生长纹数目	CV/%
PL-V1	西班牙西北	3.50	70	70	4.04
PL-V2	西班牙西北	3.64	70	72	0.99
PL-V3	西班牙西北	3.07	70	69	2.05
PL-V4	西班牙西北	3.39	70	67	9.57
PL-C16	加那利群岛	4.00	98	96	0.74

表 5-2　已知日龄的真蛸成体角质颚上颚侧壁内表面和喙部截面生长纹计数

样本号	采集地点	体重/g	日龄/d	侧壁生长纹数目	CV/%	喙部生长纹数目	CV/%
EC3	西班牙北部	1010	200	182	3.89	—	—
EC2	西班牙北部	3250	560	532	0.27	508	3.06
EC1	西班牙北部	5000	734	716	1.28	688	2.47

酒井光夫(2007)分析了人工孵化的阿根廷滑柔鱼、太平洋褶柔鱼、茎柔鱼、柔鱼和鸢乌贼等 5 种柔鱼科头足类仔鱼的角质颚发现，除鸢乌贼外，其余 4 种头足类的角质颚沉积均符合一日一纹(图 5-10)。此外，通过比较野外采集的仔鱼角质颚生长纹与耳石轮纹的数目发现，阿根廷滑柔鱼孵化后 50d 内的角质颚生长纹与耳石轮纹数目基本一致，而柔鱼孵化后 15d 内的角质颚生长纹与耳石轮纹数目基本一致(图 5-11)。

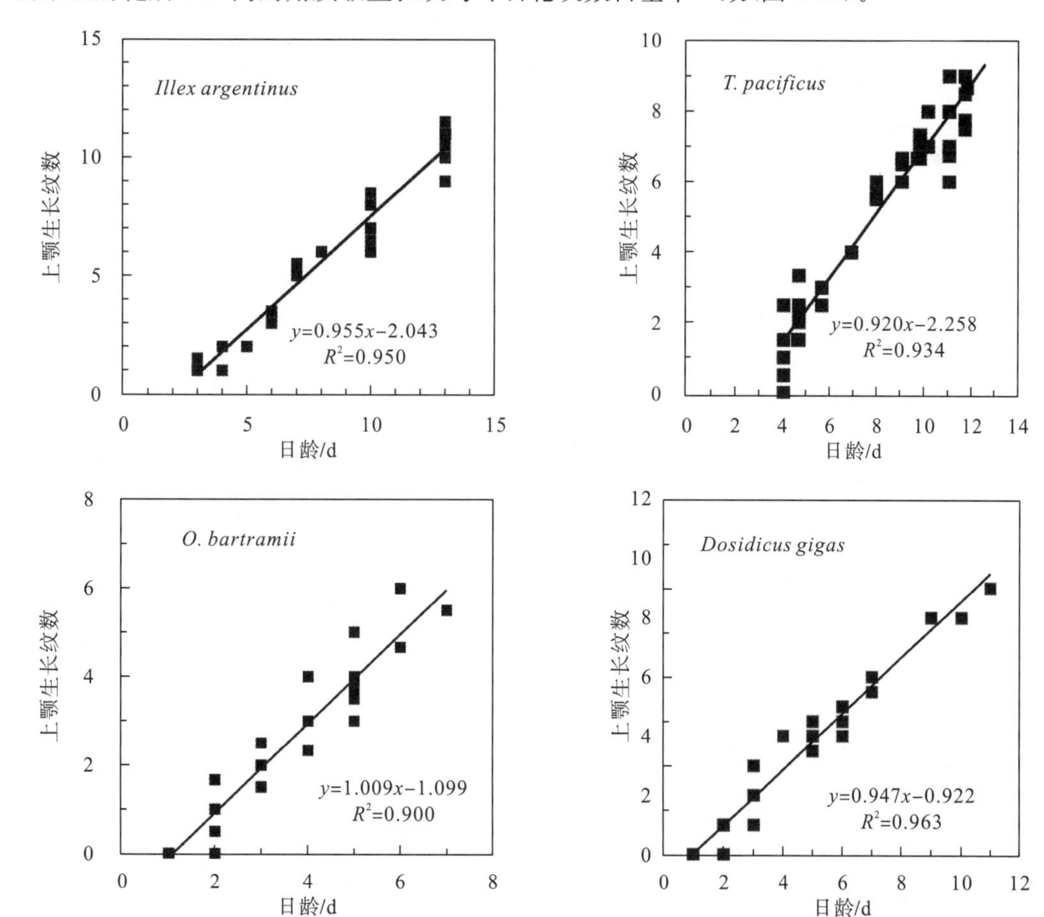

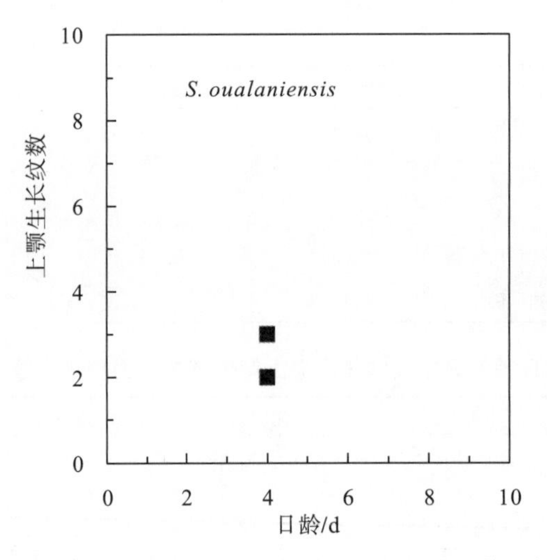

图 5-10 人工孵化 5 种头足类仔鱼角质颚上颚生长纹数目与日龄关系

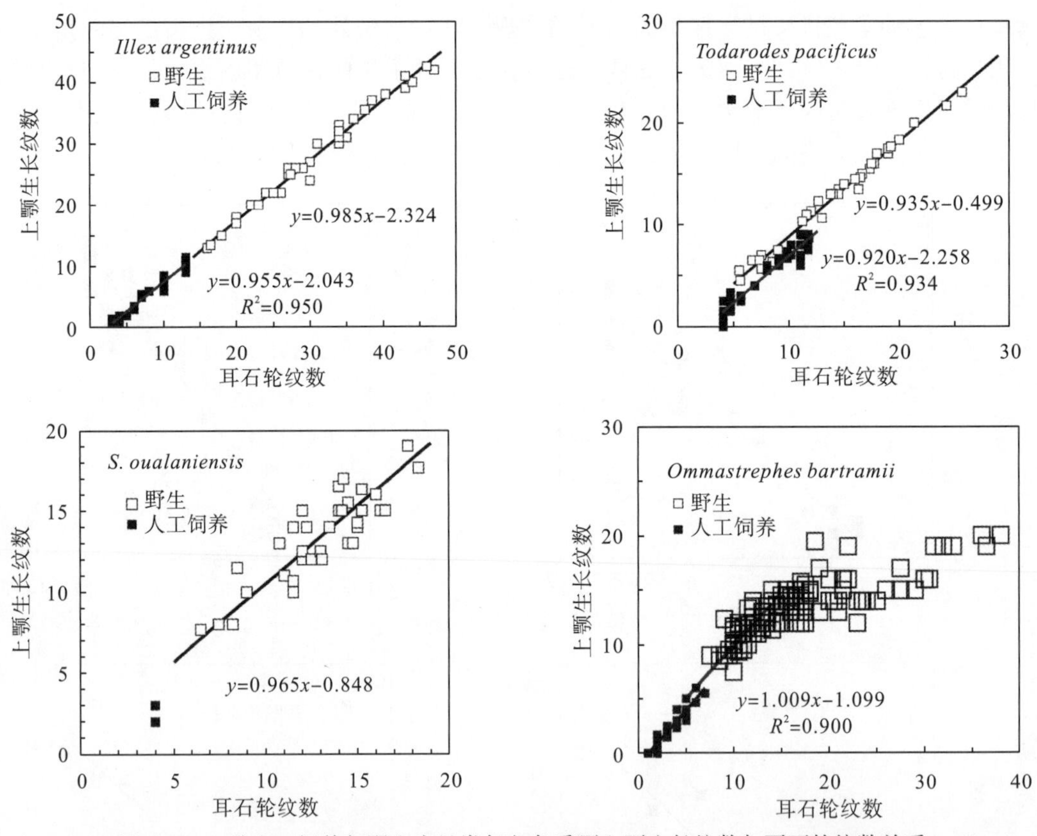

图 5-11 4 种人工饲养与野生头足类仔鱼角质颚上颚生长纹数与耳石轮纹数关系

二、化学标记法

Oosthuizen(2003)利用四环素(tetracycline，TC)成功标记了 4 尾实验室饲养和 1 尾野外的真蛸，他通过四环素标记法对真蛸的角质颚生长纹周期性进行了研究，结果发现标记后角质颚生长纹增加的数目与实际逝去的天数相等(表 5-3，图 5-12，图 5-13)。

表 5-3　四环素标记逝去的天数与角质颚生长纹个数

样本号	性别	体重/g	角质颚	两次标记相隔的天数	第二次标记逝去的天数	三次生长纹计数	均值
实验室 1	雌性	1180	上颚	—	15	15，17，15	16±1.15
			下颚		15	14，14，15	14±0.58
实验室 2	雌性	990	下颚	6		6，6，6	6±0
					2	2，2，2	2±0
实验室 3	雌性	404	下颚	6		6，7，7	7±0.58
					2	2，3，2	3±0.58
实验室 4	雌性	590	上颚	6		6，6，6	6±0
					2	2，2，2	2±0
野外 F8	雌性	628	上颚	—	13	12，12，13	13±0.58
			下颚		13	13，12，14	12±0.58

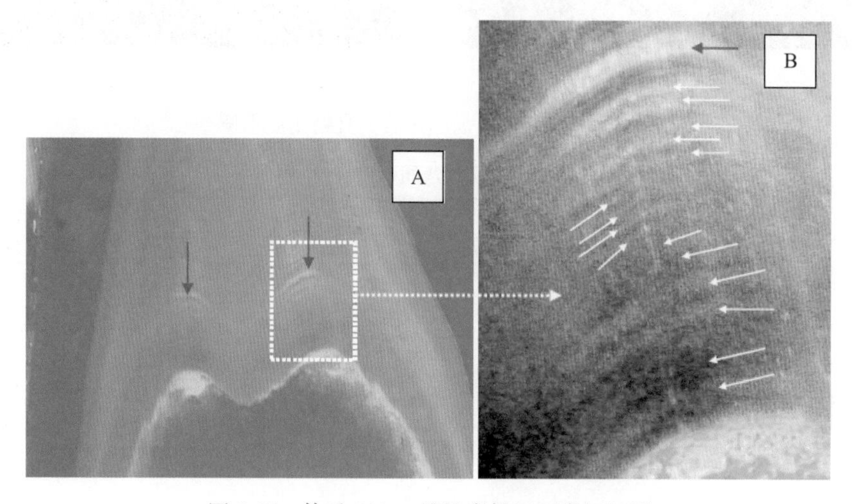

图 5-12　体重 1180g 雌性真蛸四环素标记图

A. 真蛸头盖后缘两侧的四环素标记(红色箭头)；

B. A 图放大视图显示标记后至角质颚边缘有 15 个生长纹

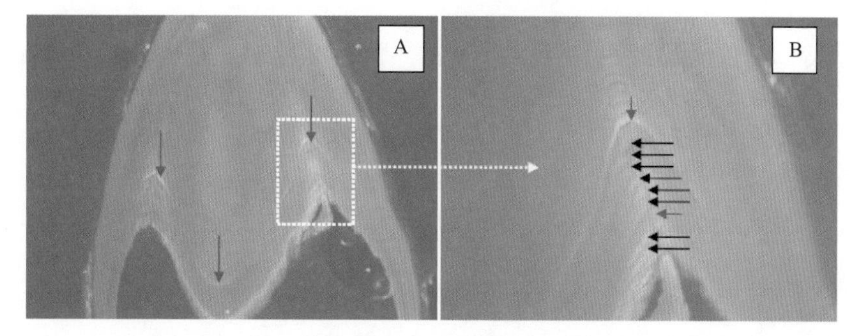

图 5-13　体重 1180g 雌性真蛸四环素标记图

A. 真蛸头盖后缘两侧及中部四环素标记(红色箭头)；B. A 图放大视图显示第一和第二次标记之间有 6 个生长纹，第二次标记和角质颚边缘有 2 个生长纹

Perales-Raya 等(2014)利用荧光增白剂和刚果红对 29 尾野生真蛸进行标记，他们认为两次标记之间或者标记逝去的实际天数与计数的角质颚生长纹相差在±2 以内说明产生的标记是有效的。研究结果显示：在侧壁和喙部成功形成的 9 条刚果红标记中，没有 1 条标记纹是有效的；而在侧壁和喙部形成的 33 条荧光增白剂标记中，有 14 条来自侧壁的标记是有效的，其占总体的 42%(图 5-14，表 5-4)。

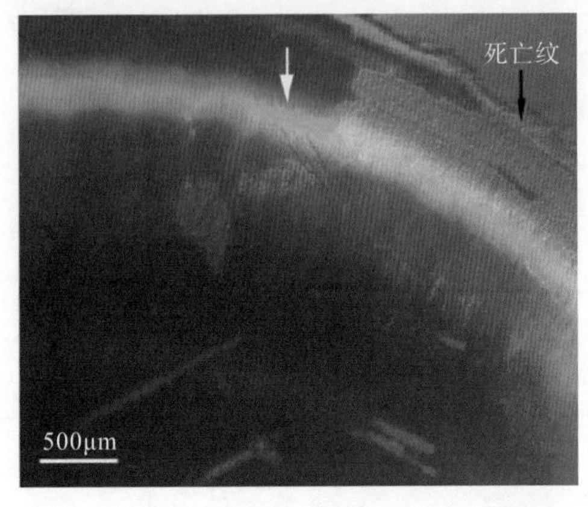

(a)标记 14d 后

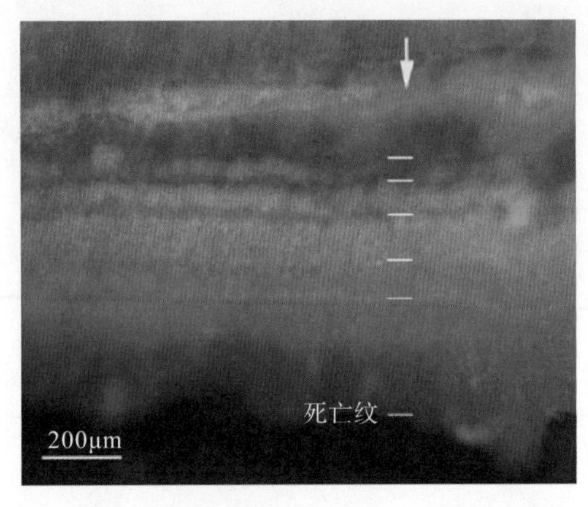

(b)标记 6d 天

图 5-14 荧光增白剂标记后的真蛸角质颚侧壁

表 5-4 真蛸角质颚标记效果

标记形成方式	产生的标记个数	侧壁有效标记数	侧壁有效标记百分比/%	喙部有效标记数	喙部有效标记百分比/%
荧光增白剂	33	14	42	0	0
刚果红	9	0	0	0	0
热标记	14	3	21	11	79
限制标记	27	7	26	17	74
捕捞标记	38	0	0	27	71
化学处理	42	3	7	29	69
总计	163	27	18	84	55

三、环境标记法

Canali 等(2011)根据温度突然波动产生的热标记轮对实验室饲养的 39 尾成体真蛸进行研究，结果发现成体真蛸的角质颚生长纹亦具有明显的日周期性，热标记轮形成的时间为 30d，而计数的生长纹数目为 32±1.5 轮，两者基本相当。Bárcenas 等(2013)分析实际日龄为 64d、87d、105d 和 122d 的四个年龄组的 40 尾玛雅蛸 *O. Maya* 的上颚或下颚喙内部生长纹发现(表 5-5，表 5-6)，真蛸的实际日龄与角质颚生长纹数目呈显著的线性关系($P<0.0001$)，斜率与相关系数 R 分别为 0.9967 和 0.9945，几乎都接近 1(图 5-15)。此外，他们还比较分析了根据角质颚生长纹估算的日龄与真蛸体重的关系曲线和实际日龄与体重的关系曲线，结果发现两者无明显的差异(图 5-16)。因此，根据两方面的结果分析认为，玛雅蛸的角质颚生长纹同样具有明显的日周期性(Bárcenas et al.，2014)。

表 5-5　四个不同年龄组的真蛸角质颚上、下颚喙内部生长纹数目

总重/g	日龄/d	生长纹数目/个	角质颚	总重/g	日龄/d	生长纹数目/个	角质颚
7.6	63	63	下颚	67.9	105	105	上颚
7.6	63	65	上颚	42.0	105	103	下颚
6.6	63	62	下颚	52.9	105	104	上颚
7.9	63	67	上颚	51.6	105	104	下颚
12.0	63	63	下颚	77.1	105	107	上颚
7.5	63	58	上颚	74.5	105	105	下颚
6.6	63	63	下颚	49.8	105	103	上颚
9.6	63	66	上颚	66.6	105	108	下颚
7.9	63	63	下颚	71.9	105	101	上颚
4.4	63	61	上颚	80.1	105	108	下颚
14.2	87	80	下颚	83.9	122	122	上颚
14.2	87	87	下颚	79.2	122	120	下颚
9.3	87	85	上颚	78.8	122	121	上颚
16.1	87	81	下颚	62.6	122	122	下颚
15.3	87	87	上颚	99.1	122	122	上颚
57.3	87	87	下颚	60.0	122	124	下颚
46.6	87	87	上颚	62.4	122	123	上颚
62.9	87	87	下颚	68.5	122	119	下颚
68.3	87	84	上颚	80.2	122	121	上颚
44.2	87	87	下颚	79.8	122	122	下颚

表 5-6　四个不同年龄组真蛸角质颚喙内部生长纹日龄鉴定准确性参数值

年龄组/d	离散系数 CV	置信区间(±95%)	样本数
63	4.05	1.34	10
87	3.13	0.80	10
105	2.19	1.11	10
122	1.17	0.68	10

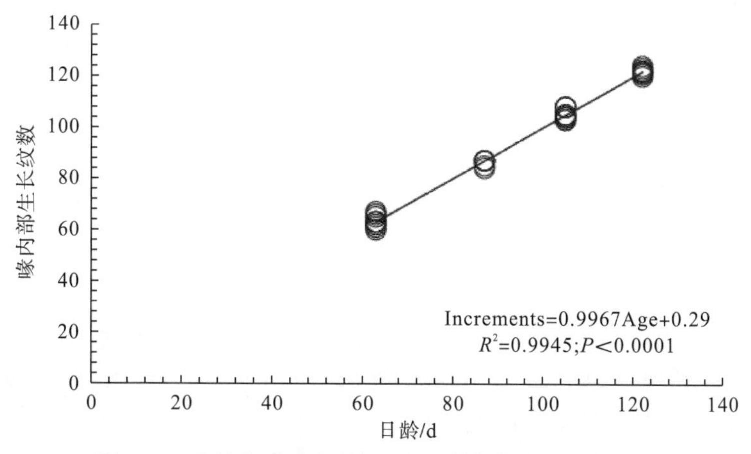

图 5-15　真蛸角质颚喙内部生长纹数目与实际日龄关系

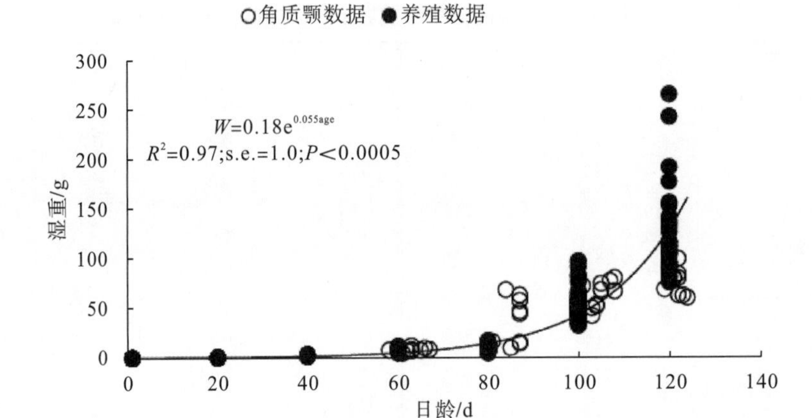

图 5-16 根据角质颚喙内部生长纹估算的真蛸日龄(空心圆)和实际日龄与湿重关系

Perales-Raya 等(2014)分析了真蛸角质颚中 4 种环境标记纹(温度波动、限制、捕捞以及化学处理造成的标记纹),结果发现喙部的标记纹 80%有效(两次标记之间或者标记逝去的实际天数与计数的角质颚生长纹相差在±2 以内,说明产生的标记是有效的),侧壁的标记纹 17%有效,并认为侧壁的标记纹效果不好是由于侧壁外缘的生长纹不容易观察。通过改变生活水温和约束限制居住条件的 20 尾真蛸样本中,角质颚喙部有 11 个温度标记纹和 17 个限制标记纹有效,角质颚侧壁有 3 个温度标记纹和 7 个限制标记纹有效;化学处理(饲养过程中对水环境的处理)产生的 42 条标记中,来自侧壁和喙部分别有 3 条和 29 条标记是有效的,分别占总体的 7%和 69%(表 5-7)。

表 5-7 真蛸角质颚标记效果

标记形成方式	产生的标记个数	侧壁有效标记数	侧壁有效标记百分比/%	喙部有效标记数	喙部有效标记百分比/%
荧光增白剂	33	14	42	0	0
刚果红	9	0	0	0	0
热标记	14	3	21	11	79
限制标记	27	7	26	17	74
捕捞标记	38	0	0	27	71
化学处理	42	3	7	29	69
总计	163	27	18	84	55

第三节 角质颚生长纹在头足类年龄和生长中的研究进展

年龄与生长的研究是头足类渔业生物学和生态学的重要研究内容。头足类的年龄与生长的研究方法可分为间接和直接两种(Šifner,2008)。由于头足类生长快、产卵期长、种群结构复杂等特性,所以利用其胴长或体重间接估算年龄不够准确(Semmens et al.,

2004)。在所有的直接法中，利用硬组织中的生长纹来鉴定头足类的年龄被认为是最有效的方法。在过去几十年，耳石被广泛用于头足类尤其是鱿鱼和乌贼类的年龄鉴定(Jackson，1994；Rocha and Guerra，1999；Arkhipkin，2005；Chen et al.，2013)。近几年来，角质颚越来越受到众多学者的关注，被认为是用来鉴定头足类尤其是章鱼的年龄最可靠的硬组织之一(Perales-Raya et al.，2010；Canali et al.，2011；Cuccu et al.，2012)，且角质颚个体比耳石大，具有容易提取、研磨方便等优点。

一、日龄鉴定

从理论上来说，头足类的角质颚生长纹沉积具有日周期性，其一轮就等于一日龄，然而实际上受各种因素的影响估算日龄会产生偏差，例如，对日龄鉴定部位的选择、角质颚受损的程度、假轮的分辨以及初始生长纹形成的时间等。角质颚用作日龄鉴定主要有喙部和侧壁两个部位。在野生状态下，头足类常常由于捕食而造成角质颚喙部顶端的腐蚀或损坏，因此根据喙部所估算的日龄将比实际日龄小，而这并不影响利用侧壁上的生长纹来估算日龄(Perales-Raya et al.，2010)。假轮的形成因受环境或新陈代谢改变的影响而不能反映实际的生长情况，因此若将假轮当作真实的生长纹，则估算日龄比实际日龄大(Canali et al.，2011)。初始生长纹也是影响日龄鉴定的重要因素，只有在其形成于头足类孵化时，估算的日龄才与实际日龄相等，当其形成于孵化前，则估算的日龄比实际日龄大，反之则比实际日龄小，这与耳石初始轮纹原理一致(刘必林等，2011)。此外，计数者的经验也是影响日龄计数准确性的关键，计数结果的可重复性可用作检验准确性的标准。因此，为了提高计数的准确性，可对训练有素的计数者的计数结果进行比较，如无明显差异则结果可信(Canali et al.，2011)。一般来说，在年龄鉴定研究中，生长纹计数的可信临界标准为，独立重复计数 3 次，3 次计数值的差异不高于 10%(Oosthuizen，2003；Jackson et al.，1997)。

二、利用角质颚生长纹研究头足类生长

Hernández-López 等(2001)根据角质颚上颚侧壁生长纹推算中东大西洋大加那利岛真蛸最大年龄约为 13 个月，雌性寿命大于雄性，幼体腹胴长和体重与日龄均呈指数关系，成体腹胴长和体重与日龄均呈对数关系(表 5-8)。Oosthuizen(2003)根据角质颚上颚喙部生长纹推算南非东南沿海真蛸最大年龄约为 1 年，雌性寿命大于雄性，雌、雄个体体重与日龄均成指数关系，与此同时，通过对育卵和产卵个体日龄分析推断其生命周期为 10～13 个月(表 5-8)。Canali 等(2011)根据角质颚上颚侧壁的生长纹研究发现，那不勒斯海湾的真蛸最大年龄也约为 1 年，结合捕捞日期推断存在两个明显的孵化高峰期，雌、雄个体日龄与体重的关系适合用三次方程来描述，夏季个体间的生长差异比冬季的明显(表 5-8)。Castanhari 和 Tomás(2012)根据角质颚上颚侧壁生长纹推算，巴西沿海真蛸最大年龄约为 1 年，背胴长和体重与日龄均呈幂函数关系(表 5-8)。Cuccu 等(2013)根据角质颚上颚侧壁生长纹推算，地中海撒丁岛中西部海域雌性真蛸最大年龄为 390d，雄性为 465d，寿命略超过 1 年，背胴长、腹胴长和体重与日龄均呈指数关系(表 5-8)。Perales-Raya 等(2014)通过分析 20 尾中东大西洋毛里塔尼亚海域繁殖的真蛸认为，其生命周期为 1 年，结合捕捞日期推断存在冬春生和夏秋生两个产卵群体(表 5-8)。

表 5-8 利用角质颚生长纹研究真蛸年龄与生长一览表

研究海域	角质颚部位	生长纹数/个	周期性研究方法	生长方程
大加那利岛	上颚侧壁	53～398	实验室饲养	幼体：指数；成体对数
南非东南沿海	上颚喙部	57～352	四环素标记	指数
那不勒斯海湾	上颚侧壁	72～371	热标记法	3 次方程
巴西沿海	上颚侧壁	118～356	假定一日一轮	幂函数
撒丁岛中西部海域	上颚侧壁	61～465	假定一日一轮	指数
毛里塔尼亚海域	上颚侧壁	194～322	假定一日一轮	—

三、分析与讨论

头足类耳石广泛应用于其年龄和生长的研究，但章鱼类耳石的生长纹结构不明显，因此其他硬组织(如内壳、角质颚、眼晶体)用作章鱼类的年龄鉴定材料正逐步兴起(Perales-Raya et al.，1994；Cárdenas et al.，2011；Doubleday et al.，2011)。角质颚将为那些不具有内壳或者因损坏而无获取内壳的头足类种类的年龄鉴定给予另外一个可靠途径。角质颚个体比耳石大许多，更容易提取，更方便研磨，而且具有结构稳定、耐腐蚀的特点，常存于大型鱼类、海鸟以及哺乳动物的胃内(Croxall，1996；Klages，1996；Clarke，1996；Smale，1996)，更易间接获取，因此角质颚的这些特点使其在头足类的年龄和生长中的研究前景更为广阔。综述显示，头足类角质颚生长纹的周期性主要在真蛸中得到广泛证实(Canali et al.，2011；Hernández-López et al.，2001；Oosthuizen，2003)，而在乌贼类、枪乌贼类和柔鱼类等头足类中的研究甚少。尽管角质颚的长度、生长纹的观察、初始纹的形成、生长纹周期性的证实以及日龄鉴定等方面已取得一定的进展，但是在利用生长纹鉴定年龄方面还有所欠缺，只有真蛸和玛雅蛸两种，缺乏在其他头足类中的研究。因此，我们需要在现有的基础上，尽快开展其他头足类尤其是一些大洋性以及近海重要经济种类的相关研究。近年来，基于硬组织微结构的地球化学分析被广泛应用于海洋生物的研究中(Thorrold et al.，2002)。角质颚作为头足类的主要硬组织之一，结构稳定、生长纹清晰，今后可运用地球化学分析手段(如 LA-ICP-MS 分析微量元素、IR-MS 分析稳定同位素)，从时间序列上(角质颚生长纹所指示的日龄)提取头足类不同生长阶段的生物学和生态学信息，为进一步分析头足类的摄食生态、栖息环境以及生活史等内容提供基础。

第四节 几种大洋性柔鱼角质颚喙部生长纹实验方法及其日周期性研究

近年来，角质颚喙部生长纹被广泛用于头足类的年龄鉴定。本书分析了茎柔鱼、柔鱼、鸢乌贼和阿根廷滑柔鱼等 4 种大洋性柔鱼的角质颚微结构，建立了一套有效的角质颚喙部生长纹阅读方法，并通过与耳石日龄进行比较对生长纹的日周期性进行了验证。

本书提出的生长纹阅读成功率范围为阿根廷滑柔鱼的42.9%至茎柔鱼的71.7%。较高的生长纹阅读成功率和较低的独立重复阅读变异系数证明本书提出的方法可靠而有效。尽管柔鱼类的捕食活动容易腐蚀和损伤角质颚喙部顶端，但是本研究的结果显示，角质颚喙部仍可看作是估算柔鱼类年龄的一个潜在的有效方法。

一、角质颚喙部微结构

茎柔鱼、柔鱼、鸢乌贼和阿根廷滑柔鱼的角质颚喙部截面从喙部顶端至头盖与脊突的交接点处都存在明显的生长条带，这些条带由明、暗两条生长纹组成(图5-17)。头盖部的生长纹明显比脊突部的生长纹清晰，两部分的生长纹交汇于内轴成“<”形，生长纹后端逐渐平行于脊突背缘。靠近内轴线部分的生长纹最宽(图5-18A)，然后向远离内轴线的方向生长纹宽度逐渐变窄(图5-18B)。喙部顶端的生长纹宽度最窄(图5-18C)，喙部中部的生长纹宽度最宽(图5-18D)。鸢乌贼角质颚喙部生长纹的平均宽度最宽(19.4μm)，其次为茎柔鱼(13.6～16.3μm)，再次为阿根廷滑柔鱼(13.4μm)，最后为柔鱼(12.4μm)(表5-9)。中东太平洋茎柔鱼角质颚喙部生长纹的平均宽度(16.3μm)要宽于东南太平洋的茎柔鱼(13.6μm)。

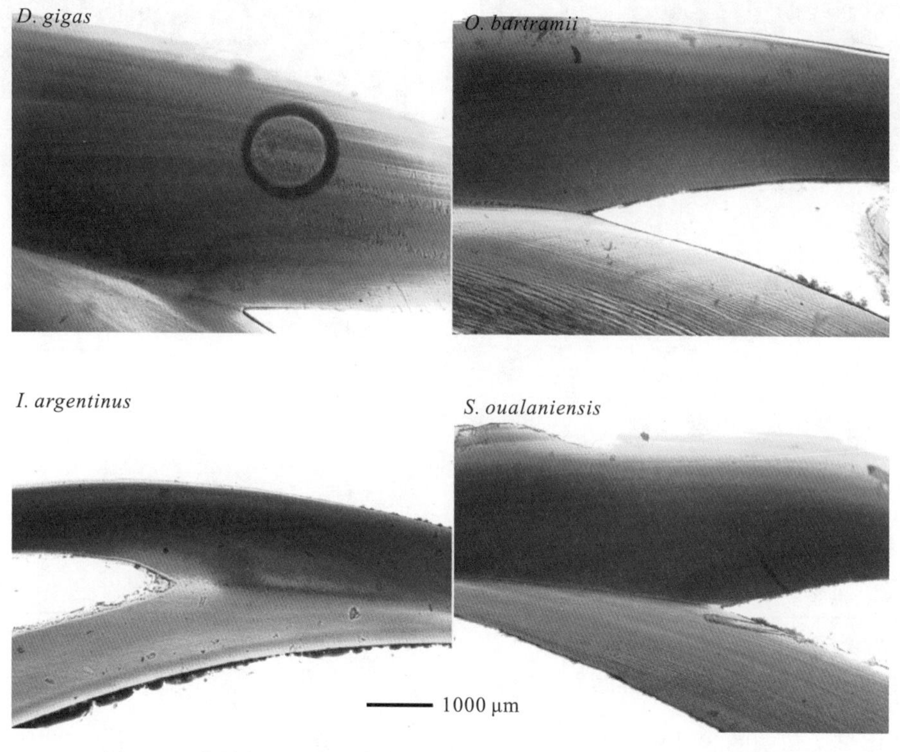

图5-17　茎柔鱼、柔鱼、鸢乌贼和阿根廷滑柔鱼的角质颚喙部截面图

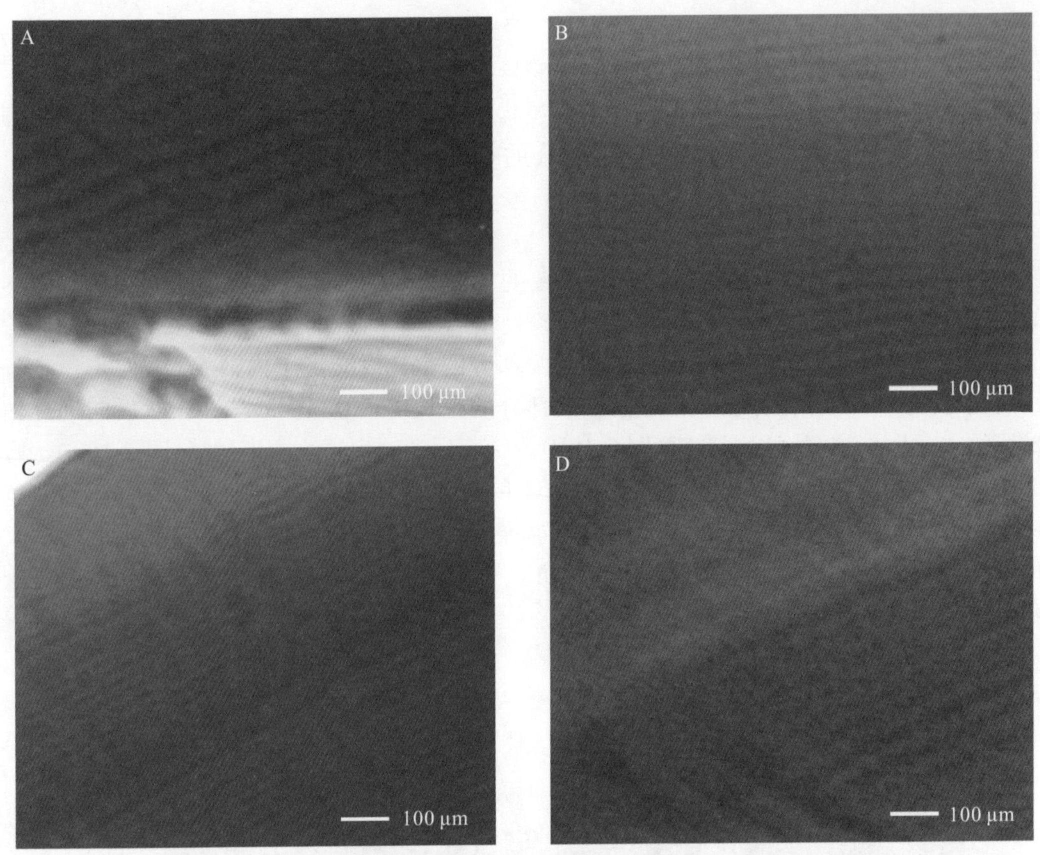

图 5-18 鸢乌贼角质颚喙部截面内轴近端(A)和远端(B)生长纹以及柔鱼角质颚喙部截面顶端(C)和中部(D)生长纹

表 5-9 茎柔鱼、柔鱼、鸢乌贼和阿根廷滑柔鱼的角质颚生长纹沉积所需日龄及生长纹宽度

种类	海区	样本数	生长纹沉积所需日龄/d		生长纹宽/μm	
			均值	标准差	均值	标准差
茎柔鱼	中东太平洋	19	1.04	0.032	16.3	2.35
	东南太平洋	19			13.6	1.46
柔鱼	西北太平洋	21	1.02	0.039	12.4	1.47
鸢乌贼	中西太平洋	12	1.10	0.086	19.4	2.56
阿根廷滑柔鱼	西南大西洋	12	1.18	0.112	13.4	2.28

二、角质颚处理与生长纹计数

53 尾茎柔鱼中的 38 尾，30 尾柔鱼中的 21 尾，20 尾鸢乌贼中的 12 尾，28 尾阿根廷滑柔鱼中的 12 尾的角质颚被成功处理和阅读，它们分别占各自总体的 71.7%、70.0%、60.0%和 42.9%(表 5-10)。三次独立重复计数变异系数(CV)小于 50%(表 5-11)，说明计数准确。其中阿根廷滑柔鱼的变异系数最高，为 4.95%，说明其计数的精确度最低(表 5-11)。对比试验显示，沿着方向 3(图 5-19)计数的生长纹数目与耳石日龄最接近(表 5-12)。

表 5-10　茎柔鱼、柔鱼、鸢乌贼和阿根廷滑柔鱼样本信息及角质颚阅读成功率

种类	海区	样本数		可读率	胴长/mm
		收集数	可读数		
茎柔鱼	中东太平洋	24	19	71.7%	222～375
	东南太平洋	29	19		386～465
柔鱼	西北太平洋	30	21	70.0%	230～450
鸢乌贼	中西太平洋	20	12	60.0%	115～204
阿根廷滑柔鱼	西南大西洋	28	12	42.9%	186～240

表 5-11　茎柔鱼、柔鱼、鸢乌贼和阿根廷滑柔鱼角质颚喙部生长纹三次计数精确度（离散系数）

种类	样本数	均值	标准差
茎柔鱼	38	2.86	0.96
柔鱼	21	2.97	1.11
鸢乌贼	12	3.42	1.25
阿根廷滑柔鱼	12	4.98	1.84

表 5-12　不同计数方向角质颚生长纹对应的耳石日龄

样本号	耳石日龄/d	不同计数方向角质颚生长纹对应耳石日龄			
		方向 1	方向 2	方向 3	方向 4
1	242	1.70	1.26	1.03	0.89
2	183	2.01	1.37	1.06	0.84
3	200	1.92	1.33	1.04	0.87
4	210	1.94	1.35	1.07	0.84
5	176	2.29	1.45	1.09	0.85
6	224	2.31	1.52	1.08	0.90
7	178	2.12	1.41	1.05	0.86
8	193	1.75	1.18	0.96	0.92
9	185	1.95	1.31	1.05	0.93
10	144	2.40	1.41	1.02	0.78
平均值		2.04	1.36	1.05	0.87

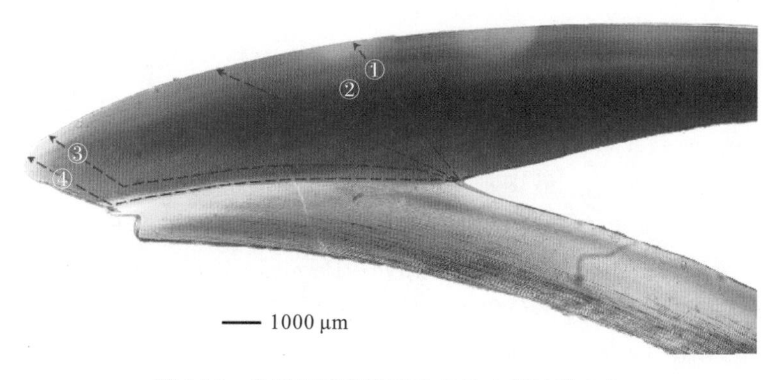

图 5-19　角质颚喙部截面生长纹 4 种计数方向

三、角质颚生长纹与耳石日龄关系

茎柔鱼、柔鱼、鸢乌贼和阿根廷滑柔鱼的角质颚生长纹数目均比各自的耳石日龄略小，其中茎柔鱼与柔鱼的角质颚生长纹与耳石日龄最接近，鸢乌贼和阿根廷滑柔鱼的角质颚生长纹与耳石日龄略有差距(图 5-20)。四种头足类角质颚上颚喙部生长纹与耳石日龄均呈明显的线性关系，除了阿根廷滑柔鱼外，其他 3 种头足类相关系数 R^2 和斜率均接近 1(图 5-20)。回归方程如下：

茎柔鱼：Increments=1.0014Age−9.1916(R^2=0.994，n=38，P<0.001)

柔鱼：Increments=1.0177Age−6.6795(R^2=0.969，n=21，P<0.001)

鸢乌贼：Increments=1.0313Age−10.239(R^2=0.930，n=12，P<0.001)

阿根廷滑柔鱼：Increments=0.9245Age−8.8241(R^2=0.849，n=12，P<0.001)

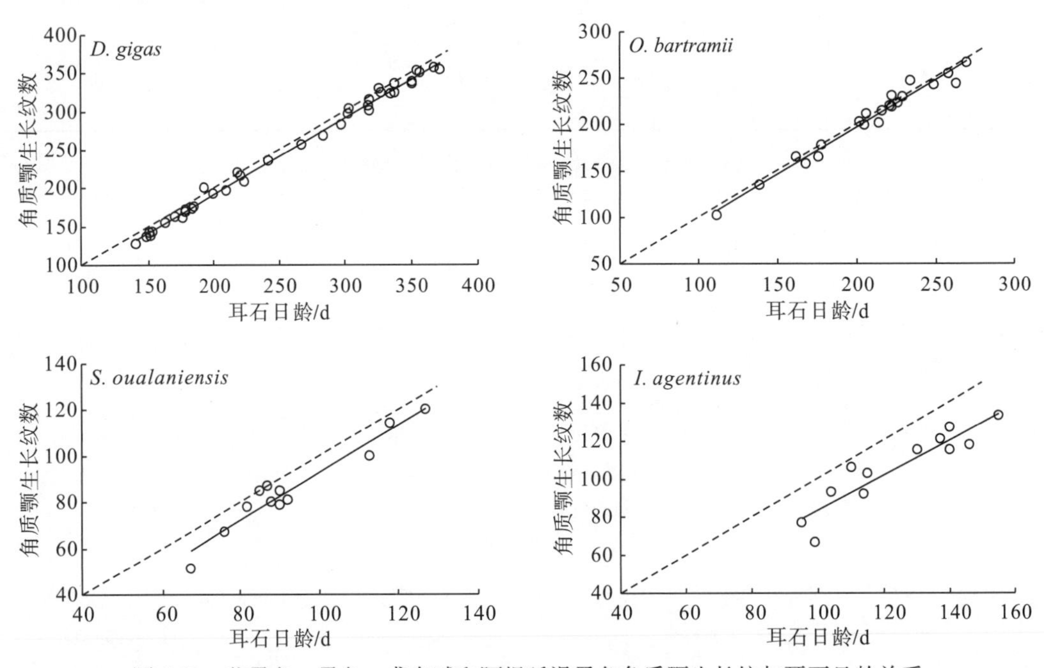

图 5-20 茎柔鱼、柔鱼、鸢乌贼和阿根廷滑柔鱼角质颚生长纹与耳石日龄关系

四、分析与讨论

本书提出了一种利用角质颚喙部截面生长纹研究柔鱼类年龄的有效方法。众所周知，利用硬组织，例如耳石来估算柔鱼类的年龄，首先最重要和最关键的是硬组织截面的选择。Perales-Raya 和 Hernández-González(1998)报道了头足类角质颚喙部截面的选择，然而由于研磨过程中的偏差，最终所获得的研磨平面与最初选择的截面有一定的偏差。正是因为这个因素，本书在角质颚处理过程中增加了下面的步骤，这在以往的研究(Perales-Raya and Hernández-González，1998；Perales-Raya et al.，2010)中都没有出现过：在角质颚处理之前，首先将角质颚沿着最佳截面切割成两半，然后将其中一半角质颚截面朝下，用树脂包埋到一次性塑料磨具当中，并粘于载玻片上。这种操作方法使得角质颚的研磨平面始终与最佳截面平行。然而，为了避免对中心平面的生长纹产生破坏，

在裁剪角质颚的时候，我们选择的截面略微偏向中心平面一侧，这样切割出来的两半角质颚一个略大，一个略小，在包埋时选择略大的半个角质颚进行包埋。此外，选择用刀片厚度为 0.3mm 的切割机代替剪刀对角质颚进行剪裁，因为剪刀在裁剪过程中容易造成角质颚截面的崩裂。Oosthuizen(2003)按照 Perales-Raya 和 Hernández-González(1998)的裁剪方法最终所获得的角质颚制片成功率仅为 18.8%，远小于本书的 42.9%～71.7%。

与蛸类一样(Perales-Raya and Hernández-González，1998；Perales-Raya et al.，2010；Bárcenas et al.，2014；Perales-Raya et al.，2014a，2014b)，茎柔鱼、柔鱼、鸢乌贼和阿根廷滑柔鱼的角质颚喙部截面头盖部和脊突部都存在生长纹，但是头盖部分的生长纹比脊突部分的生长纹更清晰、更容易辨别。茎柔鱼和柔鱼的角质颚喙部截面生长纹三次独立计数的变异系数高于鸢乌贼和阿根廷的，侧面证实了茎柔鱼和柔鱼的角质颚喙部生长纹清晰度明显高于鸢乌贼和阿根廷的。研究显示，柔鱼类角质颚喙部生长纹宽度存在明显的种间和种内差异(表 5-9)：栖息于温暖水域的鸢乌贼的角质颚喙部生长纹最宽，而栖息于冷水水域的阿根廷滑柔鱼和柔鱼的角质颚喙部生长纹较窄，栖息于温暖水域(厄瓜多尔)的茎柔鱼的角质颚喙部生长纹宽度大于栖息于冷水水域(智利)的茎柔鱼。过去的研究显示，真蛸角质颚侧壁的生长纹宽度同样与水温存在正相关性(Canali et al.，2011)，这种相关性在头足类耳石(Villanueva，2000)和内壳(Chung 和 Wang，2013)的生长纹研究中也有发现。

尽管过去的研究认为角质颚喙部生长纹的最佳计数方向是沿着内轴线的方向(即方向 4)(Perales-Raya 和 Hernández-González，1998；Perales-Raya et al.，2010；Bárcenas et al.，2014)，然而本书通过计数实验显示，方向 3 为最佳的计数方向。研究发现，沿着方向 4 所计数的生长纹数目比实际值要高，这可能是因为生长纹在内轴处常常会出现分叉，而这些分叉的“假纹”会被当作真的生长纹来计数(图 5-21)。巧合的是，Oosthuizen(2003)选择角质颚喙部截面边缘处作为计数方向，这与本书的方向 3 比较接近。

图 5-21　角质颚喙部截面生长纹技术方向 3 和方向 4 上的生长纹个数

真蛸(Oosthuizen，2003；Canali et al.，2011；Perales-Raya et al.，2014a，2014b)和玛雅蛸 *O. maya*(Rodríguez-Domínguez et al.，2013；Bárcenas et al.，2014)的角质

颚生长纹的日周期性已被广泛证实。但是柔鱼类与蛸类和乌贼类不同，在实验室很难饲养(Iglesias et al.，2014)，因此可以通过与耳石日龄进行比较来确定柔鱼类角质颚生长纹的日周期性。尽管柔鱼类仔鱼角质颚的生长纹的日周期性已被证实，但本书首次尝试了对柔鱼全生命周期的角质颚生长纹的日周期性进行验证。

尽管角质颚的生长纹数目比耳石日龄略小(截距小于0)，但是至少茎柔鱼、柔鱼甚至鸢乌贼角质颚喙部生长纹具有日周期性(图5-20)。研究认为，角质颚喙部顶端的破损(捕食过程中造成的)，以及生长纹沉积的滞后性(孵化后才有生长纹的形成)是利用角质颚生长纹估算头足类日龄偏低的主要原因(Perales-Raya et al.，2010；Bárcenas et al.，2014)。然而茎柔鱼和柔鱼的角质颚在其孵化后第一天就有生长纹形成，所以捕食时撕咬食物对角质颚顶端的损坏是造成日龄低估的主要原因(Hernández-López et al.，2001；Perales-Raya et al.，2010；Canali et al.，2011)。这种日龄低估的现象在真蛸仔鱼以及实验室饲养的玛雅蛸中没有发现，这是因为真蛸仔鱼最大程度减小了角质颚的损坏(Hernández-López et al.，2001)，而实验室饲养的玛雅蛸喂养的都是软饵料，它们对角质颚的损坏也是很小的(Rodríguez-Domínguez et al.，2013；Bárcenas et al.，2014)。

总而言之，角质颚相比耳石而言，其具有易提取、易保存和易操作等特点，且能够作为头足类年龄估算的一个补充方法，尤其在无法获取耳石的情况下，例如在分析捕食动物胃含物中头足类以及福尔马林保存的头足类的年龄时。综合考虑本书以上分析和讨论，我们认为在考虑到低估日龄的情况下，角质颚上颚喙部是估算茎柔鱼、柔鱼和鸢乌贼的合适材料。今后的研究可比较分析角质颚不同部位对估算柔鱼类日龄的效果。

第五节　利用角质颚生长纹研究西北太平洋柔鱼的年龄和生长

本节分析了采集于北太平洋海域的35尾柔鱼(*Ommastrephes bartramii*)角质颚的微结构，并对其生长纹的周期性进行了验证。研究结果显示，角质颚生长纹数目与耳石日龄相当($P>0.05$)，证明柔鱼角质颚生长纹的沉积为一日一纹。根据角质颚生长纹估算柔鱼的生命周期小于1年，样本胴长、体重和角质颚喙长与日龄呈显著的逻辑斯蒂关系。研究结果不仅为柔鱼类年龄鉴定与生长估算提供新方法，而且为我国头足类学者开展相关研究提供重要基础。

一、角质颚微结构

角质颚上颚喙部截面由背侧的头盖和腹侧的脊突两部分组成，周期性的生带明显，每一条生长带由明、暗两条生长纹组成。头盖部的生长纹明显比脊突部的生长纹清晰，两部分的生长纹交汇于内轴成“<”形，生长纹后端逐渐平行于脊突背缘。角质颚的喙部顶端以及后端常有明显的标记轮(图5-22A、B)。截面中部的生长纹最宽(图5-22C)，顶端生长纹最窄(图5-22D)，而同一条生长纹越接近内轴的部分其宽度越宽(图5-22E)，越远离内轴的部分宽度越窄(图5-22F)。柔鱼角质颚喙部生长纹平均宽度12.4μm。

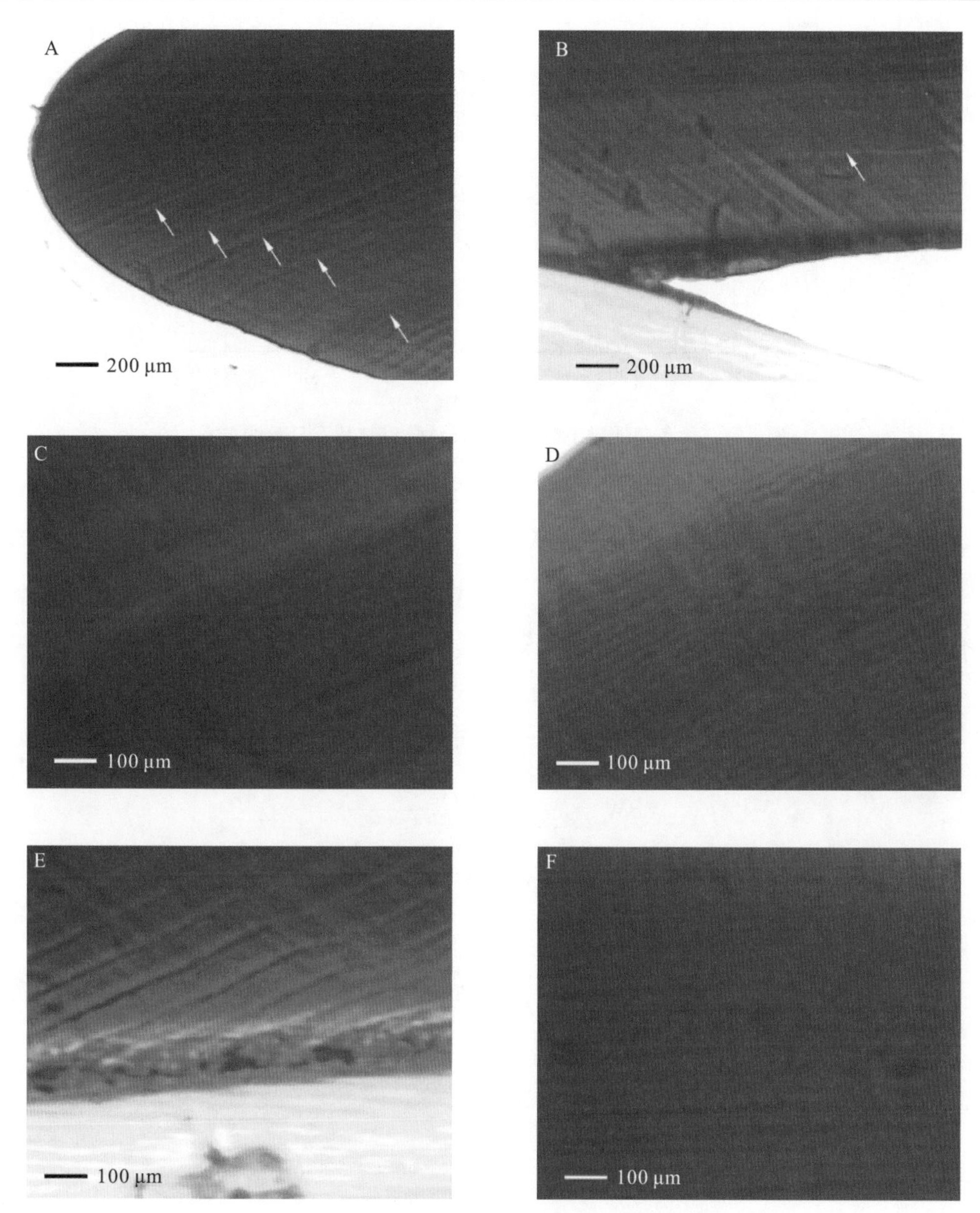

图 5-22　柔鱼角质颚上颚喙部微结构图

A 和 B 分别显示喙部前端和后端的标记轮；C 和 D 分别显示喙部中部和顶端生长纹；E 和 F 分别显示接近和远离内轴的生长纹

二、角质颚生长纹日周期性

三次独立计数 CV 值为 2.97 %±1.11%，明显小于 10%，因此角质颚生长纹计数准确，每个角质颚生长纹的形成需要 1.018±0039d。独立样本配对 t 检验显示，角质颚喙部生长纹数目与日龄无明显差异(P=0.057>0.05)。拟合线性方程显示，斜率(1.0177)和相关系数 R^2(0.9693)均接近于 1(图 5-23)。因此，柔鱼角质颚生长纹的沉积为一日一纹，而样本估算日龄为 102～266d。

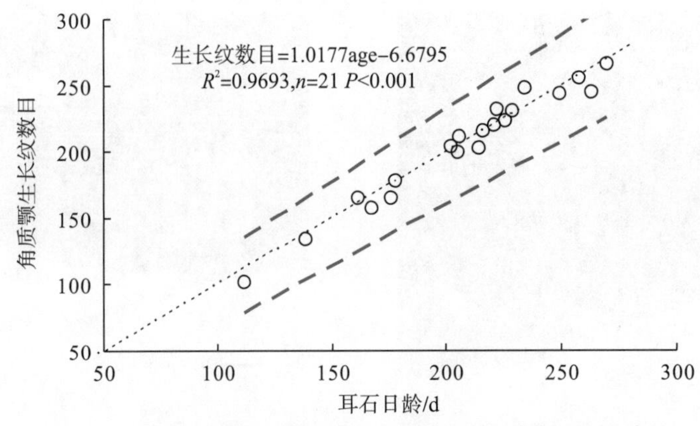

图 5-23 柔鱼角质颚上颚喙部生长纹数目与耳石日龄的关系

红色虚线表示 95%置信区间

三、角质颚日龄与柔鱼胴长和体重关系

根据最小赤池信息准则法，柔鱼胴长和体重与角质颚日龄关系均适合用逻辑斯蒂曲线来描述，日龄 200d 以前柔鱼胴长和体重增长较快，200d 以后增长变缓(图 5-24)，其关系式分别如下：

$$\mathrm{ML} = \frac{423}{1 + e^{-0.01923(\mathrm{age}-101.34)}}$$

$$\mathrm{BW} = \frac{2038}{1 + e^{-0.03232(\mathrm{age}-163.75)}}$$

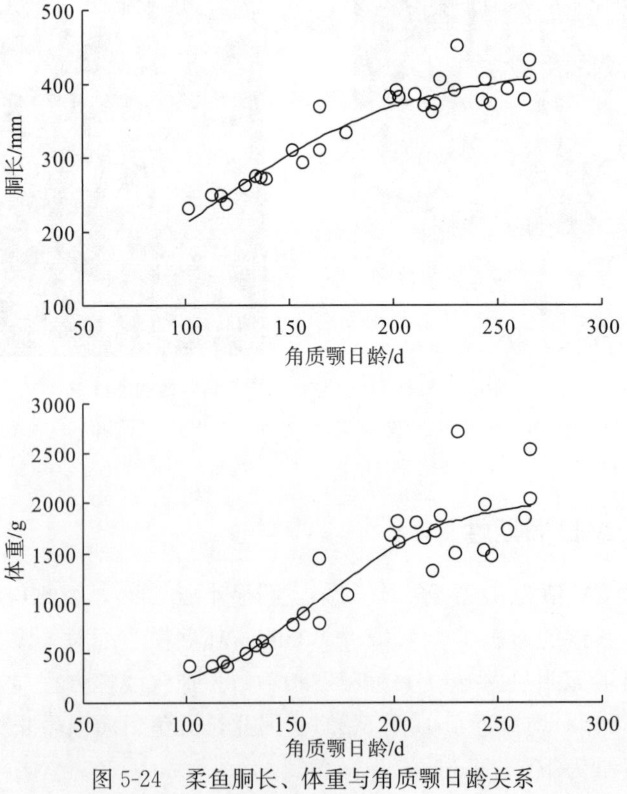

胴长/mm
500
400
300
200
100
50 100 150 200 250 300
角质颚日龄/d

体重/g
3000
2500
2000
1500
1000
500
0
50 100 150 200 250 300
角质颚日龄/d

图 5-24 柔鱼胴长、体重与角质颚日龄关系

四、角质颚日龄与喙长关系

根据最小赤池信息准则法，柔鱼角质颚喙长与日龄适合用逻辑斯蒂曲线来描述，日龄 200d 以前角质颚喙部生长较快，200d 以后生长变缓(图 5-25)，其关系式分别如下：

$$URL = \frac{10.95}{1 + e^{-0.01653(age-105.13)}}$$

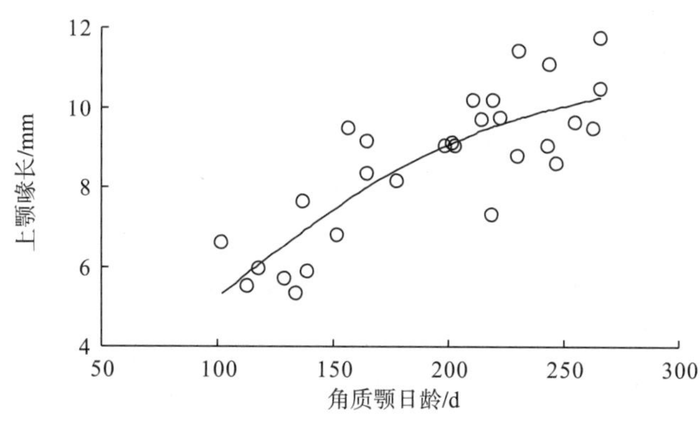

图 5-25　角质颚上颚喙长与日龄关系

五、分析与讨论

头足类的角质颚与其耳石、内壳、眼晶体等硬组织一样，存在明显的生长纹结构，角质颚头盖、脊突、侧壁、翼部等各部表面的生长纹明显，肉眼可见，而喙部的生长纹需要切割并研磨后才可见(刘必林等，2014)。Clarke 在 1965 首次详细报道了强壮桑椹乌贼角质颚中的生长纹结构，Nixon(1973)和 Smale 等(1993)先后在其他头足类的角质颚中发现了类似的结构。然而截至目前，有关头足类角质颚生长纹的研究主要集中在侧壁和喙两个部位，侧壁生长纹是以喙顶端为中心的同心环纹(Perales-Raya et al.，1998)，而喙部生长纹则是以内轴为对称轴的“<”形条纹。本书研究发现，与真蛸相似(Hernández-Lopez et al.，2010)，柔鱼角质颚喙部顶端生长纹最窄(图 5-22D)，中部的生长纹最宽(图 5-22C)。此外，在一些柔鱼角质颚样本的喙部顶端和后端发现了明显的标记纹，以往的研究认为它们的形成与头足类特殊的生活史事件(如孵化、交配、产卵)以及突发事件(温度波动、捕食者攻击)等密切相关(Arkhipkin，2005；Hernández-Lopez et al.，2014b)。

Perales-Raya 和 Hernández-González(1998)首先提出真蛸角质颚生长纹的形成可能与其年龄相关，直到 2001 年 Hernández-lópez 等才从实验角度证实了幼体真蛸角质颚侧壁生长纹具有日周期性。在此之后，Oosthuizen(2003)、Canali 等(2011)、Rodríguez-Domínguez 等(2013)、Bárcenas 等(2014)和 Hernández-Lopez 等(2014b)先后采用四环素标记、温度突变标记、实验室饲养等方法验证了成体真蛸和玛雅蛸角质颚喙部生长纹的日周期性。酒井光夫等(2007)尝试分析 5 种柔鱼类(茎柔鱼、柔鱼、阿根廷滑柔鱼、鸢乌贼和太平洋褶柔鱼)仔鱼角质颚生长纹的周期性，结果表明除鸢乌贼外，其余 4 种的角质颚生长纹均为一日一纹。然而，本书研究首次验证了柔鱼类整个生命史周期内角质颚生长纹的日周期性，弥补了前者只限于仔鱼期的不足。

研究表明，在利用硬组织鉴定头足类的日龄时，弄清第1条生长纹形成的时间至关重要：当其形成于头足类孵化时，则估算的日龄与实际日龄相等；而当其形成于孵化前，则估算的日龄比实际日龄大，反之则比实际日龄小(刘必林等，2009；刘必林，2014)。此外，计数者的经验也是影响日龄鉴定准确性的关键，计数结果的可重复性可用作检验准确性的标准。一般来说，在年龄鉴定研究中，生长纹计数的可信临界标准为，独立重复计数2～3次，几次计数值的差异不高于10%(Oosthuizen，2003；Jackson et al.，1997)。本书3次独立计数值的差异为2.97%±1.11%，明显小于10%，加之已有研究证明柔鱼角质颚的第1条生长纹形成于孵化时(酒井光夫等，2007)。因此，本书通过角质颚喙部估算的柔鱼日龄是准确的，其结果显示柔鱼寿命小于1年，这与耳石估算的柔鱼寿命相符(Yatsu et al.，1997)。最小赤池信息准则法显示，柔鱼胴长、体重以及角质颚喙长与日龄呈显著的逻辑斯蒂关系，这说明柔鱼在其幼体期胴长、体重以及喙长生长较快，而随着性腺不断成熟生长逐步变缓，这符合头足类的一般生长规律(Arkhipkin，2005)。

过去几十年，尽管耳石微结构分析被认为是研究头足类年龄和生长的最有效方法(Jackson，1994)，然而，头足类研究者们仍在不断尝试寻找另外一些可靠途径(如内壳、角质颚、眼晶体微结构分析)来代替耳石(Doubleday et al.，2011；Cardenas et al.，2011；Hernández-Lopez et al.，2014b)。对于蛸类而言，其耳石晶体结构紊乱导致生长纹不清晰，因而角质颚微结构分析逐步成为头足类年龄和生长研究的最有效方法之一(Perales-Raya et al.，1998；Hernández-López et al.，2001；Oosthuizen，2003；Perales-Raya et al.，2010；Canali et al，2011；Castanhari et al.，2012；Cuccu et al.，2013；Perales-Raya et al.，2014a)。角质颚个体比耳石大许多，更容易提取，更方便研磨，而且具有结构稳定、耐腐蚀的特点，常存于大型鱼类、海鸟以及哺乳动物的胃内(Boyle和Rodhouse，2005)，更易间接获取，因此角质颚的这些特点使其在头足类的年龄和生长中的研究前景更为广阔。然而，有一点值得注意的是，头足类的捕食活动常常会造成角质颚喙顶端一定程度的磨损。因此，建议在利用角质颚喙部鉴定头足类的日龄时选择那些角质颚磨损较小的样本，以免过度低估实验样本的实际日龄。

第六节　利用角质颚生长纹研究秘鲁外海茎柔鱼的年龄和生长

根据2013年7～10月中国鱿钓船在秘鲁外海(79°57′～83°24′W、10°54′～15°09′S)采集的茎柔鱼(*Dosidicus gigas*)样本，利用角质颚的微结构研究了茎柔鱼的年龄、生长和种群结构。结果显示，茎柔鱼上角质颚微结构具有喙部纵向生长纹和喙部截面纵轴，在个别样本中发现了标记轮和异常结构。茎柔鱼的胴长为204～396mm，雌、雄个体的日龄分别为123～298d和106～274d。推算出来的孵化日期为2012年12月～2013年5月，所有样本全部为夏秋季产卵群体，孵化高峰期为1～3月。日龄与胴长及体重的关系在雌雄个体间的差异性均不显著($P>0.05$)，日龄与胴长及体重的关系均较为符合指数关系。雌雄个体间胴长和体重的生长率的差异性均不显著($P>0.05$)，胴长的最大绝对生长率和相对生长率分别为 2.12mm/d 和 0.59。研究认为，上角质颚可以被用于茎柔鱼年龄、生长和种群结构的研究，季节和地理区域不同，茎柔鱼的生长和种群结构也会不同。

一、日龄组成

雌、雄样本的日龄分别为 123～298d 和 106～274d，平均日龄分别为 195.8d 和 183.4d，优势日龄组均为 150～240d，分别占雌、雄样本总数的 89.4%和 87.5%，雌、雄样本中性成熟个体的日龄分别为 182～235d 和 135～225d(图 5-26)。

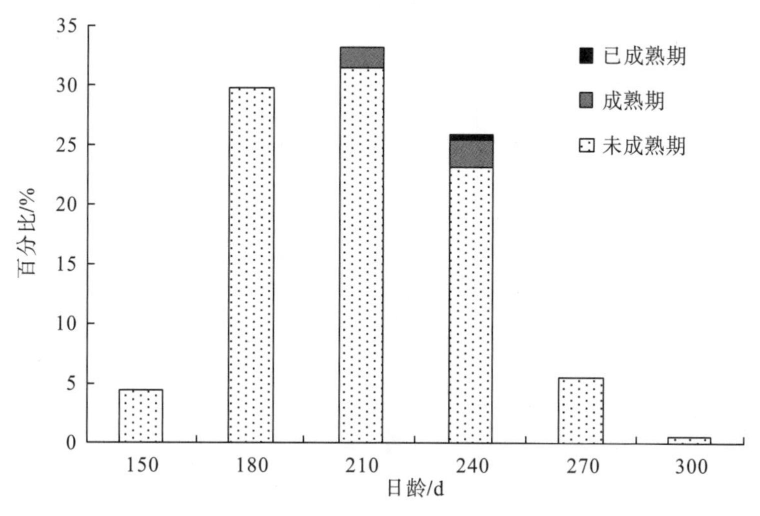

(a)雌性茎柔鱼的日龄分布

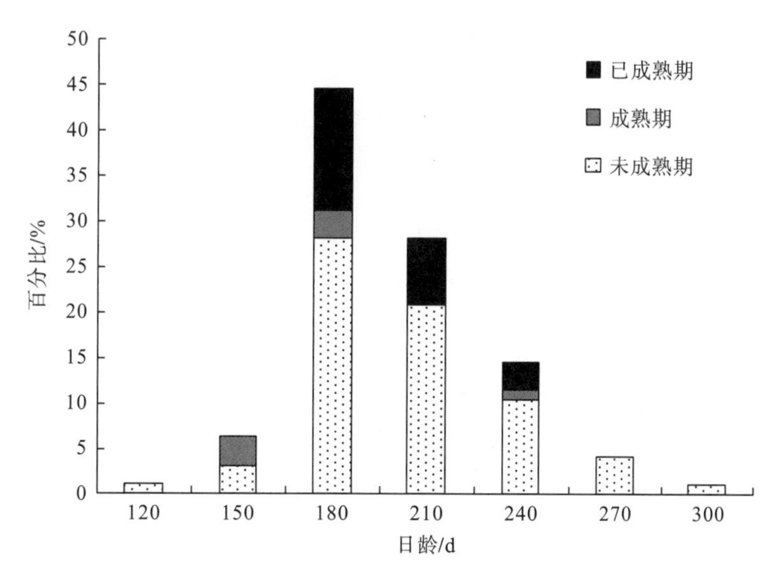

(b)雄性茎柔鱼的日龄分布

图 5-26　不同性别和不同性成熟阶段秘鲁外海茎柔鱼的日龄分布

二、孵化日期和产卵群体划分

根据日龄和捕捞日期来推算茎柔鱼的孵化日期，结果显示，孵化日期为2012年12月2日至2013年5月19日(图5-27)。根据茎柔鱼的孵化日期，可将其划分为夏秋生产卵群体，孵化的高峰期在1～3月，占总数的83.7%。

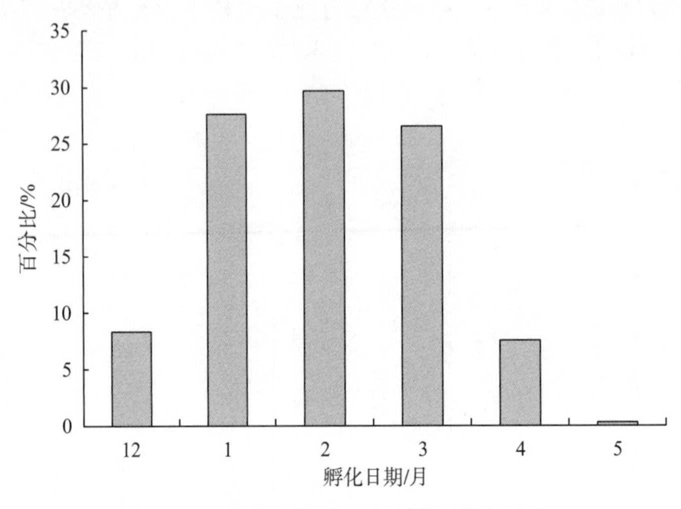

图5-27　秘鲁外海茎柔鱼孵化日期的分布

三、生长模型

利用协方差分析法，检验日龄与胴长及体重的关系在雌雄个体间的差异性，结果显示，差异性均不显著($P>0.05$)，因此在对日龄与胴长及体重进行关系建立时，可将雌雄样本合并起来。根据AIC值对生长模型进行选择，日龄与胴长及体重的关系均为复合指数关系(图5-28和图5-29)。

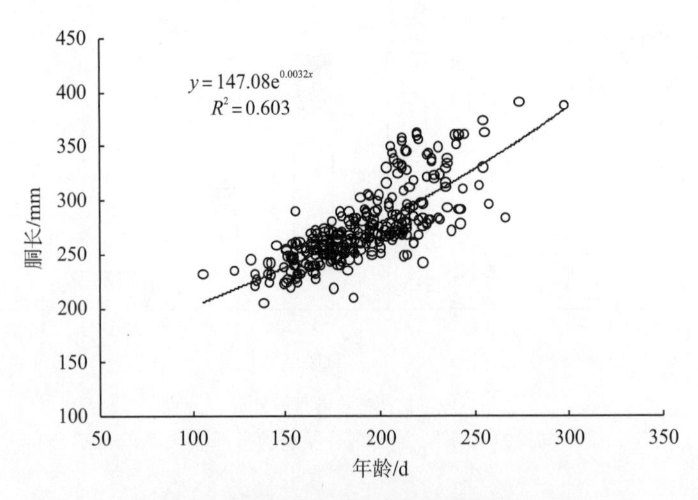

图5-28　秘鲁外海茎柔鱼日龄与胴长的关系

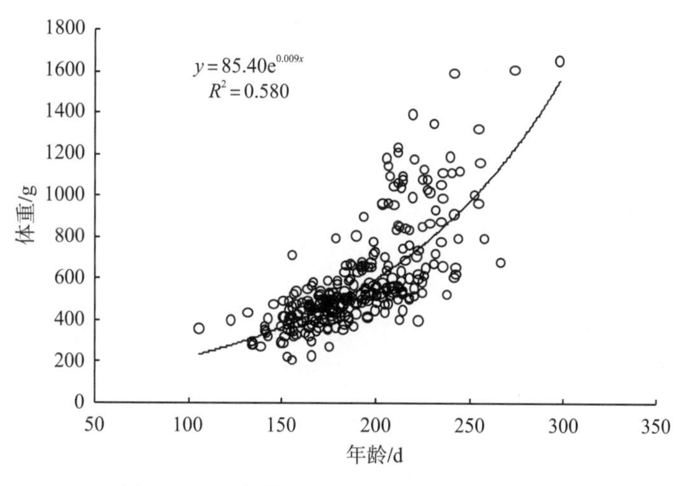

图 5-29 秘鲁外海茎柔鱼日龄与体重的关系

四、生长率

利用均值检验(t-test)法对雌雄个体间生长率的差异性进行分析，结果显示，雌雄个体间胴长和体重的绝对生长率和相对生长率的差异性均不显著(P>0.05)，因此将雌雄个体合并进行研究。茎柔鱼胴长的平均DGR和G分别为1.05mm/d和0.34，最大DGR和最大G分别为2.12mm/d和0.59。茎柔鱼体重的平均DGR和G分别为8.51g/d和1.03，最大DGR和最大G分别为22.47g/d和1.79(表5-13)。

表 5-13 秘鲁外海茎柔鱼胴长及体重的相对和绝对生长率

日龄等级/d	样本数	胴长生长率			体重生长率		
		平均胴长/mm	DGR/(mm/d)	G	平均体重/g	DGR/(g/d)	G
121～150	14	232.4	—	—	347.9	—	—
151～180	97	251.9	0.65	0.27	437.9	3.00	0.77
181～210	87	275.8	0.80	0.30	591.7	5.13	1.00
211～240	61	304.0	0.94	0.32	793.8	6.74	0.98
241～270	14	325.9	0.73	0.23	949.9	5.20	0.60
271～300	2	389.5	2.12	0.59	1624.0	22.47	1.79

五、分析与讨论

本研究利用角质颚微结构估算茎柔鱼的日龄，优势日龄组为150～240d，最大日龄为298d，所对应的胴长和体重分别为388mm和1647g；最小日龄为106d，所对应的胴长和体重分别为232mm和357g。一般认为，茎柔鱼的生命周期约为1年，一些个体大的茎柔鱼(ML>750mm)其生命周期可达1.5～2年(Nigmatullin et al.，2001)，但是在本研究中并没有发现超过1年的个体。

通过分析样本的胴长组成，发现在雌性样本中，各胴长组均仅有少量性成熟个体；然而，雄性样本中胴长为200～260mm时，性成熟样本占该胴长组总样本数的48.0%，胴长为260～410mm时，性成熟样本占该胴长组总样本数的17.1%。因此，根据Nigmatullin等(2001)对群体的划分标准，此次采集的样本可能由小个体群体和中个体群体组成。在以往的研究中(Argüelles et al.，2001)，在秘鲁海域同样发现了小个体群体和中个体群体。在一些研究中，尽管温度和食物被认为是导致不同大小个体的群体出现的主要因素，但仍没有定论(Keyl et al.，2008；Tafur et al.，2009；Hoving et al.，2013)。Arkhipkin等(2014)研究了温度对茎柔鱼个体大小和生命周期的影响，并且证实了海表面温度与生命周期以及个体大小成负相关关系。此外，Nigmatullin等(2001)认为，小个体群体主要分布在赤道附近，大个体群体主要分布在高纬度海域，中个体群体与小个体群体和大个体群体有混合现象。这可能是因为在温度较高的环境下，茎柔鱼性成熟加快，个体较小(Argüelles et al.，2001；Arkhipkin et al.，2014)，相反，在温度较低的环境下，茎柔鱼性成熟缓慢，个体较大。

在本研究中，茎柔鱼的捕捞日期为2013年7～10月，结合角质颚微结构的生长纹数推算出来的孵化日期为2012年12月～2013年5月，因此将其划分为夏秋季产卵群体，孵化高峰期为1～3月，这与Liu等(2013c)的研究结果相似。此外，从孵化日期和捕捞日期中可以看出，在夏秋季孵化的个体对冬春季的渔业资源量进行了补充。茎柔鱼全年产卵，然而不同的地理区域其产卵高峰期可能不同。在下加利福尼亚半岛西部沿岸海域，Mejia-Rebollo等(2008)研究认为，茎柔鱼的产卵高峰期为1～3月。在智利外海，Chen等(2011)研究认为茎柔鱼的产卵高峰期为8～11月。同一时间、不同地理区域的环境(如温度、盐度等)可能不同，因此茎柔鱼的产卵高峰期在不同地理区域间也会不同。

通常情况下，对于不同的性别、种群、地理区域以及不同发育阶段，茎柔鱼的生长情况是不同的(Argüelles et al.，2001；Markaida et al.，2004；Chen et al.，2011)。然而，茎柔鱼在整个生命周期的生长较为符合非线性模型(Liu et al.，2013c)。在智利外海，春季产卵群体的茎柔鱼日龄与胴长和体重分别符合线性关系和指数关系，秋季产卵群体的茎柔鱼日龄与胴长和体重分别符合幂指数关系和指数关系(Chen et al.，2011)。在哥斯达黎加外海，茎柔鱼的日龄与胴长符合线性模型，雌性和雄性个体的日龄与体重分别符合指数和幂指数关系(Chen et al.，2013)。在墨西哥加利福尼亚湾和下加利福尼亚西部沿岸海域，茎柔鱼的日龄与胴长符合逻辑斯蒂模型(Markaida et al.，2004；Mejia-Rebollo et al.，2008)。在本研究中，所有的样本均为夏秋季产卵群体，日龄与胴长和体重均较为符合指数关系，并且雌雄间差异不显著，这与Liu等(2013c)的研究结果相一致。同时，Argüelle等(2001)研究认为，在秘鲁海域，茎柔鱼的日龄与胴长符合指数关系。在本研究中，所采集的样本并没有包含所有的生活史阶段，因此生长方程仅适用于本研究所包含的日龄范围。在今后的研究中，应利用不同的渔具(如围网、脱网等)采集不同发育阶段的个体来研究茎柔鱼整个生命周期的生长。

本研究发现，茎柔鱼的生长率在雌性和雄性之间的差异性不显著($P>0.05$)，胴长和体重的绝对生长率和相对生长率最大时的日龄为271～300d，胴长的最大DGR和最大G分别为2.12mm/d和0.59，体重的最大DGR和最大G分别为22.47g/d和1.79(表3-1)。然而，在本研究中日龄组为271～300d的样本较少，因此可能会产生误差。在哥斯达黎加外海，雌性茎柔鱼的胴长在181～210d时生长率达到最大，最大DGR和最大G分别为1.46mm/d和0.52，雄性茎柔鱼的胴长在151～180d时生长率达到最大DGR

(2.07mm/d)和最大 G(0.85)(Chen et al.，2013)。在墨西哥加利福尼亚湾，茎柔鱼胴长的 DGR 大于 2mm/d 的时间能够超过 5 个月，雌性个体在 230～250d 时达到最大 DGR (2.65mm/d)，雄性个体在 210～230d 时达到最大 DGR(2.44mm/d)(Markaida et al.，2004)。在下加利福尼亚西部沿岸海域，雌性个体在 220d 达到最大 DGR(2.09mm/d)，雄性个体在 200d 达到最大 DGR(2.1mm/d)(Mejia-Rebollo et al.，2008)。因此，群体不同以及外界环境不同，可能导致个体的生长率也不同。

第六章　角质颚稳定同位素的分析与应用

第一节　角质颚稳定同位素

$\delta^{13}C$ 和 $\delta^{15}N$ 广泛应用于研究海洋动物有机物质的流动途径。海洋消费者的 ^{15}N 比其食物中的 ^{15}N 平均要高 2.5‰～3.4‰(Minagawa 和 Wada，1984；Vanderklift 和 Ponsard，2003)，因此，$\delta^{15}N$ 可看作研究海洋消费者营养级的指示剂(Hobson 和 Welch，1992)。与之相比，$\delta^{13}C$ 在海洋食物链中变化很小，它主要是用于确定海洋消费者在生态网络中营养的主要来源(McCutchan et al.，2003)。在海洋生态系统中，$\delta^{13}C$ 一方面指示低纬度/高纬度浮游生物量，另外一方面指示近岸/离岸或中上层/底栖食物的摄入量(Hobson et al.，1994；Cherel 和 Hobson，2007)。

一、角质颚与肌肉组织间碳氮稳定同位素含量差异

角质颚的主要物质为几丁质和蛋白质(Miserez et al.，2007)，与蛋白质相比，几丁质中 ^{15}N 匮乏，而 ^{13}C 不匮乏(De Niro 和 Epstein，1978，1981；Webb et al.，1998)。因此，角质颚中的 $\delta^{15}N$ 比软体组织明显偏低，而 $\delta^{13}C$ 偏低不明显。Ruiz-Cooley 等(2006)分析认为，茎柔鱼胴体肌肉中的 $\delta^{13}C$ 和 $\delta^{15}N$ 分别比角质颚中的高 1‰和 4‰。此外，控制实验表明，不同组织间 $\delta^{13}C$ 和 $\delta^{15}N$ 差异与其新陈代谢，例如相对转化率、生物化学反应类型等有关(De Niro 和 Epstein，1978，1981)。角质颚的生长是几丁质和蛋白质分子不断堆积增长的过程，分子在合成后不再有逆转的过程，因此角质颚记录了头足类整个生命史过程中所经历的信息(Webb et al.，1998)。然而，与几丁质组织不同，头足类肌肉的代谢更新率高，因此其中的同位素值能代表死亡前几个星期的生活史信息(Lorrain et al.，2011)。

二、摄食生态评估

近年来，通过分析角质颚及其捕食者的氮稳定同位素的含量($\delta^{15}N$)逐渐成为研究头足类摄食生态的新手段(Cherel 和 Hobson，2005)，其基本理论就是捕食者的同位素含量由其食物直接影响。Ruiz-Cooley 等(2006)通过角质颚 $\delta^{15}N$ 分析发现，加利福尼亚湾茎柔鱼大型群和中型群的食物组明显不同，大型群食物组成的营养级水平要比中型群的高，而大型群自身的营养级年间波动不明显。Cherel 等(2009a)根据角质颚 $\delta^{15}N$ 的变化变化幅度(4.6‰)推测 19 种深海头足类的营养级跨越大概为 1.5 个营养级。Cherel 等(2009b)根据成体南极褶柔鱼 *Todarodes fillppovae* 角质颚较大的 $\delta^{15}N$ 变化幅度(3.0‰，约为 1 个营养级)推测其为贪食的机会主义者。Logan 和 Lutcavage(2013)通过角质颚 $\delta^{15}N$ 分析显示，中北大西洋海域的小个体头足类比鱼类的营养级小 1 级，而大个体头足类营养级与鱼类相当。Seco 等(2016)根据角质颚 $\delta^{15}N$ 分析了科达乌贼 *Kondakovia longimana* 和

克氏桑椹乌贼*Moroteuthis knipovitchi* 的摄食生态。Fang 等(2016)比较了北太平洋柔鱼的东部群体和西部群体角质颚的 $\delta^{15}N$，结果发现两个群体的摄食生态位重叠很小。

研究显示，通过对捕食者胃中残留的角质颚稳定同位素分析，有助于重建捕食者的头足类食谱(Cherel 和 Hobson，2005；Jackson et al.，2007)。一般地，角质颚喙部顶端、侧壁中部、翼部顶端分别反映头足类生活史早期、中期以及最新的食物信息(Hobson 和 Cherel，2006；Cherel et al.，2009b)。角质颚翼部顶端形成时间较晚，因此其中的稳定同位素反映了其死亡之前所消耗的食物的信息(Cherel 和 Hobson，2005；Hbson 和 Cherel，2006)。Cherel 等(2009b)研究发现，头足类角质颚不同部位的 $\delta^{15}N$ 与其形成时间的早晚成正比，即形成时间越早 $\delta^{15}N$ 越低，形成时间越晚 $\delta^{15}N$ 越大，这也刚好与角质颚几丁质化不断增强以及食性的转变相吻合。因此，通过提取角质颚不同时间序列生长纹上的 $\delta^{15}N$，能够有效地分析头足类个体整个生活史过程中的摄食生态信息。

三、栖息环境重建

碳稳定同位素($\delta^{13}C$)在海洋食物链中变化很小，它主要是用于确定消费者在海洋生态网络中营养的主要来源(McCutchan et al.，2003)。在海洋生态系统中，$\delta^{13}C$ 一方面指示低纬度/高纬度浮游生物量，另外一方面指示近岸/离岸或中上层/底栖食物的摄入量(Hobson et al.，1994；Cherel 和 Hobson，2007)。因此可以通过 $\delta^{13}C$ 来研究头足类适合的栖息环境。Ruiz-Cooley 等(2006)分析认为，样本采集地点的不同是加利福尼亚湾的大型和中型群茎柔鱼角质颚 $\delta^{13}C$ 不同的主要因素。Cherel 等(2009a)研究发现，帆乌贼科的 3 种头足类虽然营养级相同但是栖息水层不同，蛸鱿科的 2 种头足类虽然营养级不同但是栖息地相同，大型蛸类栖息在更中上层水域，而大型鱿鱼类栖息在更半深海水域。Guerreiro 等(2015)根据角质颚 $\delta^{13}C$ 变化将南极海域的头足类按起源地栖息环境的不同分为三大类：亚热带海域种($\delta^{13}C$ 大于－19.5‰)、南极海域种($\delta^{13}C$ 小于－22.9‰)，亚南极水域种($\delta^{13}C$ 小于－19.5‰大于－22.9‰)，此外他们还发现角质颚 $\delta^{13}C$ 的变化反映了头足类栖息纬度以及栖息地 $\delta^{13}C$ 背景的不同，例如栖息于高纬度南乔治亚岛的克氏桑椹乌贼比栖息于低纬度克罗泽岛的角质颚 $\delta^{13}C$ 明显较低，不同海区大西洋帆乌贼(*Histioteuthis atlantica*)角质颚 $\delta^{13}C$ 的不同则与其栖息地 $\delta^{13}C$ 背景值的不同有关。

四、洄游路线推测

$\delta^{13}C$ 和 $\delta^{15}N$ 广泛应用于研究海洋生物有机物质的流动途径，$\delta^{13}C$ 指示海洋生物栖息地的初级生产力水平，$\delta^{15}N$ 则指示海洋生物所处的营养级水平。因此根据不同生活时期 $\delta^{13}C$ 和 $\delta^{15}N$ 的变化来推测头足类的移动路线。Guerra 等(2010)通过分析大王乌贼角质颚喙与头盖部不同断面的 $\delta^{13}C$ 和 $\delta^{15}N$ 认为，大王乌贼只在生活史早期经历短暂的洄游过程，而在此之后在一个食物充足的小范围水域内移动。

五、分析与讨论

角质颚作为头足类的重要硬组织之一，20 世纪 60 年代以来一直受到世界各国学者广泛关注，其形态和微结构在头足类的年龄、生长、种群、繁殖、摄食等基础生物学方面到了广泛的应用与研究。近年来，随着地球微化学手段的不断创新与进步，角质颚的微化学尤其稳定同位素的研究越来越受到海洋生物与生态学家的重视。一般地，肌肉组织常被看作头足类稳定同位素生态学研究的首选材料(Ruiz-Cooley et al.，2004，2006；Stowasser et al.，2006；Parry，2008；Cherel et al.，2009a，2009b；Argüelleset al.，2012)。然而，肌肉组织与角质颚不同，它的细胞代谢快，蛋白质含量高(Cherel et al.，2009b；Moltschaniwskyj 和 Carter，2010)，因此记录的信息不稳定，只能代表死亡前几个星期的生活史信息(Onthank，2013)。角质颚主要成分为几丁质，其生长是不可逆的(即分子在合成后不再有逆转的过程)，它记录了头足类整个生命史过程中的所有信息(Webb et al.，1998)。因此，通过测定角质颚不同时间序列断面的稳定同位素，可解读头足类不同生活史阶段所适合的栖息环境以及摄食生态的变化等。此外，由于角质颚耐腐蚀而常常存在于大型捕食动物的胃中(Clarke，1996；Croxall，1996；Klages，1996；Smale，1996)，这使得在研究其在海洋生态系统中的地位时比肌肉更具优势。然而值得注意的是，在研究那些迁徙范围较广的捕食者的摄食生态时，其胃中未消化的角质颚来源于不同的背景环境，因此通过测定角质颚的稳定同位素来确定捕食者的摄食生态则会带来偏差。尽管存在这样的缺陷，角质颚稳定同位素分析在头足类的摄食生态、栖息环境和洄游等基础生物与生态学方面的研究前进仍被十分看好(Jackson et al.，2007；Semmens et al.，2007 Logan 和 Lutcavage，2013；Xavier et al.，2015)。

第二节　哥斯达黎加海域茎柔鱼角质颚稳定同位素研究

本节根据 2009 年 7～8 月我国鱿钓船在哥斯达黎加外海捕捞的茎柔鱼样本，对其角质颚进行稳定同位素分析，探讨其与胴长、日龄、性腺成熟度等之间的关系。结果表明，样本的胴长在 25.6～35.8cm，体重在 447.6～1122.3g，为小型群体。分析认为，上、下角质颚的 δ^{13}C 和 δ^{15}N 有所差别，但不存在显著性差异($P>0.05$)；δ^{13}C 和 δ^{15}N 随着胴长和日龄的增大而增大，两者均符合线性关系；不同性成熟度的个体也有着不同的 δ^{13}C 和 δ^{15}N，其中性成熟度为Ⅲ期个体的值最大。分析认为，δ^{13}C 和 δ^{15}N 反映出茎柔鱼在生长过程中，其栖息环境从大陆架向大洋的转变，活动范围也向生产力更高的海域聚集，同时与性成熟和个体生长过程密切相关。建议今后应结合研究海域的浮游生物，对角质颚等不同硬组织及其不同部位稳定同位素进行深入分析，以便为了解和掌握茎柔鱼的生态学提供基础。

一、上颚与下颚稳定同位素比较

对取出的 22 对角质颚样本进行稳定同位素分析，发现上角质颚 δ^{15}N 在 5.14‰～9.84‰，平均为 6.77‰；下角质颚在 5.94‰～10.04‰，平均为 7.28‰。上角质颚 δ^{13}C 在−18.67‰～−17.02‰，平均为−18.05‰；下角质颚在−18.36‰～−16.69‰，平均为−17.81‰。上角质颚 C/N 在 3.21‰～4.39‰，平均为 3.83‰；下角质颚在 3.15‰～3.49‰，平均为 3.30‰(表 6-1)。下角质颚的 δ^{15}N 和 δ^{13}C 均大于上角质颚。通过方差分析(ANOVA)发现，上、下角质颚 δ^{15}N($F=0.9957$，$P=0.49>0.05$)与 δ^{13}C($F=1.20$，$P=0.30>0.05$)值不存在差异，而 C/N 在上、下角质颚之间存在显著差异($F=8.83$，P

=0.00<0.01)。

表 6-1　哥斯达黎加外海茎柔鱼上下角质颚的 δ^{15}N、δ^{13}C 和 C/N 极值、平均值和方差

分类	上角质颚				下角质颚			
	最小值	最大值	平均值	方差	最小值	最大值	平均值	方差
δ^{15}N	5.14‰	9.84‰	6.77‰	1.09	5.94‰	10.04‰	7.28‰	1.02
δ^{13}C	−18.67‰	−17.02‰	−18.05‰	0.36	−18.36‰	−16.69‰	−17.81‰	0.35
C/N	3.21‰	4.39‰	3.83‰	0.29	3.15‰	3.49‰	3.30‰	0.09

二、胴长与角质颚稳定同位素的关系

茎柔鱼胴长和角质颚的稳定同位素存在着一定的关系(图 6-1)，将胴长分别与上、下角质颚的稳定同位素值建立关系，拟合后发现其较符合线性关系，其关系式分别为

上角质颚：$\delta^{15}\text{N}=0.4165\text{ML}-6.4724(N=21,\ R^2=0.4643,\ P<0.01)$

$\delta^{13}\text{C}=0.1398\text{ML}-22.458(N=21,\ R^2=0.4701,\ P<0.01)$

下角质颚：$\delta^{15}\text{N}=0.3637\text{ML}-4.2694(N=21,\ R^2=0.401,\ P<0.01)$

$\delta^{13}\text{C}=0.1447\text{ML}-22.385(N=21,\ R^2=0.5395,\ P<0.01)$

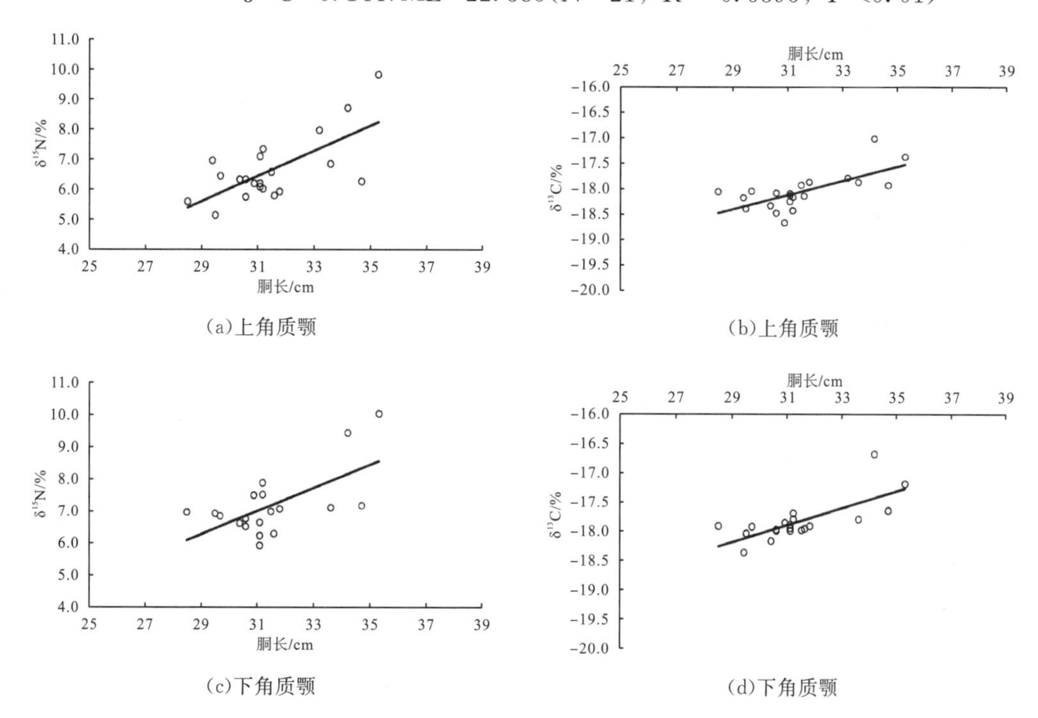

图 6-1　哥斯达黎加外海茎柔鱼胴长与上下角质颚稳定同位素的关系

三、日龄与角质颚稳定同位素的关系

将耳石切片在显微镜下拍照读取日龄，结果表明日龄为 163~238d，平均日龄为 197.75d。根据日龄逆推，可以发现哥斯达黎加外海茎柔鱼的主要孵化月份在 1~2 月，分别占 52.08%和 41.67%，还有少量 12 月和 3 月份孵化个体，分别占 4.17%和 2.08%(图 6-2)。

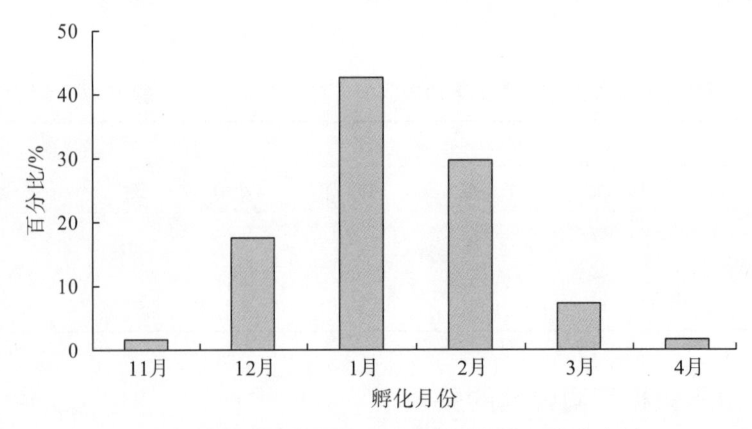

图 6-2 哥斯达黎加外海茎柔鱼样本孵化日期分布图

将所获得的日龄与其角质颚稳定同位素建立关系，拟合后发现其同样符合线性关系（图 6-3），关系式分别为

上角质颚：$\delta^{15}N=0.0632Age-6.1314(n=13, R^2=0.61, P<0.01)$

$\delta^{13}C=0.0139Age-20.817(n=13, R^2=0.7049, P<0.01)$

下角质颚：$\delta^{15}N=0.0464Age-2.2788(n=13, R^2=0.5586, P<0.01)$

$\delta^{13}C=0.0142Age-22.749(n=13, R^2=0.676, P<0.01)$

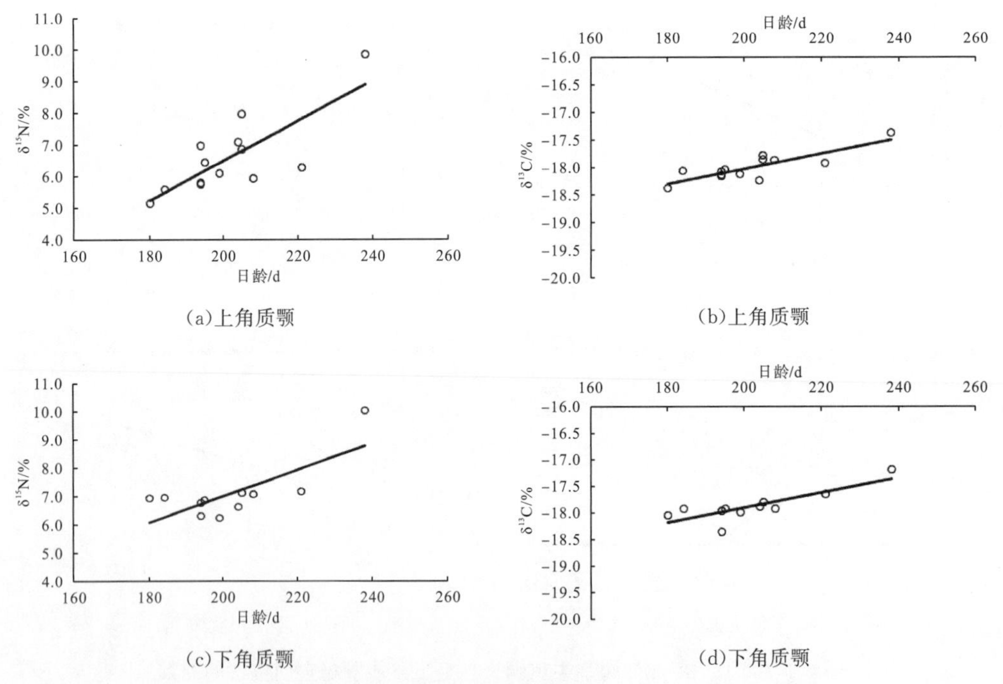

图 6-3 哥斯达黎加外海茎柔鱼日龄与上下角质颚稳定同位素的关系

四、性腺成熟度与角质颚稳定同位素的关系

在所有采集的样本中，茎柔鱼性腺成熟度在Ⅱ～Ⅴ期。其中取出角质颚所对应的 21 尾个体中，性成熟度在Ⅱ～Ⅳ期，Ⅱ、Ⅲ、Ⅳ期个体所占比例分别为 28.57％、23.81％

和 47.62%。对不同性腺成熟度的角质颚稳定同位素分析可看出，处在Ⅲ期的个体角质颚 $\delta^{15}N$ 和 $\delta^{13}C$ 均大于其他时期个体，Ⅳ期次之，Ⅱ期的值最低。无论上下角质颚，不同性腺成熟度角质颚 $\delta^{15}N$（上角质颚：$F=1.464$，$P=0.258>0.05$；下角质颚：$F=0.935$，$P=0.413>0.05$）和 $\delta^{13}C$（上角质颚：$F=1.185$，$P=0.329>0.05$；下角质颚：$F=0.586$，$P=0.567>0.05$）值均不存在差异。C/N 随着性腺成熟度的增大而不断减少，不同性腺成熟度间也不存在差异（上角质颚：$F=1.729$，$P=0.206>0.05$；下角质颚：$F=1.592$，$P=0.231>0.05$）（图 6-4）。

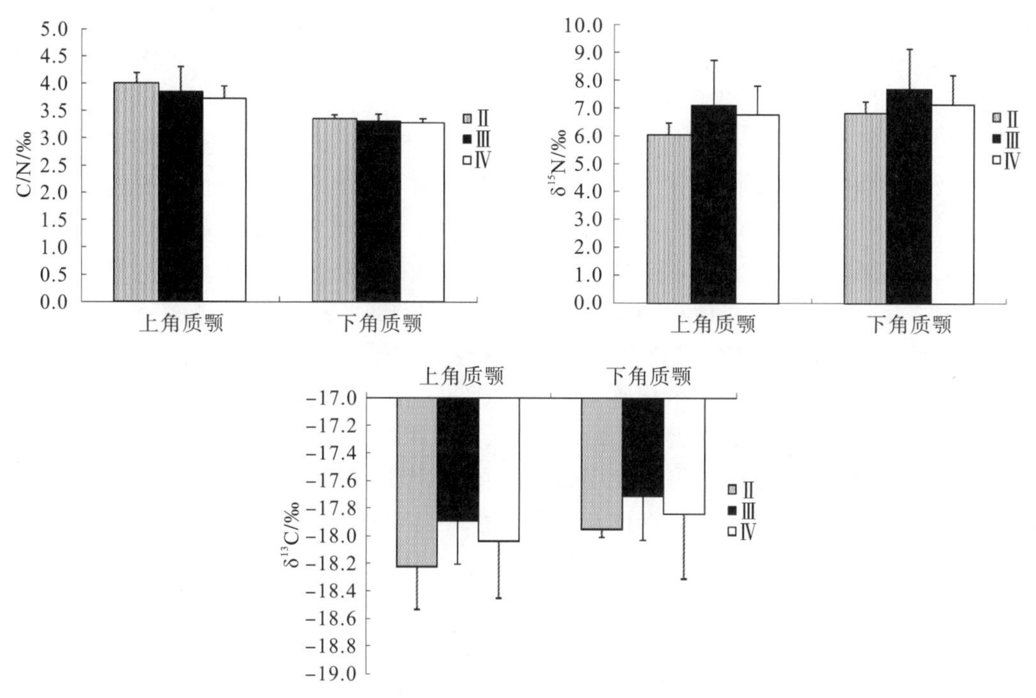

图 6-4　不同性腺成熟度与上下角质颚稳定同位素的关系

五、分析与讨论

角质颚主要由几丁质组成，成分单一，对 C 和 N 稳定同位素来说，不会因为其结构对分析结果造成影响（刘必林和陈新军，2009）。但角质颚上、下两部分结构的形态和功能差异，使得它们所含的稳定同位素含量有所区别。研究发现，虽然下角质颚的 $\delta^{15}N$ 和 $\delta^{13}C$ 都要高于上角质颚，但是上下角质颚之间并不存在差异（$P>0.05$）。Hobson 和 Cherel(2006)在对乌贼角质颚研究中也认为，上、下角质颚 $\delta^{15}N$ 和 $\delta^{13}C$ 不存在差异。Cherel(2009)从抹香鲸胃含物中取出的深海中各种头足类的角质颚，对其进行稳定同位素分析发现，成年大王乌贼下角质颚的 $\delta^{15}N$ 相对上角质颚偏低，可见不同头足类角质颚的 $\delta^{15}N$ 和 $\delta^{13}C$ 积累是有差别的。而在 C/N 的比值上，上、下角质颚存在着显著的差别（$P<0.05$），其中下角质颚的平均值与 Argüelles(2012)的研究结果类似，而其他种类的头足类 C/N 的比值也基本上在 3‰～4‰。

随着茎柔鱼的生长，其食性会发生一定的变化，这也会在稳定同位素上有所反映。研究表明，无论上下角质颚，其 $\delta^{15}N$ 均随着胴长的增长而不断增大。Ruiz-Cooley(2006,

2010)在对不同年份的茎柔鱼研究中也发现了这个规律。茎柔鱼在幼体时主要摄食浮游动植物以及甲壳类，而随着个体的生长，食物开始转变为鱼类以及同类(王尧耕等，2005)。$\delta^{15}N$能够很好地反映出个体在食物链及生态系统中的地位，$\delta^{15}N$随个体生长而不断升高，说明茎柔鱼所捕食的对象在不断地变化。而在胴长相似的情况下，$\delta^{15}N$也会有所不同(胴长在31cm左右出现几个不同的$\delta^{15}N$，但差异不显著)，这在其他国外学者的研究中也有发现(Lorrain et al.，2011)。Lorrain(2011)认为，出现这样的情况是因为茎柔鱼是机会主义物种，即使个体大小有所不同，也有可能以相同或相似的食物为生，这在对茎柔鱼胃含物的研究中也有所体现(Ibáñez et al.，2008)。但是在日龄与$\delta^{15}N$的关系分析中，其相关系数明显高于胴长与$\delta^{15}N$的相关系数，相近日龄的$\delta^{15}N$变化幅度明显较小，因此用日龄来表达与$\delta^{15}N$的关系可能更为可行。

大洋性头足类通常会有较大范围的洄游情况，同时在不同生活阶段也有着不同的栖息地和栖息环节，这一结论在$\delta^{13}C$的变化上有所反映，因为C稳定同位素值能够反映初级生产者的富集情况。本研究中，$\delta^{13}C$随着胴长和日龄的增大而增加，反映出茎柔鱼栖息环境从大陆架向大洋的转变，同时活动范围也向着生产力更高的海域聚集(Pennington et al.，2006，Miller et al.，2008)。Takai等(2000)在对鸢乌贼(*Sthenotheutis oualaniensis*)进行稳定同位素分析发现，其$\delta^{13}C$随着纬度的增大而升高，且上升趋势明显，认为是由不同的温度和二氧化碳含量所造成的。但是在本研究中，由于采样点的范围比较小，所以并不能以此来解释(Miller et al.，2008)。

在不同的性腺成熟度中，可以发现Ⅲ期个体的$\delta^{15}N$和$\delta^{13}C$均是最高的，从摄食的角度来说($\delta^{15}N$)，这可能是因为个体在Ⅱ期时性腺发育较为缓慢，摄取量相对较小；处在Ⅲ期的个体由于性腺正在成熟，生长发育需要大量的能量，因而摄取量也大；而处在Ⅳ期的个体，性腺发育基本已经完成，因此摄食强度有所减少。Nigmatullin(2001)以及Nesis(1983)认为茎柔鱼会季节性地洄游至沿岸来摄食和生长，而后又回到大洋中产卵，从洄游移动的角度来说，性成熟与$\delta^{13}C$的关系也表明了其生活史过程及其栖息场所的变化。

本书通过对哥斯达黎加外海茎柔鱼角质颚稳定同位素的研究($\delta^{15}N$和$\delta^{13}C$)，对其摄食、栖息环境和洄游有了初步的了解。在今后的研究中，应该加强对不同组织的比较(如肌肉和内壳等)，分析茎柔鱼不同组织稳定同位素的差异(Lorrain et al.，2011)；同时也应采集相应海域的浮游生物，对其初级生产力进行分析，从而能够更好地了解它们的摄食变化(Argüelles et al.，2012)；可进一步将不同部位角质颚的稳定同位素进行分析(Ángel et al.，2010)，以便对个体的生长过程有更深入的了解。

第三节　西北太平洋柔鱼角质颚稳定同位素信息初步分析

根据2012年7～10月中国鱿钓船在42°～45°N、153°～157°E海域采集的柔鱼样本，通过测定20对北太平洋柔鱼上、下角质颚的碳、氮稳定同位素比值，分析其碳、氮稳定同位素比值与柔鱼性别、个体大小和色素沉着等级之间的关系。研究发现，角质颚的碳、氮稳定同位素值在雌雄个体间均未发现显著差异；角质颚的碳稳定同位素值与个体大小呈显著负相关关系，而氮稳定同位素值与其呈显著正相关关系；随着柔鱼个体的生长，其角质颚的色素沉着等级逐渐增大，角质颚的氮稳定同位素比值也随之升高，而色素沉着等级与儿茶酚类物质的含量有关，儿茶酚类物质含量的增大使柔鱼角质颚强度增大，从而更有利于柔鱼摄食高营养级生物。柔鱼角质颚在柔鱼摄食生态学尤其是在其食性转换过程的研究中是一种重要的信息载体，可为今后深入了解柔鱼在北太平洋生态系统中的地位和作用提供新的研究手段和思路。

一、角质颚稳定同位素分析

柔鱼上颚$\delta^{13}C$、$\delta^{15}N$(平均值±标准差)分别是−19.12±0.23‰、6.75±0.71‰，下颚$\delta^{13}C$、$\delta^{15}N$则为−18.99±0.21‰、7.37±0.48‰。柔鱼上、下颚的$\delta^{13}C$间存在显著差异($t=1.685$，$P<0.05$)；柔鱼上、下颚的$\delta^{15}N$间存在极显著差异($t=1.692$，$P<0.01$)。对柔鱼$\delta^{13}C$、$\delta^{15}N$的比较发现，两者呈显著负相关关系，即$\delta^{15}N$越高，其$\delta^{13}C$越低(表6-2)。

雌性上颚$\delta^{13}C$、$\delta^{15}N$分别是−19.16±0.25‰、6.95±0.76‰，下颚$\delta^{13}C$、$\delta^{15}N$分别是−19.01±0.21‰、7.46±0.37‰；雄性上颚$\delta^{13}C$、$\delta^{15}N$分别为−19.10±0.23‰、6.63±0.69‰，下颚$\delta^{13}C$、$\delta^{15}N$分别为−18.97±0.21‰、7.31±0.54‰。比较雌雄个体上、下颚$\delta^{13}C$发现，雌雄个体之间没有显著差异(上颚：$t=1.76$，$P>0.05$；下颚：$t=1.75$，$P>0.05$)，其$\delta^{15}N$也没有显著差异(上颚：$t=1.76$，$P>0.05$；下颚：$t=1.73$，$P>0.05$)。

表6-2 柔鱼样本的角质颚稳定同位素值及其对应的生物学数据

序号	体重/g	胴长/cm	性别	性成熟度	上/下颚			
					色素沉着等级	$\delta^{13}C$/‰	$\delta^{15}N$/‰	C/N
1	674	28.4	M	2	3	−19.02/−18.85	6.23/7.13	5.34/3.72
2	746	29.3	F	2	4	−19.13/−19.12	7.67/7.69	4.89/3.91
3	681	28.3	F	1	3	−19.26/−18.87	6.98/7.68	5.16/3.53
4	741	28.8	M	2	4	−19.08/−18.81	7.18/7.06	5.04/3.69
5	697	28.9	M	2	4	−19.30/−18.96	6.51/6.91	4.88/3.90
6	802	30.2	M	3	5	−19.18/−19.21	7.12/7.25	5.17/4.16
7	363	22.2	M	1	1	−18.95/−18.89	5.26/6.12	4.79/3.89
8	371	23.1	F	1	2	−18.84/−18.85	7.09/7.70	5.21/4.75
9	926	31.1	M	3	5	−19.40/−19.40	6.78/8.04	4.97/3.99
10	922	30.5	M	3	5	−19.45/19.27	7.97/8.10	4.67/3.77
11	273	21.3	M	1	1	−18.77/−18.72	6.44/7.02	4.66/3.63
12	465	24.9	F	2	4	−19.19/−19.07	6.94/7.45	4.78/3.77
13	792	30.1	M	3	5	−19.29/−18.94	6.66/7.48	5.09/4.01
14	264	20.2	F	1	1	−18.80/−18.78	6.12/6.80	4.97/3.69
15	538	26.6	M	2	3	−19.00/−18.79	6.94/7.70	5.30/3.90
16	1265	35.4	F	3	5	−19.58/19.43	8.23/7.72	5.04/3.89
17	1329	34.0	F	2	4	−19.25/−19.07	6.51/7.64	5.10/3.63
18	534	26.3	F	2	2	−19.22/−18.91	6.03/6.97	4.88/4.22
19	431	24.1	M	1	3	−18.79/−18.94	5.76/7.20	4.99/4.33
20	777	29.5	M	3	5	−18.94/−18.88	6.65/7.68	4.66/3.57

二、个体大小与角质颚稳定同位素的关系

雌雄个体角质颚间的 $\delta^{13}C$、$\delta^{15}N$ 没有显著性差异($P>0.05$)，因此对雌雄个体一并进行分析。上、下颚的 $\delta^{13}C$ 与柔鱼胴长和体重的对数值呈显著负相关关系($P<0.01$)[图 6-5(a)、(c)、(e)、(g)]，上、下颚的 $\delta^{15}N$ 与柔鱼胴长和体重的对数值呈显著正相关关系($P<0.01$)[图 6-5(b)、(d)、(f)、(h)]。

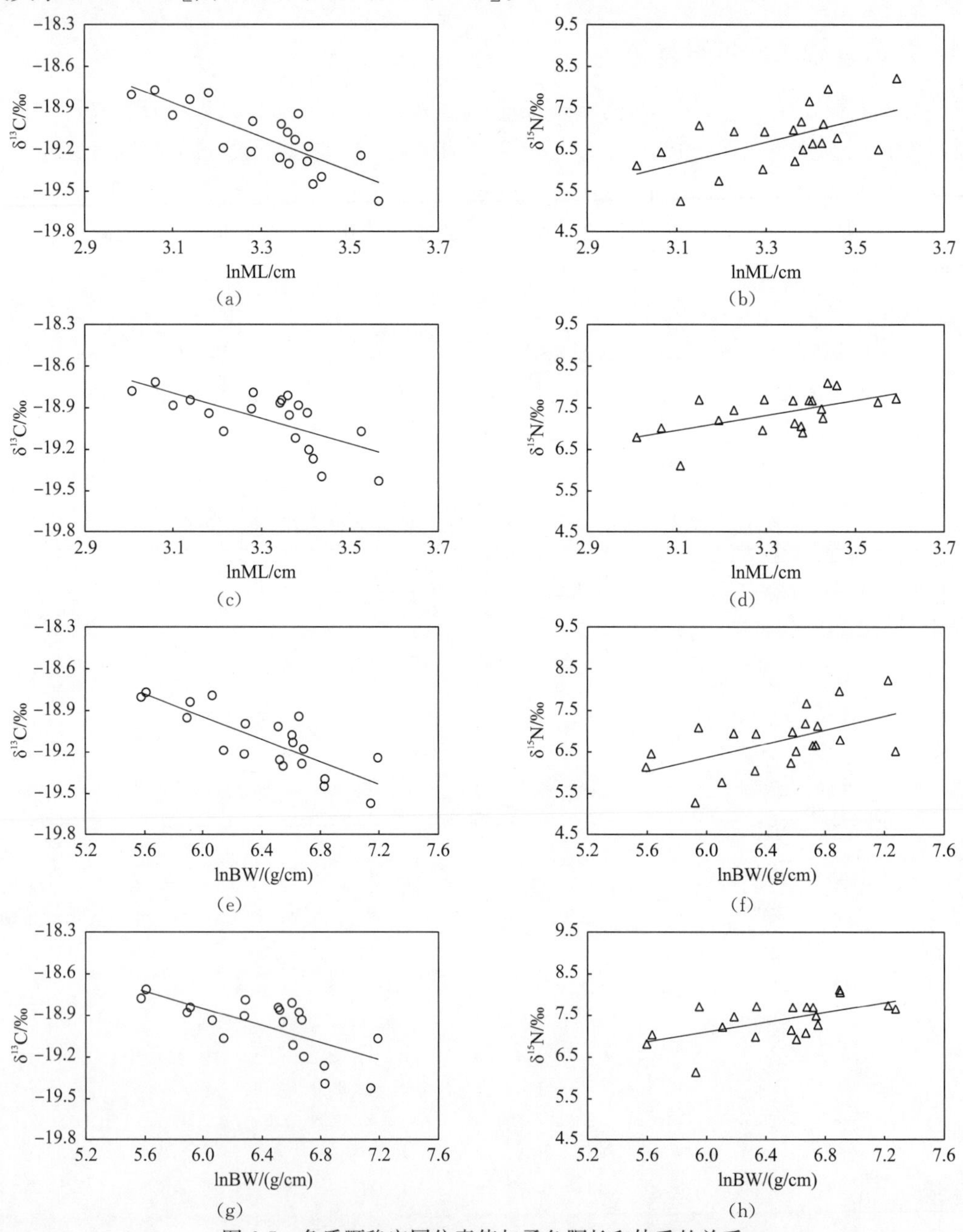

图 6-5 角质颚稳定同位素值与柔鱼胴长和体重的关系

注：(a)、(b)、(e)、(f)为上颚，(c)、(d)、(g)、(h)为下颚；ML 为胴长，BW 为体重

三、色素沉着等级与角质颚稳定同位素的关系

样本中柔鱼角质颚色素沉着等级为 1～5，并未发现色素沉着等级为 0、6、7 的角质颚样本。对角质颚色素沉着等级与其 $\delta^{13}C$、$\delta^{15}N$ 的关系分析发现，$\delta^{13}C$ 与色素沉着等级呈显著负相关关系（$P>0.01$；图 6-6），$\delta^{15}N$ 与色素沉着等级呈显著正相关关系（$P>0.01$；图 6-6）。对上、下颚的碳氮比（以下称 C/N）比较发现，上颚 C/N 显著大于下颚（$P<0.01$），上颚 C/N（平均值±标准差）为 4.98±0.20；下颚为 3.91±0.29。

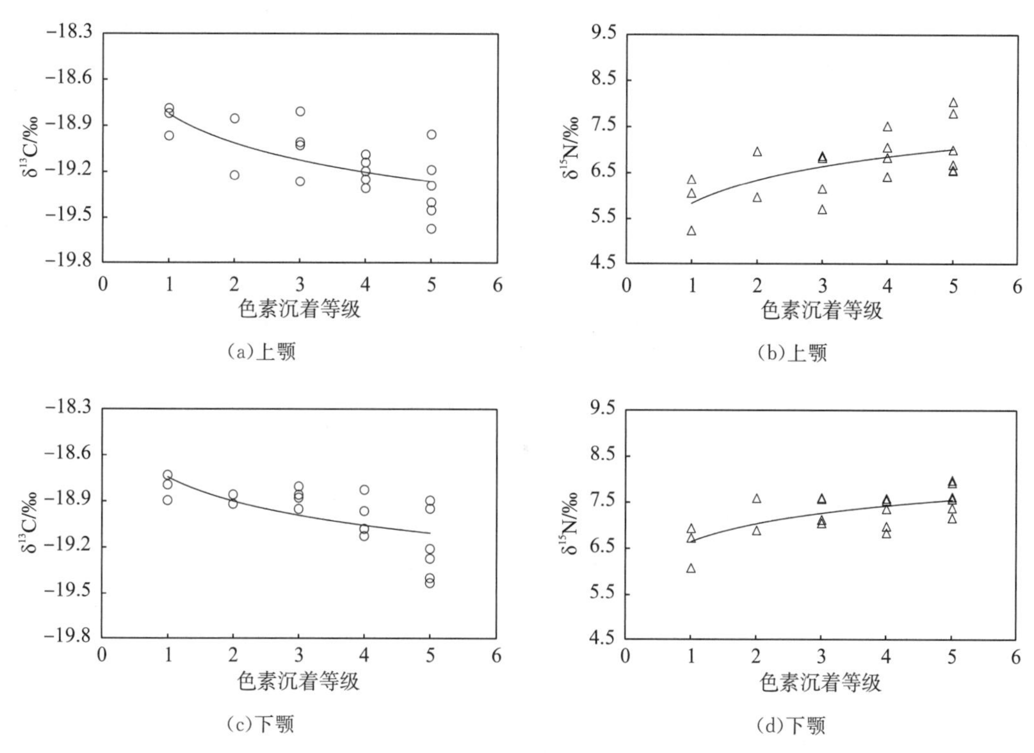

图 6-6　柔鱼角质颚色素沉着等级与稳定同位素值的关系

四、分析与讨论

柔鱼上颚 $\delta^{13}C$、$\delta^{15}N$ 都显著低于下颚，这跟 Hobson 和 Cherel（2006）对养殖乌贼上、下颚的比较结果相似，但柔鱼 $\delta^{13}C$、$\delta^{15}N$ 的变化范围更大，推测这与柔鱼生活在环境多变的大洋中而乌贼栖息于环境稳定的浅海有关。柔鱼角质颚上、下颚 $\delta^{15}N$ 的变化范围均在 3‰左右，可反映柔鱼摄食的可塑性和投机性，即柔鱼的食性范围广且对食物的选择性不强。以往研究表明，柔鱼可捕食微小浮游生物、小型上层鱼类如拟灯笼鱼（*Scopelengys tristis*）、沙丁鱼（*Sardina pilchardus*）和日本秋刀鱼（*Cololabis saira*），以及小型上层头足类如无钩贝乌贼（*Berryteuthis anonychus*）等多种生物（Pearcy，1991；Mori et al.，2001）。虽然年龄相同的雌性个体胴长和体重均大于雄性，雌雄柔鱼在食性上的差异并不明显，但对雌雄个体的角质颚统计检验发现，上、下颚的 $\delta^{13}C$、$\delta^{15}N$ 间均没有显著差异，因此对雌雄个体一并进行讨论。

随着柔鱼胴长和体重的增加，上、下颚的 $\delta^{13}C$ 有明显下降趋势，这可能是因为海洋

浮游植物的$\delta^{13}C$从赤道逐渐向两极递减(Rau et al.，1982)，而柔鱼在北半球进行南北洄游，冬生群南北洄游在25°～45°N，柔鱼孵化后由亚热带海域(subtropical domain)的产卵场洄游至亚北极锋区(subarctic frontal zone)的育肥场，在此期间柔鱼个体发育至成体(Ichii et al.，2009)，而柔鱼食物链基线生物的$\delta^{13}C$变化导致了其角质颚$\delta^{13}C$的变化。同时随着柔鱼胴长和体重的增加，角质颚$\delta^{15}N$呈显著上升趋势，这可能是因为其生活史过程中随体型的增大，其捕食能力增强，食性发生转换造成的(Watanabe et al.，2004)。对冬春生柔鱼群体的胃含物分析发现，5月(胴长15.0～24.9cm)的主要食物是磷虾，其次是端足目；7月(胴长13.0～34.9cm)的主要食物是鱼类，因此柔鱼在5～7月时发生了一次食性转换，其食物由以营养级较低的浮游甲壳动物为主转换为营养级较高的鱼类或同类为主(Watanabe et al.，2004)。

本实验的角质颚色素沉着等级主要分布在1～5级。结果显示，$\delta^{13}C$随角质颚色素沉着等级的升高而显著下降，而$\delta^{15}N$与角质颚色素沉着等级呈显著正相关关系。角质颚色素沉着等级与柔鱼胴长和体重间均呈显著正相关。这与Mangold和Fioroni(1966)对头足类的研究结果一致。角质颚色素沉着的增强与柔鱼食性转换有密切关系。在个体发育过程中，其食物由浮游动物变为硬度较高的甲壳类和鱼类，色素沉着也不断加深，使角质颚硬度逐渐增加(Miserez et al.，2008)，这使其更利于捕获高等的猎物，从而使其对猎物的选择性增加，进一步影响柔鱼摄食行为。Miserez等(2008)对角质颚的分子结构分析发现，水、蛋白质和几丁质是角质颚的主要化学成分，而角质颚中的儿茶酚类物质决定了色素沉着等级。儿茶酚类物质是一种含有二羟基苯丙氨酸的蛋白质，其含量与蛋白质含量呈正比，与几丁质和水含量呈反比，这与儿茶酚类物质具有脱水作用而几丁质有亲水作用有关，即角质颚着色深的部位蛋白质含量高而几丁质含量低，着色浅的部位蛋白质含量低而几丁质含量高。儿茶酚类物质的脱水作用使角质颚更加坚硬，从而有利于柔鱼捕食营养级更高的猎物。Webb等(1998)认为，与蛋白质相比，几丁质有较高的C/N，而几丁质含量越高，C/N越高，其$\delta^{15}N$越低。

本研究发现，上颚C/N显著高于下颚，表明上颚的几丁质含量高于下颚，而上颚的蛋白质含量低于下颚，使得上颚的着色比下颚浅。除色素沉着等级为4级和5级的$\delta^{13}C$范围有明显差异外，其他色素沉着等级间的$\delta^{13}C$变化范围无明显差异，推断4级到5级的过程中色素沉着速率加快，这与Hernández-García(2003)发现的短柔鱼角质颚色素沉着速率在3级到4级加快的现象不符，可能是不同种头足类的生活史差异造成的。结果显示，柔鱼$\delta^{13}C$随角质颚色素沉着等级升高而降低，而色素沉着等级与几丁质含量有明显的负相关关系(Miserez et al.，2008)，即$\delta^{13}C$随几丁质含量的降低而降低，这可能是柔鱼不同生活史时期所摄食食物的碳稳定同位素基线差异造成的。

本节利用测定得到的柔鱼角质颚$\delta^{13}C$、$\delta^{15}N$信息，结合柔鱼胴长、体重、性别和色素沉着等级等多方面进行了初步分析，并且建立角质颚与上述几种生物学参数的关系，重点分析了角质颚色素沉着随$\delta^{15}N$变化的原因。本节利用角质颚可记录柔鱼整个生活史信息的特点和稳定同位素技术可分析摄食和洄游习性的优势，初步了解了柔鱼在北太平洋生态系统中的地位和作用。下一步的工作重心将探索柔鱼生活史不同生长阶段(年龄)的食性变化与角质颚色素沉着的关系。

第四节　西北太平洋不同柔鱼种群的角质颚稳定同位素研究

稳定同位素（^{13}C 和^{15}N）是研究头足类营养级和摄食变化的有效手段。本节利用稳定同位素方法对东西部群体的北太平洋柔鱼角质颚进行研究。上颚和下颚的稳定同位素值也进行了比较。同时也利用广义加性模型（GAM）来选择参数来研究种群差异。结果认为，除了碳氮比（C/N）外，碳、氮稳定同位素（δ^{13}C 和 δ^{15}N）在两个群体中存在着显著差异（$P<0.01$）。上颚和下颚的所有稳定同位素值也存在显著差异（$P<0.01$）。两个柔鱼群体的营养级宽度有一定重合，但存在着显著的不同。在东部群体中，碳稳定同位素（δ^{13}C）随纬度和胴长的增加而增长，同时有较大的波动。没有一个参数可以解释西部群体的 δ^{13}C 的变化。氮稳定同位素（δ^{15}N）在东部群体中随胴长增长急剧升高，而在西部群体中随胴长缓慢增长。不同群体间的稳定同位素差异可能是不同的洄游路径和摄食习性所造成的。几丁质和蛋白质比在不同生长阶段的变化可能造成上颚的 δ^{13}C 和 δ^{15}N 均高于下颚。今后的研究应该更加关注上颚作用的研究。

一、不同群体间角质颚稳定同位素的差异

分析结果认为，西部群体个体的角质颚稳定同位素值高于东部群体的个体（表 6-3）。独立 t 检验的结果表明，两个不同群体在胴长组成上存在显著差异（$P<0.05$；表 6-3），稳定同位素值在两个群体中也存在差异（$P<0.05$；表 6-3）。而上颚和下颚的碳氮比值（C/N）在两个群体中不存在差异（$P>0.05$；表 6-4）。上颚的同位素值低于下颚的值（表 6-3），同时两个群体的上颚与下颚的稳定同位素值也存在着差异（$P<0.05$；表 6-4）。

表 6-3　东西部柔鱼群体角质颚稳定同位素参数

群体	上颚					
	δ^{13}C/‰		δ^{15}N/‰		C/N	
	范围	平均值±标准差	范围	平均值±标准差	范围	平均值±标准差
西部	−18.5～17.3	−18.0±0.3	7.0～10.2	8.8±0.8	3.2～4.1	3.9±0.2
东部	−18.9～17.8	−18.5±0.3	4.6～10.3	6.8±1.4	3.2～4.4	4.0±0.3
群体	下颚					
	δ^{13}C/‰		δ^{15}N/‰		C/N	
	范围	平均值±标准差	范围	平均值±标准差	范围	平均值±标准差
西部	−18.3～17.3	−17.8±0.2	7.3～10.2	9.0±0.7	3.0～3.6	3.3±0.1
东部	−18.8～17.1	−18.1±0.3	5.4～10.3	6.9±1.5	3.0～3.6	3.4±0.2

表 6-4　东西部柔鱼群体之间稳定同位素差异（t 检验）

群组	参数	*df*	*t*	*P*
群体	ML	58	2.01	0.05
	CU	58	−6.30	<0.01

续表

群组	参数	df	t	P
群体	NU	58	−6.31	<0.01
	C/NU	58	1.38	0.17^{ns}
	CL	58	−4.02	<0.01
	NL	58	−5.78	<0.01
	C/NL	58	1.08	0.28^{ns}
上下颚	CE	29	−9.89	<0.01
	NE	29	−7.71	<0.01
	C/NE	29	14.10	<0.01
	CW	29	−7.83	<0.01
	NW	29	−4.97	<0.01
	C/NW	29	17.00	<0.01

在摄食生态位图中发现两个群体的营养级有较大的重叠[图 6-7(a)]。西部群体的营养级更为集中，有着较高的 $\delta^{13}C$ 和 $\delta^{15}N$[图 6-7(a)]。东部群体中，营养级从低 $\delta^{13}C$ 和 $\delta^{15}N$ 到高 $\delta^{13}C$ 和 $\delta^{15}N$ 有着较明显的变化[图 6-7(a)]。这种变化也伴随着胴长的不断增长。

考虑到东部群体中不同个体的大小，本研究将其中的个体分为两个分组来分析该群体的稳定同位素变化：东部大个体(胴长大于 350mm，平均胴长 418.1mm；上颚 $\delta^{13}C$：−18.2‰±0.2‰，$\delta^{15}N$：8.5‰±0.‰5；下颚 $\delta^{13}C$：−17.8‰±0.1‰，$\delta^{15}N$：9.1‰±0.6‰)与西部群体有着相似的营养级(平均胴长 274.4mm；上颚 $\delta^{13}C$：−18.0‰±0.3‰，$\delta^{15}N$：8.8‰±0.8‰；下颚 $\delta^{13}C$：−17.8‰±0.2‰，$\delta^{15}N$：9.1‰±0.7‰)。东部小个体(胴长小于 350mm，平均胴长 262.8mm)与其他个体相比较而言，营养级较低(上颚 $\delta^{13}C$：−18.6‰±0.2‰；$\delta^{15}N$：6.0‰±0.9‰；下颚 $\delta^{13}C$：−18.3‰±0.3‰；$\delta^{15}N$：6.5‰±0.8‰)[图 6-7(b)]。

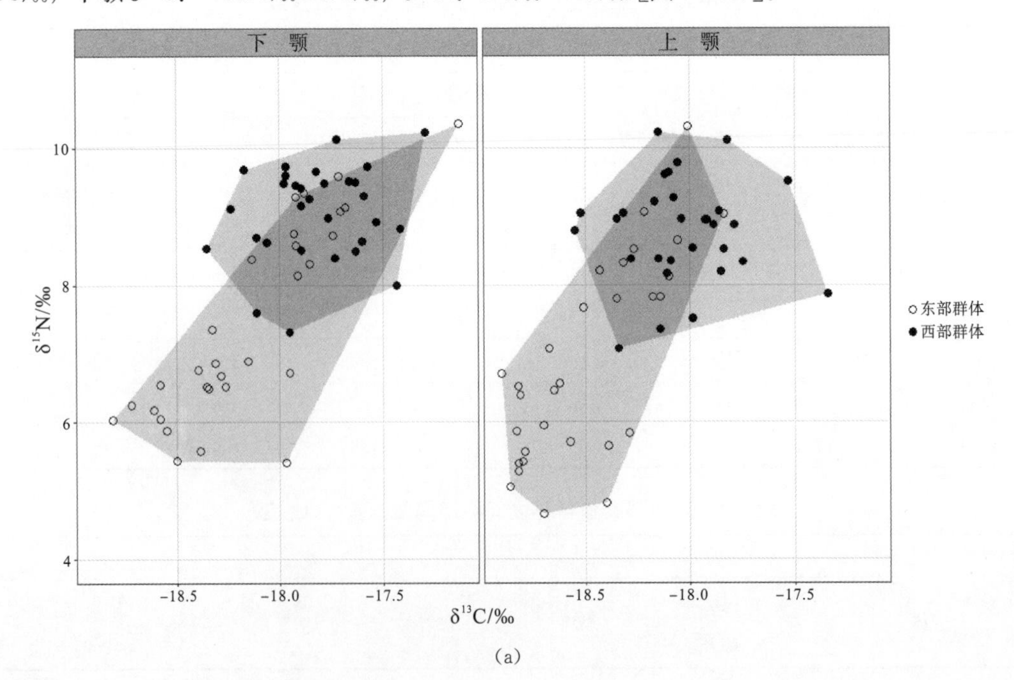

(a)

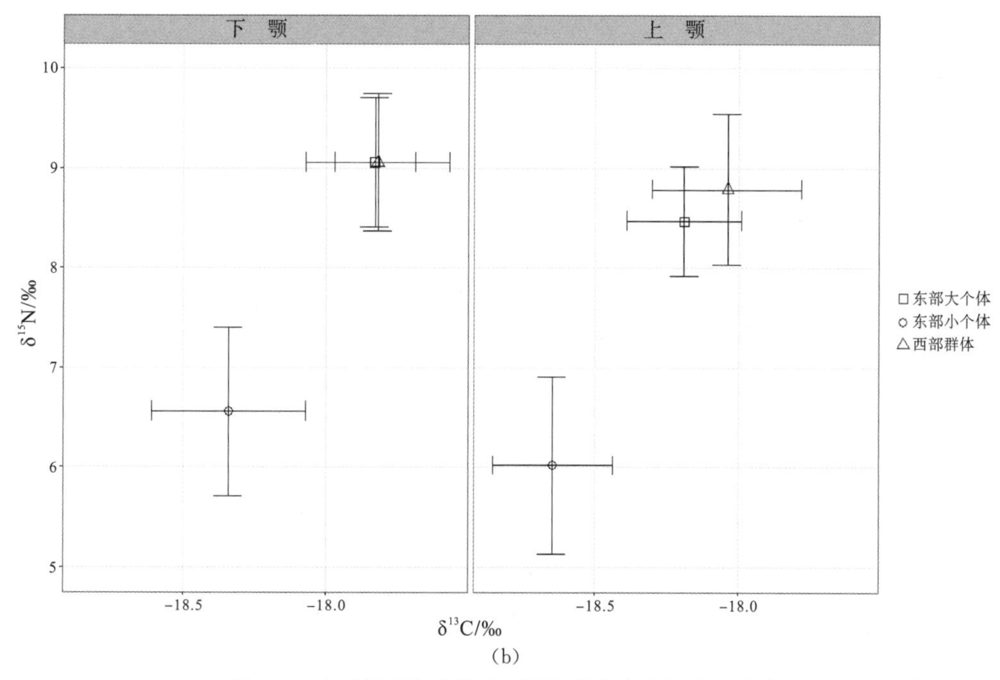

(b)

图 6-7 东西部柔鱼群体及不同个体大小的摄食生态位

二、不同胴长组间角质颚稳定同位素的差异

不同胴长组间 $\delta^{13}C$ 和 $\delta^{15}N$ 稳定同位素值也有着不同的变化。东部群体中，不同胴长组中的 $\delta^{13}C$ 和 $\delta^{15}N$ 稳定同位素值变化分别为 0.5‰～0.8‰和 3‰～3.5‰。西部群体中，随着胴长增长，$\delta^{15}N$ 增加 1.5‰～2‰，而 $\delta^{13}C$ 在各胴长组间变化很小。下颚同位素值变化稍高于上颚(图 6-8)。

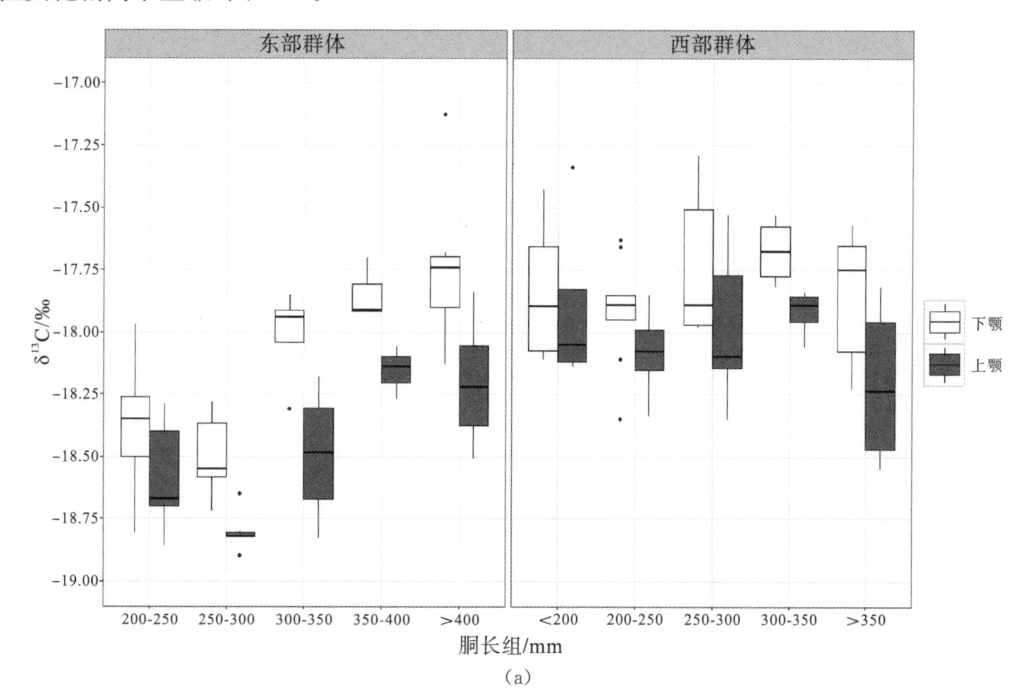

(a)

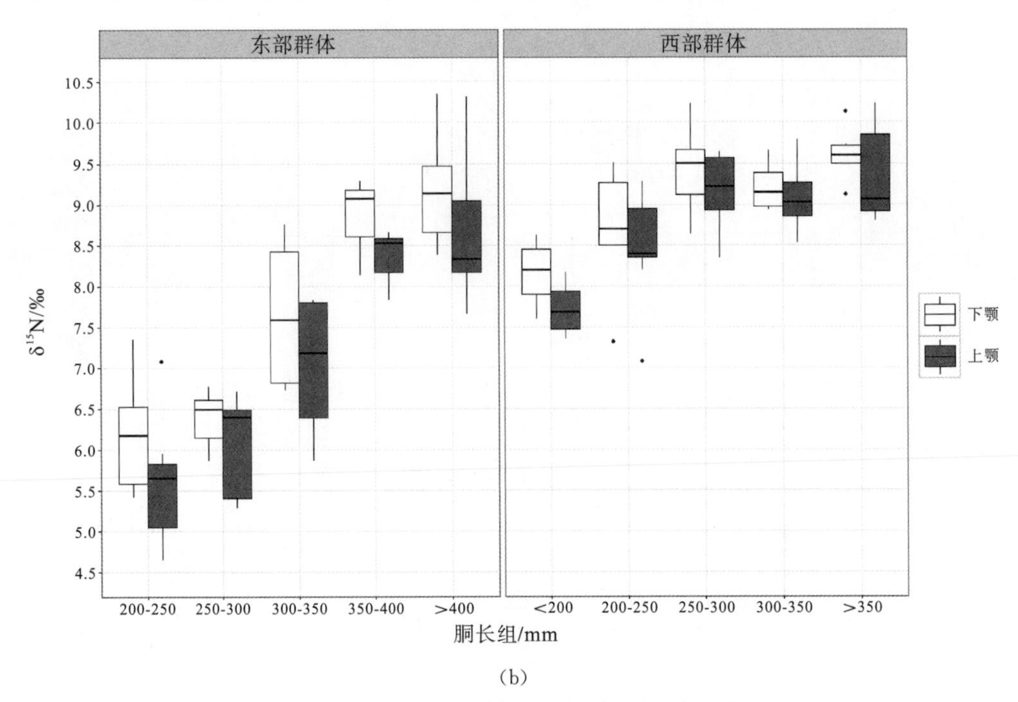

(b)

图 6-8 东西部柔鱼群体上下颚稳定同位素的变化

在东部群体中，$\delta^{13}C$ 和 $\delta^{15}N$ 在胴长 250～300mm 到 350～400mm 中快速增加。在胴长为 350～400mm 和大于 400mm 时，角质颚稳定同位素值几乎不变化，出现了一个平台期。西部群体中，$\delta^{15}N$ 从胴长 ML>200mm 到 250～300mm 逐渐增加，同时在胴长 300～350mm 和大于 350mm 也出现了同位素的平台期(图 6-8)。

三、GAM 模型的拟合和选择

所有备选的 GAM 模型中，胴长都是其拟合模型的重要参数之一。在同一模型的参数选择中，上下颚所选择的参数都是一致的，所选择的 GAM 模型可以解释 $\delta^{13}C$ 或者 $\delta^{15}N$ 23.8%～91.6%的变化(表 6-5)。

表 6-5 GAM 模型的统计输出结果

参数	样本部位	Source	e. d. f	*F*	*P*	解释率/%
$\delta^{13}C$	UE	LAT	1.00	5.07	0.03	81.6
		ML	6.28	9.99	<0.01	
	LE	LAT	1.00	5.50	0.029	83.0
		ML	8.25	7.19	<0.01	
	UW	ML	1.51	1.70	0.20^{ns}	32.8
	LW	ML	1.83	0.87	0.44^{ns}	23.8

续表

参数	样本部位	Source	e. d. f	*F*	*P*	解释率/%
$\delta^{15}N$	UE	ML	2.16	69.82	<0.01	84.7
	LE	ML	5.76	36.33	<0.01	91.6
	UW	LAT	1.00	9.11	<0.01	66.1
		ML	4.30	8.24	<0.01	
	LW	LAT	1.00	10.82	<0.01	70.4
		ML	3.38	6.35	<0.01	

东部群体中，纬度和胴长是两个解释上下颚 $\delta^{13}C$ 变化的主要参数(图 6-9)。$\delta^{13}C$ 随着纬度的增加而逐渐下降，同时随着胴长的增加而逐渐平稳增加(图 6-9)。胴长是解释 $\delta^{15}N$ 变化的唯一参数，同时随着胴长增加而增加[图 6-9(c)，(f)]。在胴长为 350～400mm 可以观察到一个明显的同位素变化平台期，即同位素值处于一个较为稳定的状态(图 6-9)。

西部群体中，三个备选参数均不能很好地解释上下颚 $\delta^{13}C$ 的变化(表 6-5)。$\delta^{15}N$ 与纬度的关系呈线性增长，类似的结果也在 $\delta^{15}N$ 与胴长的关系中有所体现(图 6-10)。$\delta^{15}N$ 先随着胴长的增长而增加，然后在胴长为 300～350mm 达到同位素值的稳定(图 6-10)。

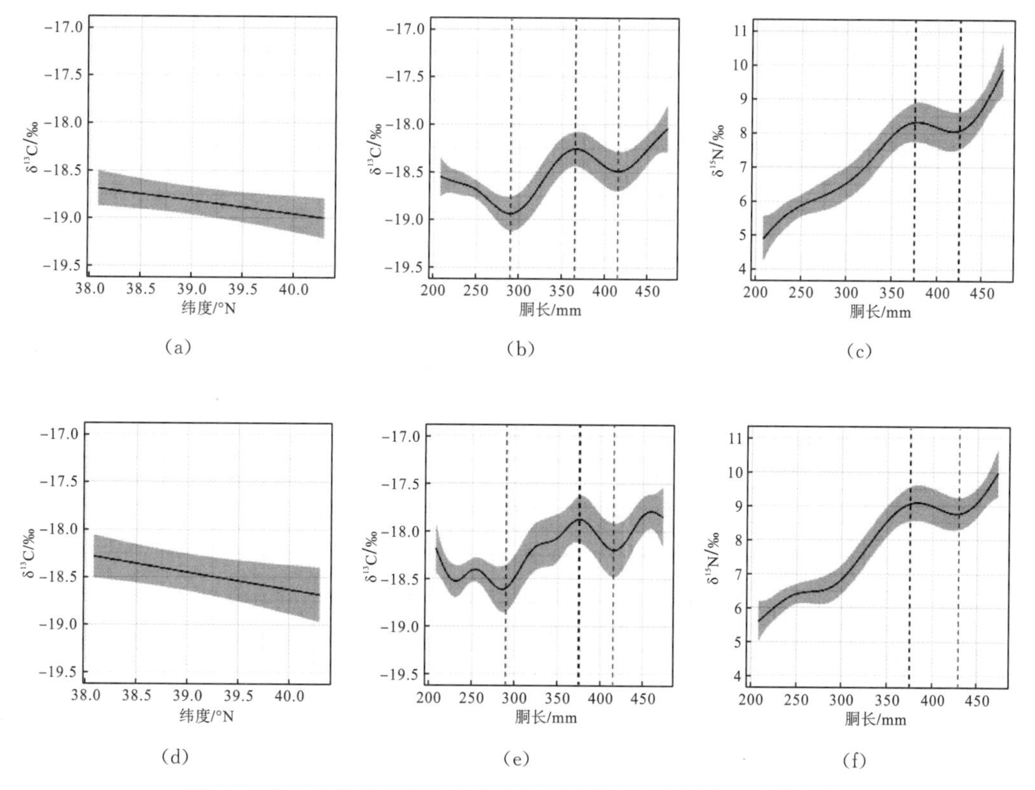

图 6-9　GAM 模型东部柔鱼群体不同参数的稳定同位素变化规律

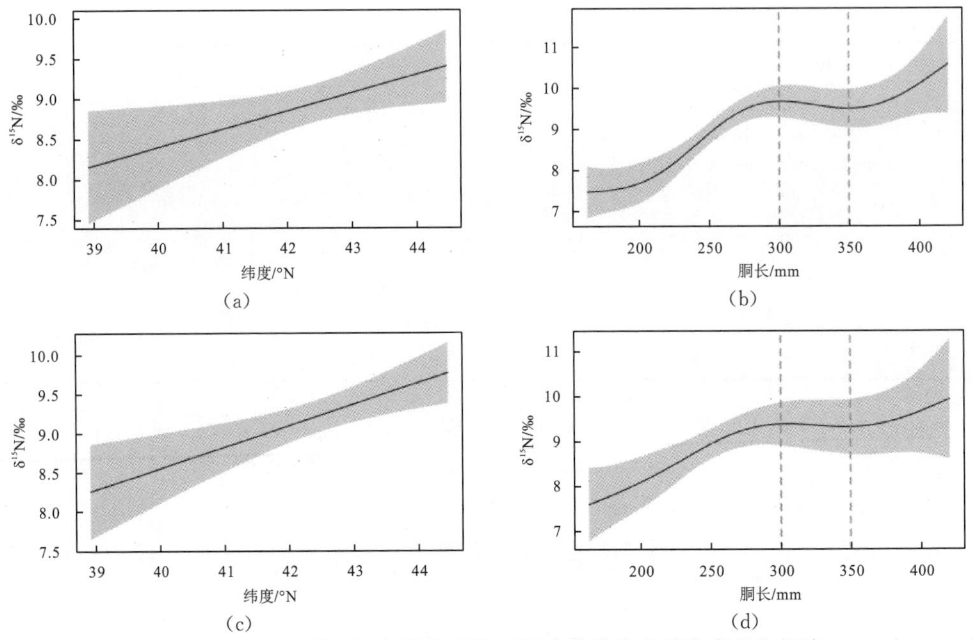

图 6-10 GAM 模型西部柔鱼群体不同参数的稳定同位素变化规律

四、分析与讨论

1. 角质颚稳定同位素与生态位的关系

种内差异通常是由生物因素(例如内在基因结构)和非生物因素(例如生活的环境条件)的共同作用影响的(Sandoval-Castellanos et al.，2010；Crespi-Abril 和 Baron，2012)。种群差异可能是由不同的生长速率、洄游路径和食物组成所造成的，这种现象在其他柔鱼科种类中也有发现(Takahashi et al.，2001；Liu et al.，2013；Arbuckle 和 Wormuth，2014)。除了东部群体的大个体外，两个柔鱼群体在生态位宽度上也存在差异(图 6-7)。不同地理群体的摄食习性的差异也是造成这种差异的主要原因。Watanabe 等(2008)认为冬春生群体主要栖息于亚寒带锋面(SAFZ)，并在秋末冬初逐步向南洄游摄食小型的浮游鱿鱼(*Watasenia scintillans*)和日本银鱼(*Engraulis japonicas*)。这些被捕食者也受到黑潮-亲潮海流变化的影响(Rau et al.，1982)。秋生群主要摄食过渡海域甲壳类(*Symbolophorus californiensis*)、鱿鱼类(*Onychoteuthis borealijaponica*)和亚寒带的甲壳类(*Ceratoscopelus warmingii*)、鱿鱼类(*Gonatus berryi*，*Berryteuthis anonychus*)(Watanabe et al.，2004)，这与西部群体的营养级类似。然而，稚鱼会主动捕食浮游动物和浮游性的甲壳类(磷虾类和端足类)(Watanabe et al.，2004)，这比鱼类和鱿鱼的营养级要低。该纬度也非常适合雄性鱿鱼栖息，它们常常生活于亚热带锋面的产卵和育肥场(STFZ)。这也是两个群体摄食生态位存在差异以及东部群体不同大小个体存在差异的主要原因(图 6-7)。

2. 稳定同位素与 $\delta^{13}C$ 的关系

海洋浮游植物的 $\delta^{13}C$ 从赤道向两极不断减小，而在南半球和北半球的减小速率也有差异(Takai et al.，2000；Seki et al.，2002)。西部群体分布在较高的纬度且有较低的

$\delta^{13}C$ 表明浮游植物的变化可以反映在鱿鱼的硬组织中(图 6-7)。而即使西部群体的采样分布比东部群体更广，纬度的变化也无法解释西部群体 $\delta^{13}C$ 的变化(表 6-3)。西部群体 $\delta^{13}C$ 也可能受到离岸距离的影响，因为西部群体比东部群体更靠近大陆架。在今后的研究中，应该考虑更多潜在的因素对 $\delta^{13}C$ 的影响。

胴长是另一个影响 $\delta^{13}C$ 变化的因素[图 6-8(a)]。大洋性鱿鱼在其整个生活周期中会进行长距离的洄游，因此也会经历多种环境变化。本研究中所有东部雄性个体的胴长均小于 300mm。胴长为 25cm 之前，东部个体的雄性和雌性会处在同一个栖息环境中。在繁殖生长期，秋生群(本研究中的东部群体)的雌性个体会向北先洄游到过渡区，然后进入亚寒带锋面，而雄性则会一直停留在产卵场(亚热带锋面)(Ichii et al.，2009)。一旦达到性成熟，雌性就会向南洄游到亚热带锋面与该海域的雄性进行交配繁殖(Chen 和 Chiu，2003；Ichii et al.，2009)。这就可以解释为什么小个体的 $\delta^{13}C$ 迅速上升而大个体的 $\delta^{13}C$ 迅速下降。由于过渡区和亚寒带区有较高的初级生产力，而亚热带区域初级生产力较低，因此形成了南北洄游(Wada and Hattori，1990；Ichii et al.，2009)。在胴长大于 400mm 的个体中，$\delta^{13}C$ 不断升高，这主要是由于该大小个体的秋生群体向南洄游至亚热带锋面，因此在整个洄游过程中经历了叶绿素浓度较低的海域导致 $\delta^{13}C$ 下降[图 6-7(a)，(b)，(e)]。

胴长对西部群体 $\delta^{13}C$ 的变化没有显著效应。西部群体的 $\delta^{13}C$ 要高于东部群体每个胴长组的平均值。冬春生群体(本研究中的西部群体)在生活史的早期，栖息于叶绿素 a 浓度较低的海域，然后向北洄游至生产力较高的海域(Ichii et al.，2009)。因此，该群体的个体就相对较小。鱿鱼性成熟越早，也就表明在高生产力海域所处的时间更久。虽然本研究中该因子在 GAM 模型中并没有显著效应，离岸距离(DSB)也是一个潜在的影响 $\delta^{13}C$ 差异的因子。今后的研究中需要更多的样本来解释其变化规律。

3. 稳定同位素与 $\delta^{15}N$ 的关系

氮稳定同位素(^{15}N)已经被证实可以反映不同纬度浮游植物同位素的变化(Petersen 和 Fry，1987)。尽管在高纬度海域，氮元素会随着水层的垂直混合运动进入透光层，相比其他营养盐饱和度而言，氮的最大聚集度容易在较低的水平达到(Seki et al.，2002)。本研究中多数西部柔鱼个体都是在氮含量丰富的南千岛群岛海域捕获的，该海域有着显著的同位素分馏现象，导致 $\delta^{13}C$ 较低(Seki et al.，2002)。同位素分馏现象也减少了非有机物利用氮进行氮化作用，因此通常在高纬度海域浮游植物的 $\delta^{15}N$ 和 $\delta^{13}C$ 均低于低纬度海域。而纬度与稳定同位素变化的负相关关系相对较弱，也可能会影响到营养级的变化，不同胴长组间的 $\delta^{15}N$ 和 $\delta^{13}C$ 平均差异分别为 1.2‰和 0.05‰(图 6-7)。冬春生群体在向北洄游的过程中，其食性由浮游动物逐渐转变为鱼类和鱿鱼(Watanabe et al.，2004)。这也就可以解释为什么西部群体 $\delta^{15}N$ 会随着纬度而增高。秋生群在成长为成体的过程中也会向北洄游(Ichii et al.，2009)，因此东部群体的 $\delta^{15}N$ 会有类似的变化，但是本研究中可能因为样本量较少而削弱了纬度的变化的重要性。

东部群体 $\delta^{15}N$ 随着胴长的生长急剧增大[图 6-10(b)，(c)，(f)]。除了两个胴长组外(胴长 350～400mm 和胴长大于 400mm)，每个胴长组间 $\delta^{15}N$ 变化率约为 1‰[图 6-7(b)]。总体的 $\delta^{15}N$ 变化约为 3‰，这正好接近一个营养级(刘必林，2012)。根据胃含物分析，秋生群雌性在向北洄游的过程中，主要的食物是鱼类和鱿鱼类(Watanabe et al.，2004；Bower 和 Ichii，2005)。同时雄性仍然栖息于亚热带锋面，主要摄食如磷虾和端足类等营养级较低的种类。因此摄食行为在性别和个体上差异导致了不同个体营养级上的差异，西部群体中的类似情况也可以此解释。$\delta^{15}N$ 在两个群体不同胴长范围中都出现了一个平台期，在先前对夏威夷海域捕获的同一种类的研究中也发现类似的情况(Parry，2006)。柔鱼中发现的该平台期可能是由于正经历生殖成熟期，在该阶段性腺生长会优先于胴体的生长，就会造成氮在其他组织中聚集有所减少(Parry，2006)。因此这种现象主要是性腺成熟和能量的不同分配，而不是洄游直接造成的。

本研究中，两个群体在经历平台期后 $\delta^{15}N$ 仍然有继续升高的趋势[图 6-9(c)，图 6-10(b)]。Parry(2006)分析了在夏威夷海域捕获的柔鱼个体的肌肉，发现 $\delta^{15}N$ 只在胴长 350～400mm 后并未发生变化。这表明柔鱼 $\delta^{15}N$ 趋于稳定时，该值也已经达到顶峰(也有可能是最大值)(Parry，2006)。本研究中研究材料为角质颚而非肌肉，由于角质颚中含有几丁质，因此其 $\delta^{15}N$ 相较于肌肉要低 3‰～4‰(Hobson and Cherel，2006；Cherel et al.，2009)。肌肉 $\delta^{15}N$ 的平均峰值接近 15‰～16‰(Parry，2006)，因此对应的角质颚的峰值为 11‰～12‰。蛋白质是角质颚有色素沉着部分的主要化学结构，几丁质的 $\delta^{15}N$ 要小于蛋白质(Miserez et al.，2008)。角质颚的色素沉着与个体性成熟有关，仅短时间出现在鱿鱼整个生活史中(Hernández-García，2003)。在性成熟的过程中角质颚色素不断加深，也伴随着蛋白质的不断增加，这导致 $\delta^{15}N$ 在较大个体的柔鱼中达到了一个潜在的阈值。

4. 上下角质颚稳定同位素的差异

本研究也比较了上下颚稳定同位素的差异。上下颚的 $\delta^{13}C$ 和 $\delta^{15}N$ 有着显著差异，两个群体的上颚的值要低于下颚(图 6-7)。而相反的情况在之前的研究中有所发现(Hobson 和 Cherel，2006)。上下颚中几丁质含量的不同可能是影响同位素含量差异的最主要因素。上颚的外形比下颚大，较小的个体由于色素沉着较少，因此有着较多的几丁质，这就导致了下颚有着比上颚更多的 $\delta^{15}N$ 聚集。而在大个体中，这种情况正好相反，即上颚有相对更多的 $\delta^{15}N$ 聚集。早期角质颚生长也有可能影响到上下颚的稳定同位素(Boletzky，2007；Uchikawa et al.，2009)。角质颚是一种有效的探究个体不同时期稳定同位素变化的材料，下颚被认为是类似研究的首选材料(Cherel 和 Hobson，2005；Hobson 和 Cherel，2006；Ruiz-cooley et al.，2006；Cherel et al.，2009)。由于很难采集稀有种类和深海头足类，唯一可能的研究方法就是通过大型鱼类或海洋哺乳动物(如鲸类)胃含物中未消化的角质颚。Xavier 等(2011)研究发现上下颚的比例在不同的种类也不同。因此，我们应该更加注重上颚的作用，以更加全面地理解头足类生态学意义。

第五节　几种近海经济头足类角质颚稳定同位素的研究

头足类角质颚具有稳定的化学成分和物理结构，其稳定同位素分析已成为头足类生态学研究的主要方法之一。2013 年 8 月于舟山市沈家门东河菜场采集杜氏枪乌贼样本 18 尾，曼式无针乌贼样本 18 尾，短蛸 20 尾，剑尖枪乌贼共 15 尾，分别对这四种近海头足类的角质颚进行稳定同位素分析，研究角质颚中 $\delta^{13}C$ 和 $\delta^{15}N$ 的含量，分析四种物种间营养级、摄食生态位、栖息环境、食性间的差异，以及造成这些差异的主要原因，并且分析 $\delta^{13}C$、$\delta^{15}N$ 含量与胴长间是否存在相关性。结果表明，杜氏枪乌贼与短蛸的 $\delta^{13}C$、$\delta^{15}N$ 含量十分相近($P>0.05$)，营养生态位存在大部分重叠，其他物种间角质颚的 $\delta^{13}C$、$\delta^{15}N$ 含量存在显著差异($P<0.05$)；此外杜氏枪乌贼角质颚的 $\delta^{13}C$ 与胴长(ML)呈显著的对数关系($P=0.013<0.05$)，角质颚的 $\delta^{15}N$ 与胴长(ML)呈显著的幂函数关系($P=0.013<0.05$)，其余物种的胴长与角质颚碳、氮同位素间没有显著的相关性($P>0.05$)。

一、4 种头足类角质颚碳氮稳定同位素值

对取出的 4 种头足类角质颚样本分别进行稳定同位素分析，发现 18 尾杜氏枪乌贼角质颚的 $\delta^{15}N$ 在 9.06‰～9.85‰，平均值为 9.03‰，角质颚的 $\delta^{13}C$ 在－15.60‰～－13.29‰，平均为－14.53‰，角质颚的 C/N 在 3.12‰～3.64‰，平均值为 3.32‰[图 6-11(a)]。18 尾曼氏无针乌贼角质颚的 $\delta^{15}N$ 在 10.46‰～12.18‰，平均值为 10.81‰，角质颚 $\delta^{13}C$ 在－15.20‰～－14.06‰，平均为－14.98‰，角质颚的 C/N 在 3.12‰～3.64‰，平均值为 3.08‰[图 6-11(b)]。20 尾短蛸角质颚的 $\delta^{15}N$ 在 8.66‰～10.12‰，平均值为 8.78‰，角质颚 $\delta^{13}C$ 在－15.07‰～－13.85‰，平均为－14.54‰，角质颚的 C/N 在 3.11‰～3.24‰，平均值为 3.18‰[图 6-11(c)]。15 尾剑尖枪乌贼角质颚的 $\delta^{15}N$ 在 7.48‰～9.12‰，平均值为 8.21‰，角质颚 $\delta^{13}C$ 在－13.55‰～－12.75‰，平均值为－13.00‰，角质颚的 C/N 在 3.52‰～3.73‰，平均值为 3.57‰[图 6-11(d)，表 6-6]。

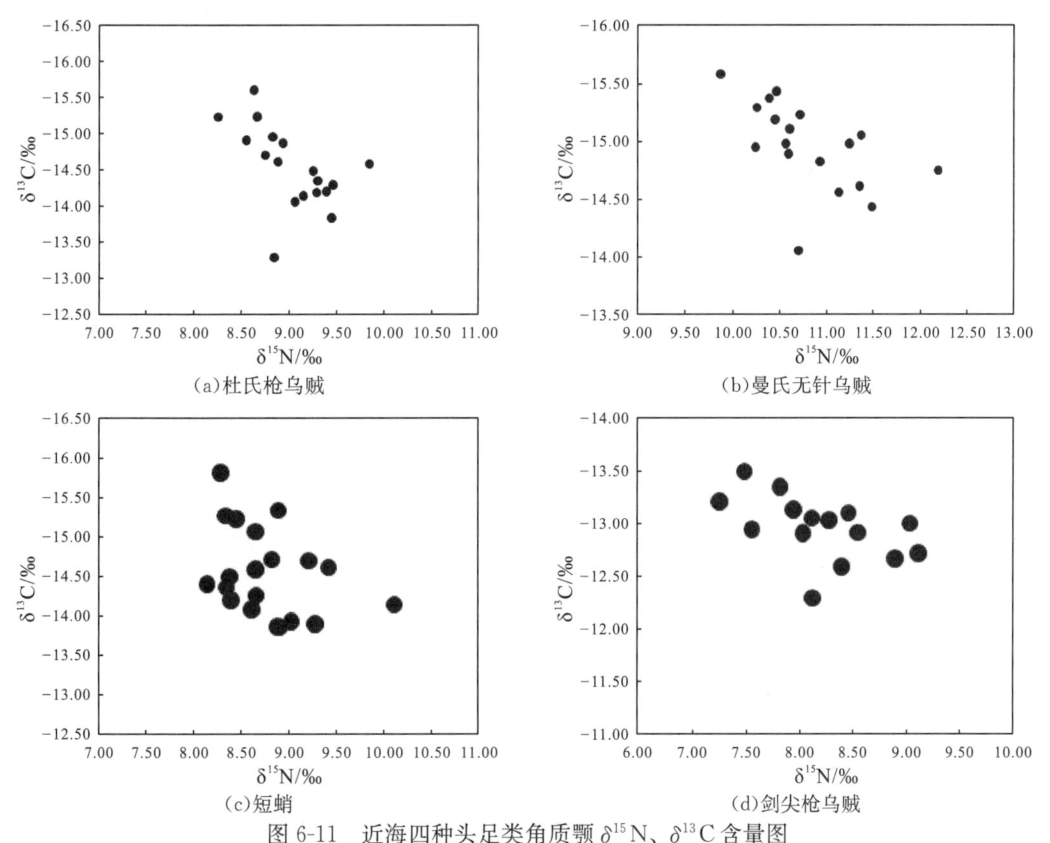

图 6-11　近海四种头足类角质颚 $\delta^{15}N$、$\delta^{13}C$ 含量图

表 6-6 近海四种头足类角质颚的 $\delta^{15}N$、$\delta^{13}C$、C/N 极值、平均值和标准差

种类	分类	最大值	最小值	平均值	标准差 SD
杜氏枪乌贼	$\delta^{15}N$	9.85‰	9.06‰	9.03‰	0.38
	$\delta^{13}C$	−13.29‰	−15.60‰	−14.53‰	0.54
	C/N	3.64‰	3.12‰	3.32‰	0.11
曼式无针乌贼	$\delta^{15}N$	12.18‰	10.46‰	10.81‰	0.38
	$\delta^{13}C$	−14.06‰	−15.20‰	−14.98‰	0.55
	C/N	3.12‰	3.04‰	3.08‰	0.03
短蛸	$\delta^{15}N$	10.12‰	8.66‰	8.78‰	0.45
	$\delta^{13}C$	−13.85‰	−15.07‰	−14.54‰	0.55
	C/N	3.24‰	3.11‰	3.18‰	0.05
剑尖枪乌贼	$\delta^{15}N$	9.12‰	7.48‰	8.21‰	0.3
	$\delta^{13}C$	−12.75‰	−13.55‰	−13.00‰	0.54
	C/N	3.73‰	3.52‰	3.57‰	0.06

二、4 种头足类营养生态位关系

ANOVA 显示，四种近海头足类角质颚碳、氮同位素($\delta^{13}C$、$\delta^{15}N$)间存在显著差异($P<0.01$，表 6-7、图 6-12)。两两物种间对比分析后发现，杜氏枪乌贼与短蛸的角质颚碳、氮同位素($\delta^{13}C$、$\delta^{15}N$)间差异不显著($P>0.05$，表 6-8、图 6-13、图 6-14)，表明它们的营养生态位存在重叠，其余两两物种间角质颚的 $\delta^{13}C$、$\delta^{15}N$ 差异显著($P<0.01$，表 6-8、图 6-13、图 6-14)。

表 6-7 四种近海头足类角质颚碳、氮同位素 ANOVA 分析结果

同位素	平方和	df	均方	F	显著性
$\delta^{13}C$	35.893	3	11.964	53.537	0.000
$\delta^{15}N$	65.263	3	21.754	86.519	0.000

表 6-8 剑尖枪乌贼与杜氏枪乌贼角质颚各部长度 ANOVA 分析结果

种类	同位素	平方和	df	均方	F	显著性
杜氏枪乌贼/曼氏无针乌贼	$\delta^{13}C$	1.805	1	1.805	7.778	0.009
	$\delta^{15}N$	28.338	1	28.338	120.400	0.000
杜氏枪乌贼/短蛸	$\delta^{13}C$	0.618	1	0.618	3.232	0.081
	$\delta^{15}N$	0.001	1	0.001	0.003	0.960
杜氏枪乌贼/剑尖枪乌贼	$\delta^{13}C$	5.615	1	5.615	24.850	0.000
	$\delta^{15}N$	19.117	1	19.117	88.671	0.000
曼氏无针乌贼/短蛸	$\delta^{13}C$	39.036	1	39.036	146.263	0.000
	$\delta^{15}N$	1.822	1	1.822	7.659	0.009
曼氏无针乌贼/剑尖枪乌贼	$\delta^{13}C$	55.432	1	55.432	176.649	0.000
	$\delta^{15}N$	31.957	1	31.957	251.848	0.000
短蛸/剑尖枪乌贼	$\delta^{13}C$	2.814	1	2.814	10.786	0.002
	$\delta^{15}N$	20.271	1	20.271	90.915	0.000

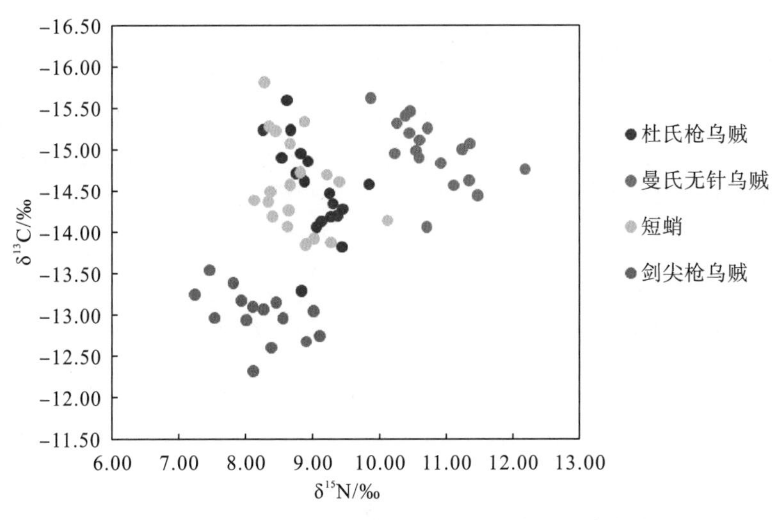

图 6-12　近海四种头足类角质颚 δ^{15}N、δ^{13}C 分布散点图

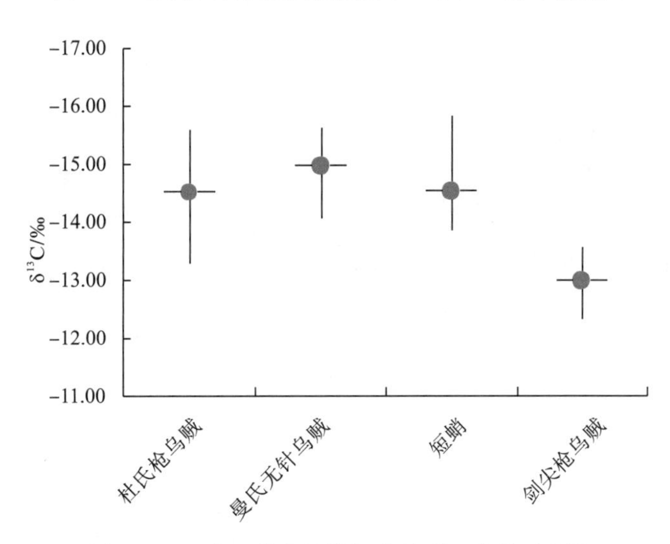

图 6-13　近海四种头足类角质颚 δ^{13}C 含量对比图

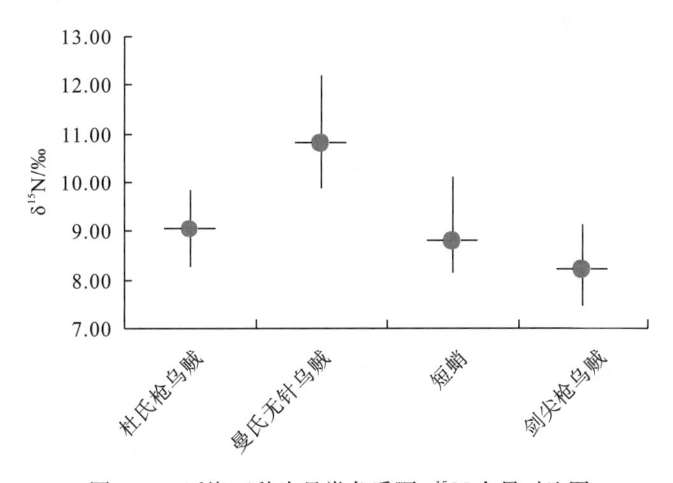

图 6-14　近海四种头足类角质颚 δ^{15}N 含量对比图

三、角质颚碳氮同位素与胴长的关系

分析 18 尾杜氏枪乌贼样本后，发现其角质颚的 $\delta^{13}C$ 与胴长(ML)呈显著的对数关($P=0.013<0.05$)[图 6-15(a)]；角质颚氮同位素 $\delta^{15}N$ 与胴长(ML)呈显著的幂函数关系($P=0.013<0.05$)[图 6-15(b)]。

其关系式如下：

$$\delta^{13}C=2.854\times\ln ML-28.24(R^2=0.282,\ n=18)$$

$$\delta^{15}N=2.838\times ML^{0.240}(R^2=0.329,\ n=18)$$

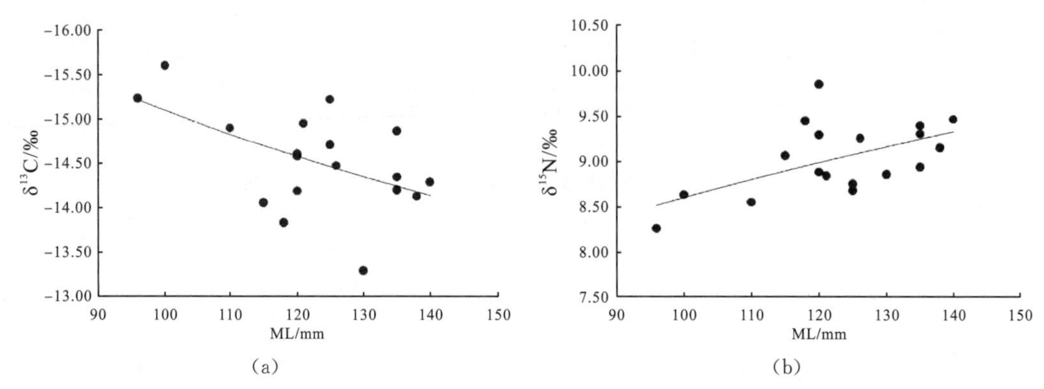

(a) (b)

图 6-15 杜氏枪乌贼胴长与角质颚 $\delta^{13}C$、$\delta^{15}N$ 含量关系图

分析 18 尾曼式无针乌贼样本后，发现其角质颚的 $\delta^{13}C$、$\delta^{15}N$ 与它的胴长(ML)之间没有显著的相关性($P>0.05$，图 6-16)。

其关系式如下：

$$\delta^{13}C=0.021ML-16.36(R^2=0.052,\ n=18)$$

$$\delta^{15}N=-1.33\ln ML+16.36(R^2=0.022,\ n=18)$$

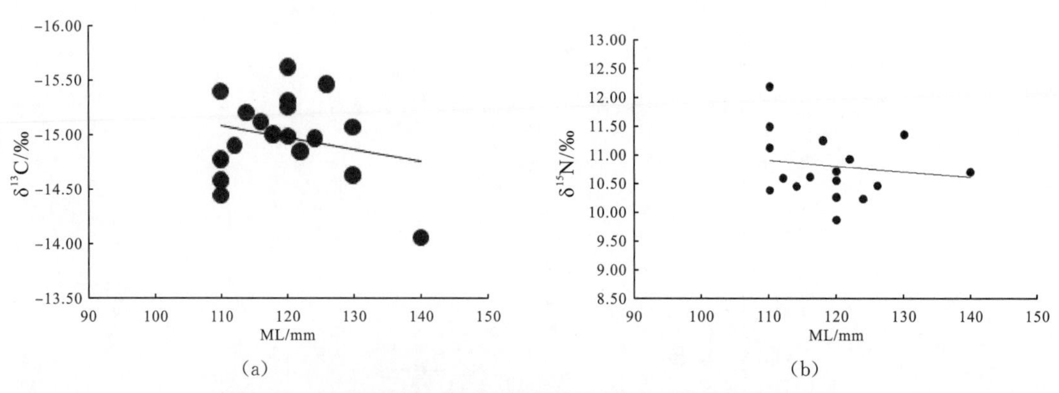

(a) (b)

图 6-16 曼式无针乌贼胴长与角质颚 $\delta^{13}C$、$\delta^{15}N$ 含量关系图

分析 20 尾短蛸样本后，发现其角质颚的 $\delta^{13}C$ 与胴长(ML)间的相关性不显著($P>0.05$)，短蛸角质颚的 $\delta^{15}N$ 与它的胴长(ML)也无显著相关性($P>0.05$，图 6-17)。其关系式如下：

$$\delta^{13}C=0.06\ ML-16.66(R^2=0.159,\ n=20)$$

$$\delta^{15}N=0.354\times\ln ML+7.513(R^2=0.006,\ n=20)$$

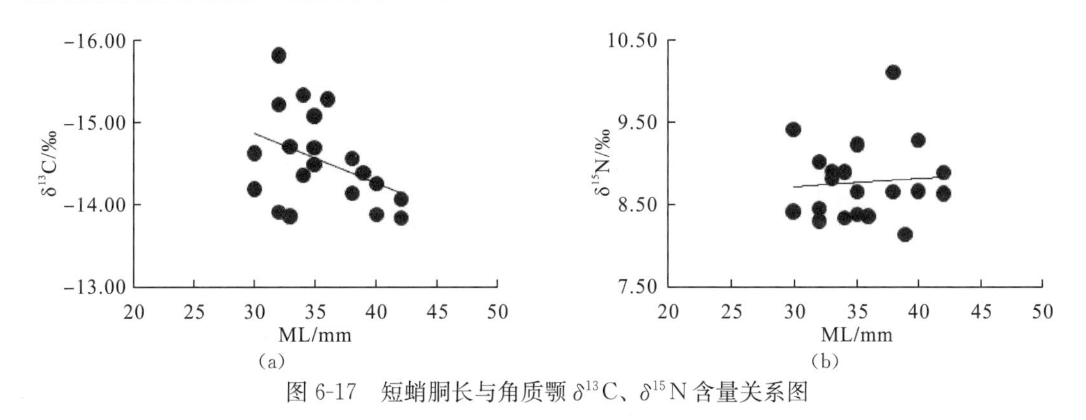

图 6-17　短蛸胴长与角质颚 $\delta^{13}C$、$\delta^{15}N$ 含量关系图

分析 15 尾剑尖枪乌贼样本后，发现其角质颚的 $\delta^{13}C$、$\delta^{15}N$ 与它的胴长(ML)之间均无显著的相关性($P>0.05$，图 6-18)。

其关系式如下：

$$\delta^{13}C=-0.008ML-12.70(R^2=0.013，n=15)$$

$$\delta^{15}N=-0.005ML+8.416(R^2=0.002，n=15)$$

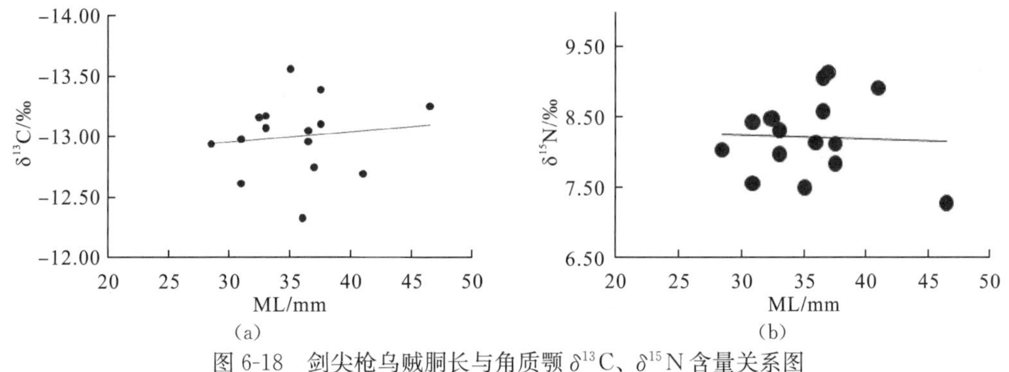

图 6-18　剑尖枪乌贼胴长与角质颚 $\delta^{13}C$、$\delta^{15}N$ 含量关系图

四、分析与讨论

$\delta^{15}N$ 指示海洋生物所处的营养级水平，在对近海四种头足类进行分析比较后发现，曼式无针乌贼角质颚的 $\delta^{15}N$ 平均含量最高($\delta^{15}N=10.81‰$)，其次是杜氏枪乌贼($\delta^{15}N=9.03‰$)、短蛸($\delta^{15}N=8.78‰$)、剑尖枪乌贼($\delta^{15}N=8.21‰$)，其中曼氏无针乌贼在食物链中处于较高地位，其摄食的食物营养层次较高，并且相比于其他头足类，它也是营养价值较高的海产。营养级的高低与物种个体的大小无关。结果还显示，曼式无针乌贼、短蛸和剑尖枪乌贼的营养级跨越大概为 0.5 个营养级(3.4‰，约为 1 个营养级)，其中根据角质颚的 $\delta^{15}N$ 显示，杜氏枪乌贼与短蛸的营养生态位存在大部分重叠。Cherel 等(2009)在对 19 种深海头足类角质颚 $\delta^{15}N$ 进行分析后，发现它们的营养级跨越大约为 1.5 个营养级(4.6‰)。Cherel 等(2009)还推测出南极褶柔鱼(*Todarodes fillppovae*)为贪食的机会主义者，它的角质颚 $\delta^{15}N$ 变化幅度约在 1 个营养级(3.4‰)。Fang 等(2016)分析了北太平洋柔鱼东部和西部群体的角质颚 $\delta^{15}N$，发现 $\delta^{15}N$ 含量存在显著差异，这两个群体的摄食生态位重叠很小。

$\delta^{13}C$ 指示海洋生物栖息地的初级生产力水平，在四种近海头足类中，剑尖枪乌贼角

质颚的 $\delta^{13}C$ 平均值最高($\delta^{13}C=-13.00‰$)，其次是杜氏枪乌贼($\delta^{13}C=-14.53‰$)、短蛸($\delta^{13}C=-14.54‰$)、曼式无针乌贼($\delta^{13}C=-14.98‰$)，其中杜氏枪乌贼角质颚的 $\delta^{13}C$ 与短蛸角质颚的 $\delta^{13}C$ 平均含量十分接近，说明两者栖息环境的初级生产力水平非常相似。在海洋生态系统中，不同纬度的海水温度、光照强度和海水中 CO_2 浓度，都会对食物网基线生物的 $\delta^{13}C$ 含量产生影响(Rau et al.，1982；Cherel et al.，2007)，Rau 等(1982)在研究了不同纬度海域的浮游植物 $\delta^{13}C$ 含量后发现，从赤道向两极，浮游植物 $\delta^{13}C$ 含量随纬度增大而逐步下降，北半球的浮游植物 $\delta^{13}C$ 含量每上升一个纬度降低 0.015‰，而南半球每个纬度降低 0.14‰，这种变化会对头足类的 $\delta^{13}C$ 含量产生影响。Takai 等(2000)对鸢乌贼(*Sthenotheutis oualaniensis*)进行稳定同位素分析后得到，它的 $\delta^{13}C$ 含量随纬度增大而降低。Guerreiro 等(2015)发现栖息在南乔治亚岛的克氏桑椹乌贼比栖息在克罗泽岛的 $\delta^{13}C$ 低，由于其所处纬度较高。再者，$\delta^{13}C$ 还可能受到陆源物质补充输入等因素的影响，此外初级消费者食物来源的不同，以 C3 或者以 C4 为主的浮游植物对于生物体内 $\delta^{13}C$ 也会有一定影响，从而反映在捕食者头足类上，上述原因均可能造成 $\delta^{13}C$ 的差异。

比较近海四种头足类，据角质颚 $\delta^{15}N$ 和 $\delta^{13}C$，得到杜氏枪乌贼与短蛸的营养生态位存在大部分重叠，说明它们食物来源和栖息环境相似，并且可能具有相同的洄游路径。生物组织中的 $\delta^{13}C$ 可用于指示对象摄食与栖息地的变化，$\delta^{15}N$ 可用来确定研究对象的营养级。Guerra 等(2010)对大王乌贼(*Architeuthis dux*)的上角质颚喙部和头盖部不同断面连续微取样，测定取样位点的 $\delta^{13}C$ 和 $\delta^{15}N$ 后，分析其不同生活史的摄食生态及栖息环境，发现大王乌贼只在生活史早期经历短暂洄游。

分析近海四种头足类胴长与角质颚 $\delta^{13}C$、$\delta^{15}N$ 含量发现，杜氏枪乌贼其角质颚的 $\delta^{13}C$ 与胴长(ML)呈显著的对数关($P=0.013<0.05$)。随着杜氏枪乌贼胴长增加，角质颚的 $\delta^{13}C$ 呈显著下降状态；而角质颚氮的 $\delta^{15}N$ 与胴长(ML)呈显著的幂函数关系($P=0.013<0.05$)随着胴长的增加，角质颚的 $\delta^{15}N$ 呈显著上升状态，这可能是在生活史过程中体型逐渐增大，捕食能力随之增强，导致了食性的变化。曼式无针乌贼、短蛸和剑尖枪乌贼的角质颚 $\delta^{13}C$、$\delta^{15}N$ 含量与它的胴长(ML)之间均没有显著的相关性($P>0.05$)。金岳等(2012)在对北太平洋柔鱼角质颚同位素的研究过程中发现，其角质颚的 $\delta^{13}C$ 与胴长呈显著负相关，而 $\delta^{15}N$ 则与其胴长呈显著正相关。李建华等(2013)对哥斯达黎加海域的茎柔鱼角质颚稳定同位素进行研究后发现，茎柔鱼角质颚 $\delta^{13}C$ 和 $\delta^{15}N$ 含量随着胴长和日龄的增大而逐步增加，两者均呈显著线性相关。

在今后的研究中，可以分雌雄进行讨论，还可以用上下角质颚的碳、氮同位素进行对比分析。本次实验的角质颚样品都是整体研磨，然后进行稳定同位素测量的，以后需要对角质颚切割，取不同的断面分析，这样可以得到头足类不同生活史阶段所处栖息环境、摄食生态、洄游等情况。

第六节 利用角质颚稳定同位素分析东太平洋茎柔鱼的种群移动与连通性

本节分析了 2009 年、2010 年和 2013 年期间采集于哥斯达黎加、厄瓜多尔、秘鲁和智利外海的茎柔鱼角质颚下颚的 $\delta^{13}C$ 和 $\delta^{15}N$ 含量。各海区的稳定同位素含量反映了不同海区背景值的不同，研究表明，海区间稳定同位素含量差异显著，其中厄瓜多尔外海最低，智利外海最高。$\delta^{13}C$ 和 $\delta^{15}N$ 散点图显示，尽管秘鲁海区的同位素值与哥斯达黎加和智利的存在一定的重叠，但是 $\delta^{13}C$ 和 $\delta^{15}N$ 可将各海区的样本明显分开。哥斯达黎加、厄瓜多尔和智利外海样本的 $\delta^{13}C$ 和 $\delta^{15}N$ 分布相对集中以及三海区之间的 $\delta^{13}C$ 和 $\delta^{15}N$ 差异显著说明，采自哥斯达黎加、厄瓜多尔和智利外海的茎柔鱼样本属于不同地理群体，它们的产卵起源不同，各自在相对狭小的地理区域内移动，相互之间没有种群交流。与之相比，$\delta^{13}C$ 和 $\delta^{15}N$ 变化范围广，说明秘鲁外海茎柔鱼样本的幼体来自不同海区，经历了不同的移动路线和索饵场。秘鲁和智利外海茎柔鱼样本的同位素值存在一定的重叠，可能是两者之间存在一定的种群交流所致。总体来说，通过分析茎柔鱼角质颚稳定同位素的空间差异有助于人们了解其不同地理种群的迁徙策略以及相互之间的连通性。

一、稳定同位素值

哥斯达黎加、厄瓜多尔、秘鲁和智利角质颚下颚 $\delta^{13}C$ 变化相对较小，分别为 −18.2‰～−17.7‰（−17.9‰±0.1‰）、−19.2‰～−18.5‰（−19.0‰±0.1‰）、−17.8‰～−15.9‰（−17.0‰±0.6‰）和−17.1‰～16.1‰（−16.6‰±0.3‰）；而 $\delta^{13}C$ 变化相对较大，分别为 5.9‰～7.9‰（6.9‰±0.5‰）、2.9‰～4.7‰（3.6‰±0.5‰）、6.1‰～15.4‰（9.7‰±2.6‰）和 14.2‰～17.0‰（15.5‰±0.8‰）（表 6-9）。

表 6-9　哥斯达黎加、厄瓜多尔、秘鲁和智利外海茎柔鱼角质颚下颚 $\delta^{13}C$ 和 $\delta^{15}N$

海区	经纬度	样本量	胴长/mm		$\delta^{13}C$/‰			$\delta^{15}N$/‰		
			最小	最大	范围	均值(标准差)	T	范围	均值(标准差)	T
哥斯达黎加	91°48′～94°55′W，7°46′～8°55′N	17	285	347	−18.2～−17.7	−17.9(0.1)	a	5.9～7.9	6.9(0.5)	a
厄瓜多尔	114°59′～118°52′W，1°18′N～0°32′S	28	256	344	−19.2～−18.5	−19.0(0.1)	b	2.9～4.7	3.6(0.5)	b
秘鲁	79°49′～83°41′W，12°54′～17°33′S	20	183	534	−17.8～−15.9	−17.0(0.6)	c	6.1～15.4	9.7(2.6)	c
智利	75°05′～76°39′W，26°41′～29°25′S	17	318	511	−17.1～−16.1	−16.6(0.3)	d	14.2～17.0	15.5(0.8)	d
总体	75°05′～118°52′W，8°55′N～29°25′S	82	183	534	−19.2～−15.9	−17.8(1.0)		2.9～17.0	8.3(4.6)	

T=result from Tukey's HSD with significant differences(P<0.01) indicated by letters(a，b，c，d)

二、稳定同位素地理差异

方差分析显示，$\delta^{13}C$ 和 $\delta^{15}N$ 地理差异显著（表 6-10；ANOVA，$P<0.001$），智利外海样本 $\delta^{13}C$ 和 $\delta^{15}N$ 最高，厄瓜多尔外海样本 $\delta^{13}C$ 和 $\delta^{15}N$ 最低（图 6-19）。配对分析显示，两两地理区域之间茎柔鱼样本 $\delta^{13}C$ 和 $\delta^{15}N$ 差异显著（表 6-9；Tukey HSD，$P<0.01$）。$\delta^{13}C$ 和 $\delta^{15}N$ 散点图分析显示，除了秘鲁与哥斯达黎加和智利有一定程度的重叠外，各地理区域的样本可由 $\delta^{13}C$ 和 $\delta^{15}N$ 的不同被明显区分（图 6-20）。

表 6-10 东太平洋四海区茎柔鱼角质颚下颚稳定同位素方差分析

稳定同位素	均值(标准差)		F	P
	四海区	误差		
$\delta^{13}C$	25.194	0.124	203.884	0.000
$\delta^{15}N$	522.357	1.874	278.775	0.000

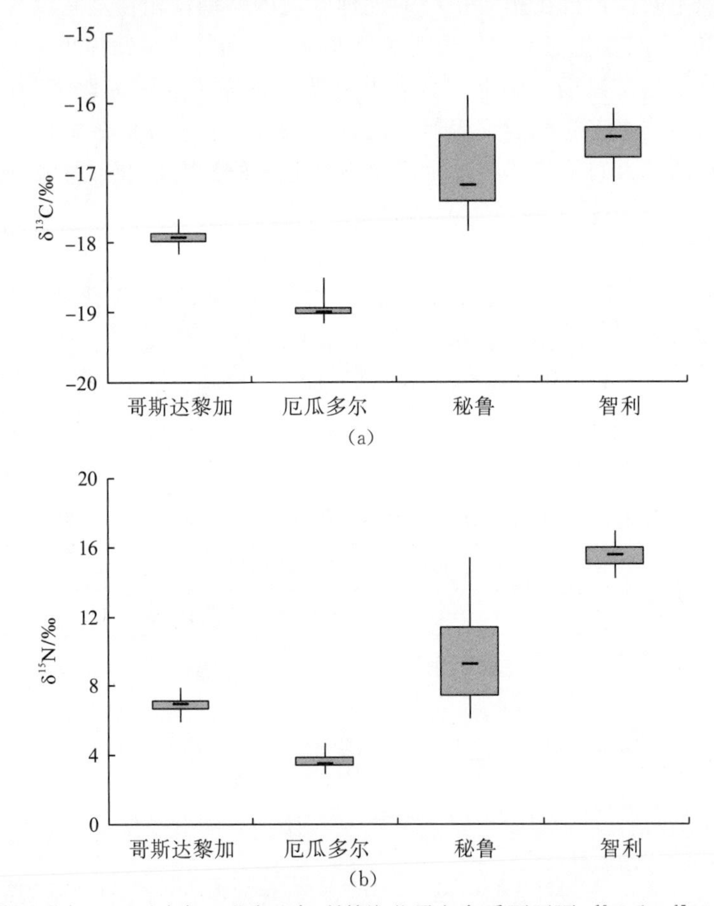

图 6-19 哥斯达黎加、厄瓜多尔、秘鲁和智利外海茎柔鱼角质颚下颚 $\delta^{13}C$ 和 $\delta^{15}N$ 分位数箱式图

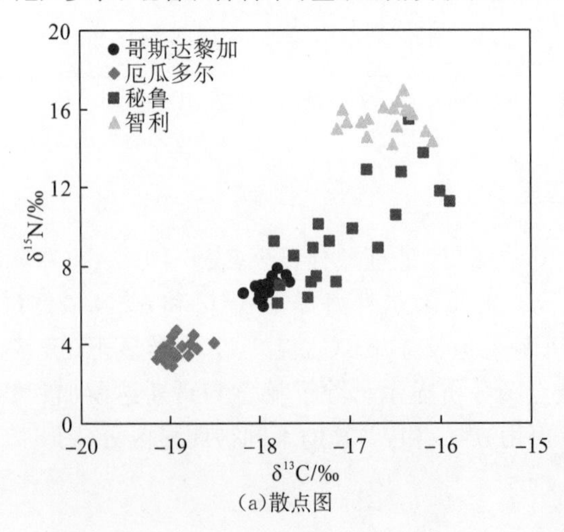

(a)散点图

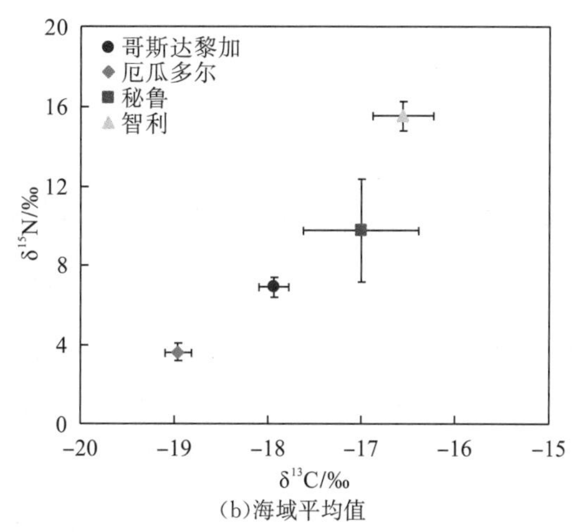

(b)海域平均值

图 6-20　哥斯达黎加、厄瓜多尔、秘鲁和智利外海茎柔鱼角质颚下颚 $\delta^{13}C$ 和 $\delta^{15}N$ 散点图及海域平均值

三、稳定同位素与茎柔鱼胴长关系

四海区茎柔鱼的角质颚下颚稳定同位素与其胴长呈明显的线性关系（$\delta^{13}C$：$F_{1,15}=9.4$，$P=0.008<0.001$；$\delta^{15}N$：$F_{1,81}=10.4$，$P=0.006<0.001$）。除了秘鲁外海外（$\delta^{13}C$：$F_{1,6}=55.2$，$P=0.000<0.01$；$\delta^{15}N$：$F_{1,6}=19.3$，$P=0.005<0.01$），其他各海区茎柔鱼的角质颚下颚 $\delta^{13}C$ 和 $\delta^{15}N$ 与其胴长无明显的正相关线性关系（图 6-21）。

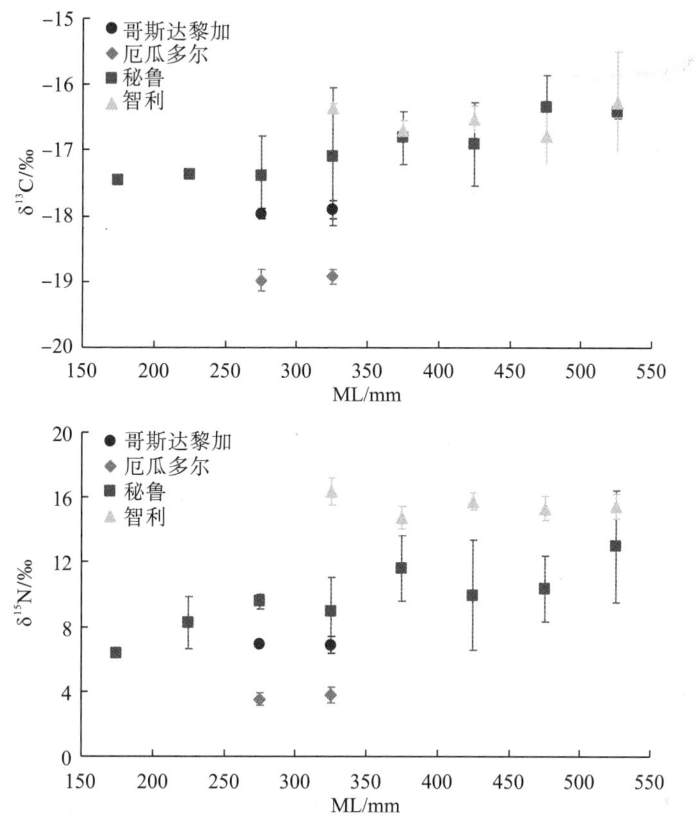

图 6-21　哥斯达黎加、厄瓜多尔、秘鲁和智利外海茎柔鱼的角质颚下颚 $\delta^{13}C$ 和 $\delta^{15}N$ 与其胴长关系

四、分析与讨论

1. 与以往研究的比较

近年来，茎柔鱼在其分布范围内，不同组织(肌肉、内壳、角质颚和眼睛晶体等)中的$\delta^{13}C$和$\delta^{15}N$得到了广泛研究(表6-11)。然而，角质颚稳定同位素仅在加利福尼亚海湾(Ruiz-Cooley et al.，2006，2011)和秘鲁近岸海域(Ruiz-Cooley et al.，2011)有所报道，而这两处海域本研究均没有覆盖。对比试验显示，茎柔鱼肌肉中的$\delta^{13}C$和$\delta^{15}N$要分别比角质颚中的高1%和4%(Ruiz-Cooley et al.，2006)。这就使得本书中智利和秘鲁外海茎柔鱼角质颚的稳定同位素与相同海区茎柔鱼肌肉中的稳定同位素具有了可比性(Hückstädt et al.，2007；Argüelles et al.，2012)。在哥斯达黎加和厄瓜多尔外海，稳定同位素尤其$\delta^{15}N$在另外一个硬组织内壳中的含量要略微高于本书角质颚中的含量(Ruiz-Cooley et al.，2010)。

表6-11 以往的研究报道的茎柔鱼不同组织中$\delta^{13}C$和$\delta^{15}N$

研究海区	组织	均值(标准差)		参考文献
		$\delta^{13}C$/‰	$\delta^{15}N$/‰	
加利福尼亚湾	肌肉	−16.2～−14.2	14.5～17.9	Ruiz-Cooley 等(2004)
加利福尼亚湾	肌肉(大个体)	−14.9(0.6)	16.9(0.7)	Ruiz-Cooley 等(2006)
	肌肉(中型个体)	−16.2(0.3)	14.7(0.4)	
	角质颚(大个体)	−15.6(0.3)	13.0(1.0)	
	角质颚(中型个体)	−17.3(0.5)	10.6(0.7)	
	角质颚(采自抹香鲸胃中)	−16.5(1.2)	12.4(0.8)	
智利中部近岸水域	肌肉		18.5	Hückstädt 等(2007)
加利福尼亚湾	肌肉	～−18.2	～14	Drazen 等(2008)
美国近岸水域	内壳	−18.4(0.5)	10.5(0.6)	Ruiz-Cooley 等(2010)
加利福尼亚湾		−17.6(0.2)	14.1(0.4)	
哥斯达黎加近岸水域		−17.6(0.2)	8.9(0.7)	
哥伦比亚近岸水域		−17.5(0.2)	9.2(0.2)	
厄瓜多尔近岸水域		−17.3(0.3)	7.0(0.1)	
厄瓜多尔外海水域		−18.1(0.2)	4.9(0.4)	
加利福尼亚湾和秘鲁	角质颚	−18.1～−17.4	7.0～12.0	Ruiz-Cooley 等(2011)
秘鲁北部外海水域	肌肉	−16.0(0.3)	13.8(2.5)	Lorrain 等(2011)
	内壳	−16.2(0.5)	9.0(2.3)	
秘鲁寒流北部水域	肌肉	−19.1～−15.1	7.4～20.5	Argüelles 等(2012)

续表

研究海区	组织	均值(标准差)		参考文献
		$\delta^{13}C$/‰	$\delta^{15}N$/‰	
智利南部近岸水域	肌肉	~−15.9	~17.5	Ruiz-Cooley and Gerrodette(2012)
秘鲁近岸和外海水域		~−16.3	~11.5	
厄瓜多尔近岸和外海水域		~−17.4	~10.3	
东太平洋暖池		~−16.8	~13.5	
加利福尼亚湾		~−16.5	~18.5	
墨西哥近岸水域		~−17.1	~15.3	
美国近岸水域		~−17.7	~14.5	
加拿大近岸水域		~−17.5	~15.4	
加利福尼亚海流北部	内壳		9~13.3	Ruiz-Cooley 等(2013)
加利福尼亚海流北部	肌肉	−19.1(0.2)	13.9(0.5)	Miller 等(2013)
加利福尼亚湾	眼睛晶体	−18.6(0.7)	13.5(1.0)	Onthank(2013)
美国近岸水域		−18.4(0.5)	12.8(0.8)	
加拿大近岸水域		−18.2(0.3)	14.1(1.6)	

2. 同位素地理差异

四个地理区域的茎柔鱼角质颚 $\delta^{15}N$ 差异显著说明，各海区茎柔鱼的营养级不同。类似的研究在茎柔鱼(Ruiz-Cooley 和 Gerrodette，2012)和鸢乌贼(Takai et al.，2000)的肌肉中也有报道。正如在茎柔鱼内壳中所揭示的，这种差异是来源于食物和茎柔鱼自身的营养级不同。大个体样本一般捕食营养级较高的食物，因此以上这种同位素的地理差异可能是由于茎柔鱼个体大小不同而造成的营养级不同。然而，不同地理区域之间同一胴长组茎柔鱼角质颚 $\delta^{15}N$ 的差异(图 6-21)说明，同位素的地理差异是由于各海区 $\delta^{15}N$ 背景值的不同，而不是由于各海区茎柔鱼的营养级不同。因此，根据不同海区浮游植物的分布图(Navarro et al.，2013)，可得智利和秘鲁外海茎柔鱼的角质颚 $\delta^{15}N$ 较高，而厄瓜多尔外海茎柔鱼角质颚的 $\delta^{15}N$ 较低。

如果根据每个营养级 $\delta^{15}N$ 增加 3‰来算，哥斯达黎加、厄瓜多尔和智利外海的茎柔鱼均在一个营养级范围内变动，而秘鲁外海在三个营养级范围内变动。因此，哥斯达黎加、厄瓜多尔和智利外海的茎柔鱼营养级固定说明，三海区角质颚 $\delta^{15}N$ 地理差异主要是海区间 $\delta^{15}N$ 背景值的不同造成的，而与茎柔鱼自身的营养级水平无关。与之相比，秘鲁外海角质颚 $\delta^{15}N$ 随着茎柔鱼个体增大而增加，这说明秘鲁外海与其他三个海区不同，其角质颚 $\delta^{15}N$ 海区内差异是与茎柔鱼大的胴长波动有关(图 6-21)。然而，同一胴长组内较大的 $\delta^{15}N$ 变化率(图 6-21)至少说明，某一指定胴长组范围内的茎柔鱼角质颚 $\delta^{15}N$ 的海区间差异是与不同海区间茎柔鱼的索饵差异有关。这与 Arguelles 等(2012)的结论相同，他们发现，同一纬度秘鲁海域茎柔鱼与浮游动物的 $\delta^{15}N$ 具有相似的分布趋势。因此，秘鲁外海茎柔鱼角质颚 $\delta^{15}N$ 海区内差异不仅与较大的胴长波动有关，而且与 $\delta^{15}N$ 背景值的空间差异有关。本研究的样本采自不同的海洋生态系统，包括哥斯达黎加冷水丘、东太平洋赤道海流和秘鲁寒流等，因此角质颚稳定同位素的地理差异与茎柔鱼的采样地点不同有明显关系。

与$\delta^{15}N$不同，角质颚$\delta^{13}C$波动小(3.3‰)，即从厄瓜多尔的−19.2‰至秘鲁的−15.9‰。在海洋生态系统中，$\delta^{13}C$通常代表初级生产力水平(De Niro和Epstein，1978，1981)，并且随着纬度和离岸距离变化而变化(Cherel和Hobson，2007)，所以角质颚$\delta^{13}C$的不同反映了茎柔鱼样本地理区域的不同。例如，采自离岸较远的厄瓜多尔外海的茎柔鱼比其他海区的茎柔鱼的角质颚的$\delta^{13}C$更小，采自高纬度智利外海的茎柔鱼比低纬度的秘鲁和哥斯达黎加更小。这一结论与Ruiz-Cooley和Gerrodette(2012)研究结果相同。这种在加利福尼亚海湾茎柔鱼的肌肉和角质颚中的地理差异也有报道(Ruiz-Cooley et al.，2006)，并且与太平洋褶柔鱼*Todarodes pacificus*的报道结果相似，即采自与不同海区的样本属于不同地理群体(Ikeda et al.，1998)。

3. 种群移动与连通性

尽管秘鲁外海茎柔鱼角质颚稳定同位素含量与哥斯达黎加和智利外海的有一定的重叠，但是根据$\delta^{13}C$和$\delta^{15}N$的不同还是能够将采自三个海区的茎柔鱼样本明显分开。这一结论似乎与茎柔鱼高度洄游的特性相悖(Nigmatullin et al.，2001)，因为正如对茎柔鱼内壳的研究发现，大规模的洄游致使稳定同位素地理差异被掩盖(Ruiz-Cooley et al.，2010)。智利、哥斯达黎加和厄瓜多尔外海茎柔鱼角质颚$\delta^{15}N$海区内变化很小(图6-20)说明，对于给定的海区来说，各自的茎柔鱼样本处于同一营养级水平。除秘鲁海区外，各海区$\delta^{13}C$变化很小(哥斯达黎加外海为0.5‰、厄瓜多尔外海为0.6‰、智利外海为1.1‰，均小于1个营养级富集水平)，这可能暗示两种假设。第一个假设为，某一个特定海区的茎柔鱼的幼体可能来自初级生产力水平相似海区；第二个假设为，某一个特定海区的茎柔鱼的幼体可能来自同一海区，但是有不同路线迁徙至这四个海区索饵。在这种情况下，这些茎柔鱼角质颚稳定同位素仍然会呈现地理差异可能是因为它们在捕捞地点停留了足够长的时间，以至于影响角质颚的整体稳定同位素含量。以往的研究通过内壳稳定同位素(Ruiz-Cooley et al.，2010)、生活史早期耳石微量元素(Liu et al.，2015a)以及角质颚大小(Liu et al.，2015b)证实了茎柔鱼这些潜在的地理种群。因此，角质颚$\delta^{13}C$和$\delta^{15}N$的空间差异及离散程度说明，哥斯达黎加、厄瓜多尔和智利茎柔鱼属于不同地理群体，相互之间无种群交流，且各自在相对较小的空间范围内移动。

厄瓜多尔外海茎柔鱼角质颚稳定同位素值与其他海区毫无重叠(图6-20)，这说明厄瓜多尔外海茎柔鱼属于独立的地理群体，与其他群体没有任何交流。闫杰等(2011)运动用分子生物学手段研究发现，厄瓜多尔外海茎柔鱼与哥斯达黎加和秘鲁相比存在显著的遗传分化。刘连为(2014)后来研究认为遗传多样性和遗传分化的地理差异可能是与海流以及历史的海洋环境相关。赤道海域^{13}C和^{15}N的含量匮乏(Ruiz-Cooley和Gerrodette，2012；Navarro et al.，2013)，因此厄瓜多尔外海茎柔鱼角质颚$\delta^{13}C$和$\delta^{15}N$显著较低说明，它们在整个生命周期内都在赤道附近海域生活。$\delta^{13}C$和$\delta^{15}N$变化很小说明，厄瓜多尔外海的茎柔鱼种群移动范围窄，同样的结论也被茎柔鱼内壳中的稳定同位素值所证实(Ruiz-Cooley et al.，2010)。因此，东太平洋赤道海域的茎柔鱼属于一个独立的种群，该种群与其他海域茎柔鱼相比具有独特的寄生虫(Shukhgalter 和 Nigmatullin，2001)。

耳石微量元素分析显示，哥斯达黎加外海茎柔鱼属于一个独特的种群，且移动范围小(Liu et al.，2015a)，这与本书及 Ruiz-Cooley 等(2010)的研究结论相同，因为该种群在哥斯达黎加冷水丘的附近产卵和索饵(Chen et al.，2013；Liu et al.，2015a)。秘鲁外海，给定胴长组内茎柔鱼角质颚 $\delta^{13}C$ 和 $\delta^{15}N$ 变化较大至少说明，同一胴长组内茎柔鱼角质颚同位素的海区内差异是由于背景值的不同引起的，而与茎柔鱼胴长大小无关。因此，某一特定捕捞地点茎柔鱼的角质颚同 $\delta^{13}C$ 和 $\delta^{15}N$ 变化大(图 6-22)说明，茎柔鱼的起源不同，因而移动路线和索饵场所不同，并最终导致角质颚的稳定同位素含量不同。所以，我们认为秘鲁外海茎柔鱼的幼体来自不同海区，并且移动路线和索饵场所不同。这种个体间洄游式样的多元化在秘鲁北部外海也有发现(Lorrain et al.，2011)。

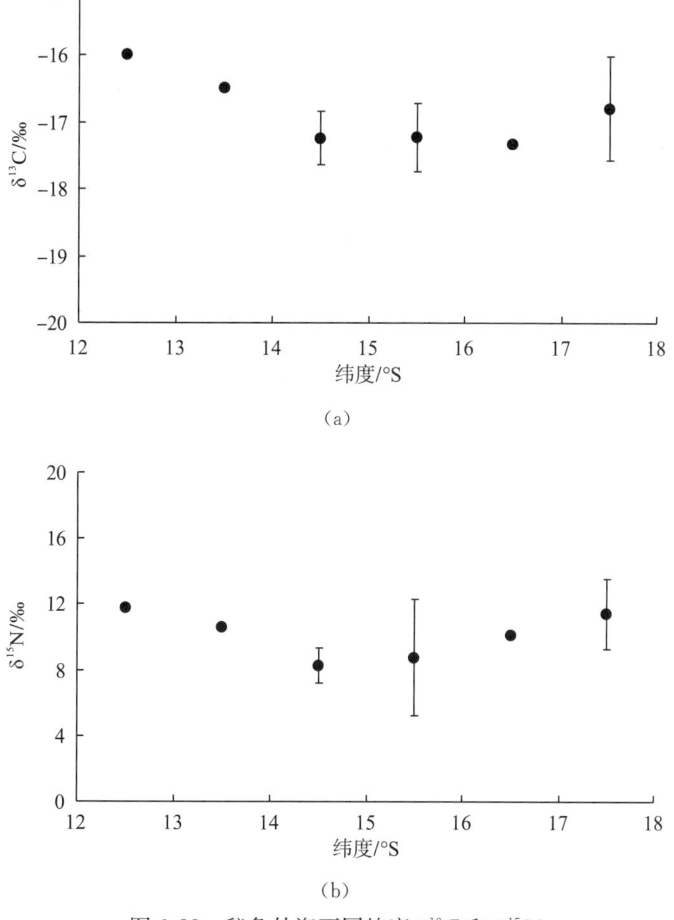

图 6-22　秘鲁外海不同纬度 $\delta^{13}C$ 和 $\delta^{15}N$

秘鲁外海茎柔鱼角质颚 $\delta^{13}C$ 和 $\delta^{15}N$ 散点图显示 $\delta^{13}C$ 和 $\delta^{15}N$ 分布比较分散(图 6-20)，似乎说明秘鲁外海茎柔鱼有些来自智利和哥斯达黎加外海。然而，自然标记和分子生物学手段证明，南、北半球的茎柔鱼有着不同的起源(Sandoval-Castellanos et al.，2007，2010；Staaf et al.，2010)。分子生物学方法显示哥斯达黎加和秘鲁外海的茎柔鱼两者分化明显(闫杰等，2011)。因此，秘鲁外海和哥斯达黎加外海茎柔鱼角质颚稳定同位素部分重叠，不是因为两者之间存在种群交流，而是它们经历了相同的环境变化。尽管角质颚大小和耳石微量元素分析认为秘鲁和智利外海茎柔鱼属于不同种群(Liu et al.，2015b)，然而角质颚稳定同位素部分重叠说明两者之间还是存在种群交流。这种观点已被 Sandoval-Castellanos 等(2007)和 Ibáñez 等(2011)所证实，他们认为秘鲁海流及其逆流对两者之间的种群交流起到了推动作用。因此，秘鲁和智利外海茎柔鱼种群之间的相互交流是导致角质颚稳定同位素部分重叠的主要原因。

4. 同位素与胴长关系

四个海区综合在一起来看，$\delta^{13}C$ 和 $\delta^{15}N$ 与茎柔鱼胴长呈显著的线性关系(图 6-21)，然而，同一胴长组内不同海区间茎柔鱼的角质颚稳定同位素的变化说明，稳定同位素值随胴长变大而逐步增加其实与胴长大小无关。对于给定的海区来说，仅秘鲁外海茎柔鱼角质颚稳定同位素值随着茎柔鱼胴长增大(胴长 183～534mm)而明显增加。这与 Ruiz-Cooley 等(2004，2006)在加利福尼亚湾的研究结果一致，他们发现茎柔鱼的肌肉和角质颚中的 $\delta^{13}C$ 和 $\delta^{15}N$ 与胴长(胴长 200～850mm)呈显著的正相关。Ruiz-Cooley 等(2010)还发现，东太平洋中部海区茎柔鱼内壳中的 $\delta^{13}C$ 和 $\delta^{15}N$ 随着胴长增加而增大。然而，这些研究结果却与 Miller 等(2013)的结论相反，他们发现加利福尼亚海流北部的茎柔鱼 $\delta^{15}N$ 随着胴长增大而减小，这其中的原因还需要进一步查证。

参 考 文 献

董正之．1991．世界大洋经济头足类生物学．济南：山东科学技术出版社．

方舟，陈新军，李建华．2013．西南大西洋公海海域阿根廷滑柔鱼角质颚色素变化分析．水产学报，34(2)：379－387．

方舟，陈新军，陆化杰，等．2012．阿根廷滑柔鱼两个群体间耳石和角质颚的形态差异．生态学报，32(19)：5986－5997．

胡贯宇，陈新军，刘必林．2015．茎柔鱼耳石和角质颚微结构及轮纹判读．水产学报，39(3)：361－370．

金岳，陈新军，李云凯，等．2014．基于稳定同位素技术的北太平洋柔鱼角质颚信息．生态学杂志，33：2101－2107．

李建华，陈新军，方舟．2013．哥斯达黎加海域茎柔鱼角质颚稳定同位素研究．上海海洋大学学报，22：1674－5566．

李思亮，陈新军，刘必林，等．2010．利用角质颚判别西北太平洋柔鱼种群结构．北京：中国科技论文在线，http://www.paper.edu.cn/releasepaper/content/201007－514．

刘必林．2012．东太平洋茎柔鱼生活史过程的研究．上海：上海海洋大学博士学位论文．

刘必林，陈新军．2009．头足类角质颚的研究进展．水产学报，33(1)：157－164．

刘必林，陈新军．2010．印度洋西北海域鸢乌贼角质颚长度分析．渔业科学进展，31(1)：8－14．

刘必林，陈新军，马金，等．2011．头足类耳石．北京：科学出版社．

刘必林，陈新军，方舟，等．2014．利用角质颚研究头足类的年龄与生长．上海海洋大学学报，23(6)：930－936．

刘必林，陈新军，方舟，等．2015．基于角质颚长度的头足类种类判．海洋与湖沼，46(6)：1365－1372．

许嘉锦．2003．*Octopus* 与 *Cistpous* 属章鱼口器地标点之几何形态学研究．台北：中山大学海洋生物研究所硕士学位论文．

王尧耕，陈新军．2005．世界大洋性经济柔鱼类资源及其渔业．北京：海洋出版社．

郑小东，王如才，刘维青．2002．华南沿海曼氏无针乌贼 *Sepiella maindroni* 表型变异研究．青岛海洋大学学报，32(5)：713－719．

酒井光夫，Brunetti N，Bower J，他．2007．アカイカ科稚仔 5 種 *Illex argentinus*，*Todarodes pacificus*，*Dosidicus gigas*，*Ommastrephes bartramii*，*Sthenoteuthis oualaniensis* における上顎板輪紋の日齢形質．イカ類資源研究会議，9：1－7．

Almonacid-Rioseco E，Hernández-García V，Solari A P，et al. 2009. Sex identification and biomass reconstruction from the cuttlebone of *Sepia officinalis*. J. Mar. Biol. Assoc. UK，2：1－4.

Allcock A L，Piertney S B. 2002. Evolutionary relationships of Southern Ocean Octopodidae(Cephalopoda：Octopoda) and a new diagnosis of Pareledone. Marine Biology，140：129－135.

Allock A L，Hochberg F G，Rodhouse P G K，et al. 2003. Adelieledone，a new genus of octopodid from the Southern Ocean. Atlantic Science，15(4)：415－424.

Ángel Guerra，Alejandro B R，Ángel F G，et al. 2010. Life-history traits of the giant squid *Architeuthis* duxrevealed from stable isotope signatures recorded in beaks. ICES Journal of Marine Science, doi: 10.1093/icesjms /fsq091,1425—1431.

Arbuckle N S M, Wormuth J H. 2014. Trace elemental patterns in Humboldt squid statoliths from three geographic regions. Hydrobiologia, 725:115—123.

Argüelles J, Lorrain A, Cherel Y, et al. 2012. Tracking habitat and resource use for the jumbo squid *Dosidicus gigas*: a stable isotope analysis in the Northern Humboldt Current System. Mar. biol. 159(9): 2105—2116.

Argüelles J, Rodhouse P, Villegas P, et al. 2001. Age, growth and population structure of the jumbo flying squid *Dosidicus gigas* in Peruvian waters. Fisheries Research, 54:51—61.

Argüelles J, Tafur R, Taipe A, et al. 2008. Size increment of jumbo flying squid *Dosidicus gigas* mature females in Peruvian waters, 1989—2004. Prog. Oceanogr, 79(2):308—312.

Arimoto Y, Kawamura A. 1998. Characteristics of thc fish prey of neon flying squid, *Ommastrephes bartramii*, in the central North Pacific // Report of the 1996 Meeting on Squid Resources, National Research Institute of Far Seas Fisheries, Shimizu, 70—80.

Arkhipkin A I. 1993. Age, growth, stock structure and migratory rate of pre-spawning short-finned squid, *Illex argentinus* based on statolith ageing investigations. Fisheries Research, 16:313—338.

Arkhipkin A I. 1996. Geographical variation in growth and maturation of the squid *Illex coindetii* (Oegopsida, Ommatrephidae) off the North-west African coast. J. Mar. Biol. Assoc. UK, 76:1091—1106.

Arkhipkin A I. 2005. Statolith as 'black boxes'(life recorders) in squid. Mar Freshw Res, 56:573—585.

Arkhipkin A I, Jereb P, Ragonese S. 2000. Growth and maturation in two successive seasonal groups of the short-finned squid, *Illex coindetii* from the Strait of Sicily(central Mediterranean). ICES J. Mar. Sci, 57: 31—41.

Arkhipkin A I, Argüelles J, Shcherbich Z. 2014. Ambient temperature influences adult size and life span in jumbo squid(*Dosidicus gigas*). Canadian Journal of Fisheries and Aquatic Sciences, 72:400—409.

Barratt I M, Allcock A L. 2010. Ageing octopods from stylets: development of a technique for permanent preparations. ICES Journal of Marine Science, 67:1452—1457.

Bárcenas G V, Perales-Raya C, Bartolomé A, et al. 2014. Age validation in *Octopus maya* (Voss and Solís, 1966) by counting increments in the beak rostrum sagittal sections of known age individuals. Fisheries Research, 152:93—97.

Bembo D G, Carvalho G R, Cingolani N, et al. 1996. Allozymic and morphometric evidence for two stocks of the European anchovy *Engraulis encrasicolus* in Adriatic waters. Mar. Biol, 126:529—538.

Blanco C, Raduán MÁ, Raga J A. 2006. Diet of Risso's dolphin (*Grampus griseus*) in the western Mediterranean Sea. Sci Mar, 70(3):407—441.

Boletzky S. 2007. Origin of the lower jaw in cephalopods: a biting issue. Paläontologische Zeitschrift, 81(3): 328—333.

Bolstad K S. 2006. Sexual dimorphism in the beaks of *Moroteuthis ingens* Smith, 1881 (Cephalopoda: Oegopsida: Onychoteuthidae). New Zealand Journal of Zoology, 33(4):317—327.

Bower J R, Ichii T. 2005. The red flying squid(*Ommastrephes bartramii*): a review of recent research and the fishery in Japan. Fish. Res, 76(1):39—55.

Boyle P R, Mangold K, Froesch D. 1979. The organization of beak movements in Octopus. Malacologia, 18: 423—430.

Boyle P, Rodhouse P. 2005. Cephalopods Ecology and Fisheries. Oxford: Blackwell Science Ltd.

Bravi R, Ruffini M, Scalici M. 2013. Morphological variation in riverine cyprinids: a geometric morphometric contribution. Italian Journal of Zoology, 80: 536—546.

Byern J V, Klepal W. 2010. Re-Evaluation of Taxonomic Characters of Idiosepius(Cephalopoda, Mollusca). Malacologia, 52(1): 43—65.

Campana S E. 1983. Calcium depositon and check formation during periods of stress in coho salmon, *Oncorhynchus kisutch*. Comparative Biochemistry and Physiology, 75: 215—220.

Canali E, Ponte G, Belcari P, et al. 2011. Evaluating age in *Octopus vulgaris*: estimation, validation and seasonal differences. Marine Ecology and Progress Series, 441: 141—149.

Cárdenas E R B, Correa S M, Guzman R C, et al. 2011. Eye Lens Structure of the Octopus *Enteroctopus megalocyathus*: evidence of Growth. Journal of Shellfish Research, 30(2): 199—204.

Castanhari G, Tomás A R G. 2012. Beak increment counts as a tool for growth studies of the common octopus *Octopus vulgaris* in Southern Brazil. Bol Inst Pesca São Paulo, 38(4): 323—331.

Castro J J, Hernández-García V. 1995. Ontogenetic changes in mouth structures, foraging behaviour and habitat use of *Scomber japonicus* and *Illex coindetii*. Scientia Marina, 59(3—4): 347—355.

Chen C S, Chiu T S. 2003. Variations of life history parameters in two geographical groups of the neon flying squid, *Ommastrephes bartramii*, from the North Pacific. Fisheries Research, 63: 349—366.

Chen X J, Li J H, Liu B L, et al. 2013. Age, growth and population structure of jumbo flying squid, *Dosidicus gigas*, off the Costa Rica Dome. J Mar Biol Assoc UK, 93(2): 567—573.

Chen X, Lu H, Liu B. 2011. Age, growth and population structure of jumbo flying squid, *Dosidicus gigas*, based on statolith microstructure off the Exclusive Economic Zone of Chilean waters. Journal of the Marine Biological Association of the United Kingdom, 91: 229—235.

Chen X J, Lu H J, Liu B L, et al. 2012a. Species identification of *Ommastrephes bartramii*, *Dosidicus gigas*, *Sthenoteuthis oualaniensis* and *Illex argentinus* (Ommastrephidae) using beak morphological variables. Sci. Mar, 76(3): 473—481.

Chen X J, Lu H J, Liu B L, et al. 2012b. Sexual dimorphism of statolith growth for the south Patagonian stock of *Illex agrentinus* off the exclusive economic zone of Argentinean waters. Bull. Mar. Sci, 88(2): 353—362.

Cherel Y, Duhamel G. 2004. Antarctic jaws: cephalopod prey of sharks in Kerguelen waters. Deep Sea Res I, 51(1): 17—31.

Cherel Y, Hobson K A. 2005. Stable isotopes, beaks and predators: a new tool to study the trophic ecology of cephalopods, including giant and colossal squids. Proceeding Research Society of Biology, 272: 1601—1607.

Cherel Y, Hobson K A. 2007. Geographical variation in carbon stable isotope signatures of marine predators: a tool to investigate their foraging areas in the Southern Ocean. Mar Ecol Prog Ser, 329: 281—287.

Cherel Y, Fontaine C, Jackson G D, et al. 2009a. Tissue, ontogenetic and sex-related difference in $\delta^{13}C$ and $\delta^{15}N$ values of the oceanic squid *Todarodes fillppovae* (Cephalopoda: Ommastrephidae). Marine Biology, 156: 699—708.

Cherel Y, Ridoux V, Spitz J, et al. 2009b. Stable isotopes document the trophic structure of a deep-sea cephalopod assemblage including giant octopod and giant squid. Biology Letters, 5: 364—367.

Clarke M R. 1962. The identification of cephalopod"beaks"and the relationship between beak size and total body weight. Bulletin of the British Museum of Natural History, Zoology, 8: 419—480.

Clarke M R. 1965. "Growth Rings" in the beaks of the squid *Moroteuthis ingens* (Oegopsida: Onychoteuthidae). Malacologia, 3(2): 287—307.

Clarke M R. 1980. Cephalopoda in the diet of sperm whales of thesouthern hemisphere and their bearing on sperm whale biology. Discovery Reports,37:1—324.

Clarke M R. 1986. A hand book for the identification of cephalopod beaks,Oxford:Clarendon Press.

Clarke M R. 1996. Cephalopods as prey. Ⅲ. Cetaceans. Phil Trans R Soc Lond B,351:1053—1065.

Clarke M R,Macleod N. 1974. Cephalopod remains from a sperm whale caught off Vigo,Spain. Journal of Marine Biology Association of the United Kingdom,54:959—968.

Clarke R,Paliza O. 2000. The Humboldt current squid *Dosidicus gigas*(Orbigny,1835). Rev. Biol. Mar. Oceanogr,35:1—38.

Clarke M R,Young R. 1998. Description and analysis of cephalopod beaks from stomachs of six species of odontocete cetaceans stranded on Hawaiian shores. Journal of Marine Biological Association of the UK, 78(2):623—641.

Corti M,Fadda C,Simson S. 1996. Size and shape variation in the mandible of fossorrial bodent *Spalax ehrenbergi*. A Procrustes analysis of three dimensions. In:Advances in Morphometrics. (Eds:Marcus L F,Corti M,Loy A,Naylor G J P and Slice D E)(NATO ASI Series,A:Life Sciences,Vol. 284),New York:Plenum Publishing.

Crespi-abril A,Morsan E,Barón P. 2010. Analysis of the ontogenetic variation in body and beak shape of the *Illex argentinus*inner shelf spawning groups by geometric morphometrics. Journal of the Marine Biological Association of the United Kingdom,90:547—553.

Crespi-Abril A C,Baron P J. 2012. Revision of the population structuring of *Illex argentinus*(Castellanos, 1960) and a new interpretation based on modelling the spatio-temporal environmental suitability for spawning and nursery. Fish. Oceano,21:199—214.

Croxall J P,Prince P A. 1996. Cephalopods as prey. I. Birds. Phil Trans R Soc Lond B,351:1023—1043.

Cuccu D, Mereu M, Cau A. 2013. Reproductive development versus estimated age and size in wild Mediterranean population of *Octopus vulgaris*(Cephalopoda:Octopodidae). Journal of the Marine Biological Association of the United Kingdom,93(3):843—849.

De Niro M J,Epstein S. 1978. Influence of diet on distribution of carbon isotopes in animals. Geochimica et Cosmochimica Acta,42:495—506.

De Niro M J, Epstein S. 1981. Influence of diet on the distribution of nitrogen isotopes in animals. Geochimica et Cosmochimica Acta,45:341—351.

De Wolf H,Backeljau T,Dongen S,et al. 1998. Largescale patterns of shell variation in *Littorina striata*,a planktonic developing periwinkle from Macronesia(Mollusca:Prosobranchia). Mar. Biol,131:309—317.

Dilly P N,Nixon M. 1976. The cells that secrete the beaks in octopods and squids(Mollusca:Cephalopoda). Cell and Tissue Research,167(2):229—241.

Dommergues J-L,Neige P,Boletzky S V. 2000. Exploration of morphospace using procrustes analysis in Statoliths of cuttlefish and squid(Cephalopoda:Decabrachia)-evolutionary aspects of form disparity. Veliger,43(3):265—276.

Doubleday Z A,Semmens J M,Smolenski A J,et al. 2009. Microsatellite DNA markers and morphometrics reveal a complex population structure in a merobenthic octopus species(*Octopus maorum*) in south-east Australia and New Zealand. Mar. Biol,156:183—1192.

Doubleday Z A,White J,Pecl G T,et al. 2011. Age determination in merobenthic octopuses using stylet increment analysis assessing future challenges using *Macroctopus maorum*as a model. ICES Journal of Marine Science,68(10):2059—2063.

Drazen J C,Popp B N,Choy C A,et al. 2008. Bypassing the abyssal benthic food web:macrourid diet in the eastern North Pacific inferred from stomach content and stable isotopes analyses. Limnol Oceanogr, 53: 2644—2654

Dunning M C, Clarke M R, Lu C C. 1993. Cephalopods in the diet of oceanic sharks caught off eastern Australia. In Recent advances in fisheries biology. (Okutani T, O'Dor R K and Kubodera T eds). Tokyo: Tokai University Press.

Evans K, Hindell M A. 2004. The diet of sperm whales(*Physeter macrocephalus*) in southern Australian waters. ICES Journal of Marine Science, 61: 1313—1329.

Fang Z, Liu B L, Li J H, et al. 2014. Stock identification of neon flying squid(*Ommastrephes bartramii*) in the North Pacific Ocean on the basis of beak and statolith morphology. Sci Mar, 78(2): 239—248.

Fang Z, Thompson K, Jin Y, et al. 2016. Preliminary analysis of beak stable isotopes($\delta^{13}C$ and $\delta^{15}N$) stock variation of neon flying squid(*Ommastrephes bartramii*) in the North Pacific Ocean. Fisheries Research, 177: 153—63.

Franco-Santos R M, Iglesias J, Domingues P M, et al. 2014. Early beak development in Argonauta Nodosa and *Octopus Vulgaris* (Cephalopoda: Incirrata) paralarvae suggests adaptation to different feeding mechanisms. Hydrobiologia, 725: 69—83.

Franco-Santos R M, Perales-Raya C, Almansa E, et al. 2015. Beak microstructure analysis as a tool to identify potential rearing stress for *Octopus vulgaris* paralarvae. Aquaculture Research, 1—15.

Francis R I C C, Mattlin R H. 1986. A possible pitfall in the morphometric application of discriminant analysis: measurement bias. Mar. Biol, 93(2): 311—313.

Furness B L, Laugksch R C, Duffy D C. 1984. Cephalopod beaks and studies of seabird diets. Auk, 101: 619—620.

García V H. 2003. Growth and pigmentation process of the beaks of *Todaropsis eblanae* (Cephalopoda: Ommastrephidae). Berliner Paläobiol Abh, Berlin, 03: 131—140.

Gröger J, Piatkowski U, Heinemann H. 2000. Beak length analysis of the Southern Ocean squid *Psychroteuthis glacialis* (Cephalopoda: Psychroteuthidae) and its use for size and biomass estimation. Polar Biology, 23: 70—74.

Guerra Á, Rodríguez-Navarro A B, González ÁF, et al. 2010. Life-history traits of the giant squid *Architeuthis dux* revealed from stable isotope signatures recorded in beaks. ICES Journal of Marine Science, 67: 1425—1431.

Guerra A, Simon F, Gonzalez A. 1993. Cephalopods in the diet of the swordfish, *Xiphias gladius*, from the northeastern Atlantic Ocean. In Recent advances in fisheries biology. (Okutani T, O'Dor R K and Kubodera T eds). Tokyo: Tokai University Press.

Guerreiro M, Phillips R A, Cherel Y, et al. 2015. Habitat and trophic ecology of Southern Ocean cephalopods from stable isotope analyses. Marine Ecology Progress Series, 530: 119—134.

Gröger J, Piatkowski U, Heinemann H. 2000. Beak length analysis of the Southern Ocean squid *Psychroteuthis glacialis* (Cephalopoda: Psychroteuthidae) and its use for size and biomass estimation. Polar Biology, 23: 70—74

Hanlon R T, Messenger J B. 1996. Cephalopod behaviour. Cambridge University Press.

Hermosilla C A, Rocha F, Fiorito G, et al. 2010. Age validation in common octopus *Octopus vulgaris* using stylet increment analysis. ICES Journal of Marine Science, 67: 1458—1463.

Hernández-García V. 1995. Contribución al conocimiento bioecológico de la familia Ommastrephidae Steenstrup, 1857 en el Atlántico Centro-Oriental. Ph. D. Thesis, Universidad de Las. Palmas de Gran Canaria, Las Palmas de GC.

Hernández-García V. 1995. The diet of the swordfish *Xiphias gladius* Linnaeus, 1758, in the central east Atlantic with emphasis on the role of cephalopods. Fishery Bulletin, 93: 403—411.

Hernández-García V. 2002. Reproductive biology of *Illex coindetii* and *Todaropsis eblanae* (Cephalopoda, Ommastrephidae) off Northwest Africa(4°—35°N). Bulletin of Marine Science, 71: 347—366.

Hernández-García V. 2003. Growth and pigmentation process of the beaks of *Todaropsis eblanae* (Cephalopoda: Ommastrephidae). Berliner Paläobiol Abh Berlin, 3: 131—140.

Hernández-García V, Piatkowski U, Clarke M R. 1998. Development of the darkening of the *Todarodes sagittatus* beaks and its relation to growth and reproduction. South Africa Journal of Marine Science, 20: 363—373.

Hernández-López J L, Castro-Hernández J J, Hernández-García V. 2001. Age determined from the daily deposition of concentric rings on common octopus(*Octopus vulgaris*) beaks. Fish B-NOAA, 99: 679—684.

Hobson K A, Welch H E. 1992. Determination of trophic relationships within a high arctic marine food web using $\delta^{13}C$ and $\delta^{15}N$ Analysis. Mar Ecol Prog Ser, 84: 9—18.

Hobson K A, Cherel Y. 2006. Isotopoic reconstruction of marine food webs using cephalopod beaks new insight from captively raised *Sepia officinalis*. Canadian Journal of Zoology, 84: 766—770.

Hobson K A, Piatt J F, Pitocchelli J. 1994. Using stable isotopes to determine seabird trophic relationships. Journal of Animal Ecology, 63: 786—798.

Hoving H J T, Gilly W F, Markaida U, et al. 2013. Extreme plasticity in life-history strategy allows a migratory predator(jumbo squid) to cope with a changing climate. Global Change Biol, 19: 2089—2103.

Hückstädt L A, Rojas C P, Antezana T. 2007. Stable isotope analysis reveals pelagic foraging by the Southern sea lion in central Chile. J Exp Mar Biol Ecol, 347: 123—133.

Ichii T, Mahapatra K, Sakai M, et al. 2009. Life history of the neon flying squid: effect of the oceanographic regime in the North Pacific Ocean. Mar. Ecol. Prog. Ser, 378: 1—11.

Ibáñez C, Arancibia H, Cubillos L. 2008. Biases in determining the diet of jumbo squid *Dosidicus gigas* (D'Orbigny 1835) (Cephalopoda: Ommastrephidae) off southern-central Chile(34°—40°S). Helgoland Mar Res, 62: 331—338.

Ibáñez C, Cubillos L, Tafur R, et al. 2011. Genetic diversity and demographic history of *Dosidicus gigas* (Cephalopoda: Ommastrephidae) in the Humboldt Current System. Mar Ecol Prog Ser 431: 163—171.

Ikeda Y, Onaka S, Takai N, et al. 1998. Migratory routes of the Japanese common squid (*Todarodes pacificus*) inferred from analyses of statolith trace elements, and nitrogen and carbon stable isotopes. ICES CM M: 1—4.

Ivanovic M L, Brunett N E. 1994. Food and feeding of *Illex argentinus*. Antarctic Science, 6(2): 185—193.

Iverson I L K, Pinkas L. 1971. A pictorial guide to beaks of certain eastern Pacific cephalopods. Calif Dept Fish Game, Fish Bull, 152: 83—105.

Ivanovic M L, Brunetti N E. 1997. Description of *Illex argentinus* beaks and rostral length relationships with size and weight of squids. Revista de investigacion y Desarrollo Pesquero N, 11: 135—144.

Jackson G D. 1994. Application and future potential of statolith increments analysis in squids and sepioids. Can J Fish Aquat Sci, 51: 2612—2625.

Jackson G D. 1995. The use of beaks as tools for biomass estimation in the deepwater squid *Moroteuthis ingens* (Cephalopoda: Onychoteuthidae) in New Zealand waters. Polar Biology, 15: 9—14.

Jackson G D, Mckinnon J F. 1996. Beak length analysis of arrow squid *Nototodarus sloanii* (Cephalopoda: Ommastrephidae) in southern New Zealand waters. Polar Biology, 16: 227—230.

Jackson G D, Buxton N G, George M J A. 1997. Beak length analysis of *Moroteuthis ingens* (Cephalopoda: Onychoteuthidae) from the Falkland Islands region of the Patagonian shelf. Journal of the Marine Biological Association of the United Kingdom, 77(4): 1235-1238.

Jackson G D, Forsythe J W, Hixon R F, et al. 1997. Age, growth, and maturation of *Lolliguncula brevis* (Cephalopoda: Loliginidae) in the northwestern Gulf of Mexico with a comparison of length-frequency versus statolith age analysis. Can J Fish Aquat Sci, 54: 2907-2919.

Jackson G D, Bustamante P, Cherel Y, et al. 2007. Applying new tools to cephalopod trophic dynamics and ecology: perspectives from the Southern Ocean Cephalopod Workshop, 2-3 February 2006. Reviews in Fish Biology and Fisheries, 17: 79-99.

Kassahn K S, Donnellan S C, Fowler A J, et al. 2003. Molecular and morphological analyses of the cuttlefish *Sepia apama* indicate a complex population structure. Mar. Biol, 143: 947-962.

Kear A J. 1994. Morphology and function of the mandibular muscles in some coleoid cephalopods. Journal of the Marine Biological Association of the United Kingdom, 74(4): 801-822.

Keyl F, Argüelles J, Tafur R. 2011. Interannual variability in size structure, age, and growth of jumbo squid (*Dosidicus gigas*) assessed by modal progression analysis. ICES J. Mar. Sci, 68: 507-518.

Keyl F, Argüelles J, Mariátegui L, et al. 2008. A hypothesis on range expansion and spatio-temporal shifts in size-at-maturity of jumbo squid (*Dosidicus gigas*) in the eastern Pacific Ocean. CCOFI Rep, 49: 119-128.

Klages N T W. 1996. Cephalopods as prey. Ⅱ. Seals. Phil Trans R Soc Lond B, 351: 1045-1052.

Klages N T W, Cooper J. 1997. Diet of the Atlantic Petrel Pterodroma incerta during breeding at South Atlantic Gough Island. Marine Ornithology, 25: 13-16.

Kojadinovic J, Corre M L, Cosson R P. 2007. Trace elements in three marine birds breeding on reunion island (western Indian Ocean) Part 1: factors influencing their bioaccumulation. Archives of Environmental Contamination and Toxicology, 52: 418-430.

Kubodera T. 2001. Manual for the identification of Cephalopod beaks in the Northwest Pacific. http://research.kahaku.go.jp.

Kubodera T, Furuhashi M. 1987. A manual for identification of myctophid fishes and squids in the stomach contents. Japanese: the fisheries agency of Japan, 65.

Kuramochi T, Kubodera T, Miyazaki N. 1993. Squids eaten by Dall's porpoises (*Phocoenoides dalli*) in the northwestern North Pacific and in the Berrng Sea. In Recent advances in fisheries biology. (Okutani T, O'Dor R K and Kubodera T eds). Tokyo: Tokai University Press.

Lalas C. 2009. Estimates of size for the large octopus *Macroctopus maorum* from measures of beaks in prey remains. New Zealand Journal of Marine and Freshwater Research, 43(2): 635-642.

Lefkaditou E, Bekas P. 2004. Analysis of beak morphometry of the horned octopus *Eledone cirrhosa* (Cepahlopoda: Octopoda) in the Thracian Sea (NE Mediterranean). Mediterr. Mar. Sci, 5(1): 143-149.

Li S L, Chen X J, Liu B L. 2010. Population structure of neon flying squid based on the beak morphology in the northwest Pacific Ocean [OL]. [2010-07-28]. Sciencepaper Online, http://www.paper.edu.cn/releasepaper/content/201007-514.

Lipinski M R, Underhill L G. 1995. Sexual maturation in squid: quantum or continuum. South Africa Journal of Marine Science, 15: 207-223.

Lipinski M R, Dawe E, Natsukari Y. 1991. Introduction. In Jereb P, Ragonese S, Boletzky S von, eds. Squid age determination using statoliths. Proceedings of the international workshop held in the lstituto di Tecnologia della e del Pescato (ITPP-CNR), Mazara del Vallo, Italy, 9-14 October 1989. N T R. -I T P

P. Special Publications, No1: 77−81.

Liu B L, Chen X J, Chen Y, et al. 2013a. Geographic variation in statolith trace elements of the Humboldt squid(*Dosidicus gigas*)in high seas of Eastern Pacific Ocean. Mar. Biol, 160: 2853−2862.

Liu B L, Chen X J, Yi, Q. 2013b. A comparison of fishery biology of the jumbo flying squid, *Dosidicus gigas* outside EEZ waters in the Eastern Pacific Ocean. Chin. J. Oceanol. Liminol, 31(3): 523−533.

Liu B L, Chen X J, Chen Y, et al. 2013c. Age, maturation, and population structure of the Humboldt squid *Dosidicus gigas* off the Peruvian Exclusive Economic Zones. Chinese Journal of Oceanology and Limnology, 31: 81−91.

Liu B L, Chen X J, Chen Y. 2015a. Spatial difference in elemental signatures within early ontogenetic statolith for identifying Jumbo flying squid natal origins. Fish Oceanog, 24(4): 335−346.

Liu B L, Fang Z, Chen X J. 2015b. Spatial variations in beak structure to identify potentially geographic populations of *Dosidicus gigas* in the Eastern Pacific Ocean. Fish Res, 164: 185−192.

Liu B L, Chen X J, Hu G Y, et al. 2016. Periodic increments in Jumbo squid beak: potentials for age and regional difference. Hydrobiologia, DOI: 10. 1007/s10750−016−3020−3.

Liu L W. 2014. Population genetics structure and molecular phylogeography study of three oceanic Ommastrephidae species. Shanghai: Shanghai Ocean University, PhD thesis.

Logan J M, Lutcavage M E. 2013. Assessment of trophic dynamics of cephalopods and large pelagic fishes in the central North Atlantic Ocean using stable isotope analysis. Deep-Sea Research II, 95: 63−73.

Lorrain A, Argüelles J, Alegre A, et al. 2011. Sequential isotopic signature along gladius highlights contrasted individual foraging strategies of jumbo squid(*Dosidicus gigas*). Plos One, 6(7): e22194.

Lovy D. 1995. "WinDIG" Version 2. 5 A data digitalization program. http://life. bio. sunysb. edu/morph/morph/html.

Lu C C, Ickeringill R. 2002. Cephalopod beak identification and biomass estimation techniques: tools for dietary studies of southern Australian finfishes. Museum Victoria Science Reports, 6: 1−65.

Maderbacher M, Baue C R, Herler J, et al. 2008. Assessment of traditional versus geometric morphometrics for discriminating populations of the *Tropheus moorii* species complex (Teleostei: Cichlidae), a Lake Tanganyika model for allopatric speciation. Journal of Zoological Systematics and Evolutionary Research, 46: 153−161.

Mangold K, Fioroni P. 1966. Morphologie, biométrie des mandibules de quelques cephalopods mediterranéens. Vie Milieu, sér A, 17: 1139−1196.

Markaida U, Quiñónez-Velázquez C, Sosa-Nishizaki O. 2004. Age, growth and maturation of jumbo squid *Dosidicus gigas* (Cephalopoda: Ommastrephidae) from the Gulf of California, Mexico. Fisheries Research, 66: 31−47.

Martínez P, Sanjuan A, Guerra A. 2002. Identification of *Illex coindetii*, *I. illecebrosus* and *I. argentines* (Cephalopoda: ommastrephidae) throughout the Atlantic Ocean by body and beak characters. Mar. Biol, 141: 131−143.

Martínez P A, Berbel-Filho W M, Jacobina U P. 2013. Is formalin fixation and ethanol preservation able to influence in geometric morphometric analysis? Fishes as a case study. Zoomorphology, 132: 87−93.

McCutchan Jr J H, Lewis W M, Kendall C, et al. 2003. Variation in trophic shift for stable isotope ratios of carbon, nitrogen, and sulfur. Oikos, 102: 378−390.

Mejia-Rebollo A, Quiñónez-Velázquez C, Salinas-Zavala C A, et al. 2008. Age, growth and maturity of jumbo squid(*Dosidicus gigas* d'Orbigny, 1835) off the western coast of the Baja California Peninsula. CalCOFI Rep, 49: 256−262.

Mercer M C, Misra R K, Hurley G V. 1980. Sex determination of the ommastrephid squid *Illex illecebrosus* using beak morphometrics. Canadian Journal of the Fisheries Aquatic and Sciences, 37: 283−286.

Minagawa M, Wada E. 1984. Stepwise enrichment of ^{15}N along food chains: further evidence and the relation between $\delta^{15}N$ and animal age. Geochimica et Cosmochimica Acta, 48: 1135−1140.

Miserez A, Rubin D, Waite J H. 2010. Cross-linking chemistry of squid beak. The Journal of biological chemistry, 285(49): 38115−38124.

Miserez A, Li Y L, Waite J H, et al. 2007. Jumbo squid beaks: inspiration for design of robust organic composites. Acta Biomaterialia, 3: 139−149.

Miserez A, Schneberk T, Sun C, et al. 2008. The transition from stiff to compliant materials in squid beaks. Science, 319: 1816−1819.

Miller T W, Brodeur R D, Rau G H. 2008. Carbon stable isotopes reveal relative contribution of shelf-slope production to the northern California Current pelagic community. Limnology and Oceanography, 53(4): 1493−1503.

Miller T W, Bosley K L, Shibata J, et al. 2013. Contribution of prey to Humboldt squid *Dosidicus gigas* in the northern California Current, revealed by stable isotope analyses. Mar Ecol Prog Ser, 477: 123−134.

Moltschaniwskyj N A, Carter C G. 2010. Protein synthesis degradation, andretention: mechanisms of indeterminate growth in cephalopods. Physiological and Biochemical Zoology, 83: 997−1008.

Mori J, Kubodera T, Baba N. 2001. Squid in the diet of northern fur seals, Callorhinus ursinus, caught in the western and central North Pacific Ocean. Fisheries Research, 52: 91−97.

Murata M, Hayase S. 1993. Life history and biological information on flying squid (*Ommastrephes bartramii*) in the North Pacific Ocean. Bull. Int. Nat. North Pacific Comm, 53: 147−182.

Naef A. 1923. Die Cephalopoden. Fauna u Flora Neapel, 1: 1−863.

Natsukari Y, Hirata S, Washizaki M. 1991. Growth and seasonal change of cuttlebone characters of *Sepia esculenta*. in: La seiche-The cuttlefish(Boucaud-Camou E ed). Centre Publ Univ Caen, 49−67.

Navarro J, Coll M, Somes C J, et al. 2013. Trophic niche of squids: insights from isotopic data in marine systems worldwide. Deep-Sea Res II, 95: 93−102.

Neige P, Boletzky S V. 1997. Morphometrics of the shell of three Sepia species(Mollusca: Cephalopoda): intra-and interspecific variation. Zool. Beitr. N. F, 38(2), 137−156.

Nesis K N. 1983. *Dosidicus gigas*. in: P. R. Boyle, eds. Cephalopod life cycles. Vol 1. Species accounts. London: Academic Press

Nesis K. 1987. Cephalopods of the world. Translated from Russian by B. S. Levitov V. A. A. P. Copyright Agency of the USSR for Light and Food Industry Publishing House; Moscow, T. H. F Publication Inc Ltd. English Translation. 351.

Nigmatullin C M, Nesis K N, Arkhipkin A I. 2001. A review of the biology of the jumbo squid *Dosidicus gigas* (Cephalopoda: Ommastrephidae). Fish Res, 54: 9−19.

Nixon M. 1969. Growth of the beak and radula of *Octopus vulgaris*. Journal of Zoology, 159: 363−379.

Nixon M. 1973. Beak and radula growth in *Octopus vulgaris*. Journal of Zoology(London), 170: 451−462.

Nixon M. 1988. The feeding mechanisms and diets of cephalopods-living and fossil. In Cephalopods-present and past(J. Wiedmann and J. Kullmann ed.). Stuttga Schweizerbart'sche Verlagsbuchhandlung, 641−652.

Neige P. 2006. Morphometrics of hard structures in cuttlefish. Vie Et Milieu, 56(2): 121−127.

Neige P, Dommergues J L. 2002. Disparity of beaks and statoliths of some Coleoids: a morphometric approach to depict shape differenciation. Abhandlungen der Geologischen Bundesanstalt, 57: 393−399.

Ogden R S, Allcock A L, Wats P C, et al. 1998. The role of beak shape in octopodid taxonomy. South African Journal of Marine Science, 20(1): 29—36.

Onthank K L. 2013. Exploring the life histories of cephalopods using stable isotope analysis of an archival tissue. Washington State University. Ph D. thesis.

Oosthuizen A. 2003. A development and management framework for a new *Octopus vulgaris* fishery in South Africa. PhD thesis, Rhodes University.

Panella G. 1971. Fish otoliths: daily growth layers and periodical patterns. Science, New York, 173: 1124—1127.

Parry M. 2006. Feeding behavior of two ommastrephid squids *Ommastrephes bartramii* and *Sthenoteuthis oualaniensis* off Hawaii. Marine Ecology Progress Series, 318: 229—235.

Parry M. 2008. Trophic variation with length in two ommastrephid squids, *Ommastrephes bartramii* and *Sthenoteuthis oualaniensis*. Marine Biology, 153: 249—256.

Pearcy W G. 1991. Biology of the transition region. NOAA Technical Report, 105: 39—55.

Pecl G T, Jackson G D. 2008. The potential impacts of climate change on inshore squid: biology, ecology and fisheries. Rev. Fish Biol. Fisher, 18: 373—385.

Pennington T, Mahoney K, Kuwahara V, et al. 2006. Primary production in the eastern tropical Pacific: a review. Prog Oceanogr, 69: 285—317.

Perales-Raya C, BartoloméA, García-Santamaría M T, et al. 2010. Age estimation obtained from analysis of otopus(*Octopus vulgaris* Cuvier, 1797) beaks: improvements and comparisons. Fisheries Research, 106: 171—176.

Perales-Raya C, Hernández-González C L. 1998. Growth lines within the beak microstructure of the *Octopus vulgaris* Cuvier, 1797. South African Journal of Marine Science, 20: 135—142.

Perales-Raya C, Almansa E, BartoloméA, et al. 2014a. Age validation in *Octopus vulgaris* beaks across the full ontogenetic range: beaks as recorders of live events in octopuses. Journal of Shellfish Research, 33(2): 1—13.

Perales-Raya C, Jurado-Ruzafa A, BartoloméA, et al. 2014b. Age of spent *Octopus vulgaris* and stress mark analysis using beaks of wild individuals. Hydrobiologia, 725: 105—114.

Perrin W F, Warner R R, Fiscus C H, et al. 1973. Stomach contents of porpoise, *Stenella* spp., and yellowfin tuna, *Thunnus albacares*, in mixed-species aggregations. Fishery Bulletin, 71(4): 1077—1091.

Petersen B J, Fry B. 1987. Stable isotopes in ecosystem studies. Annu. Rev. Ecol. Syst., 18: 293—320.

Piatkowski U, Pütz K, Heinemann H. 2001. Cephalopod prey of *king penguins* (Aptenodytes patagonicus) breeding at Volunteer Beach, Falkland Islands, during austral winter 1996. Fish Res, 52(1—2): 79—90.

Pineda S E, Aubone A, Bruneth N E. 1996. Identificaión Y morfometría comparada de las mandibulas de *Loligo gahi* Y *Loligo sanpaulensis* (Cephalopoda, Loliginidae) del Atlantico Sudoccidental. Rev Invest Des Pesq, 10: 85—99.

Pineda S E, Hernández D R, Brunetti N E, et al. 2002. Morphological identification of two Southwest Atlantic Loliginid squids: *Loligo gahi* and *Loligo sanpaulensis*. Rev. Invest. Desarr. Pesq, 15: 67—84.

Potier M, Marsac F, Cherel Y, et al. 2007. Forage fauna in the diet of three large pelagic fishes (lancetfish, swordfish and yellowfin tuna) in the western equatorial Indian Ocean. Fisheries Research, 83: 60—72.

Rau G H, Sweeney R E, Kaplan I R. 1982. Plankton $^{13}C/^{12}C$ ratio changes with latitude: differences between northern and southern oceans. Deep-Sea. Res, 29: 1035—1039.

Roberta A S, Manuel H. 1997. Food and feeding of the short-finned squid *Illex argentinus* (Cephalopoda: Ommastrephidae) off southern Brazil. Fisheries Research, 33: 139—147.

Rocha F,Guerra A. 1999. Age and growth of two sympatric squid *Loligo vulgaris* and *Loligo forbesi*, in Galician waters(north-west Spain). J Mar Biol Assoc UK,79:697－707.

Rocha F,Guerra A,Gonzalez A F. 2001. A review of reproductive strategies in Cephalopods. Biol Reviews, 76:291－304.

Rodríguez-Domínguez A,Rosas C,Méndez-Loeza I,et al. 2013. Validation of growth increments in stylet, beaks and lenses as aging tools in *Octopus maya*. Journal of Experimental Marine Biology and Ecology, 449:194－199.

Ruiz-Cooley R I,Gerrodette T. 2012. Tracking large-scale lattitudinal patterns of $\delta^{13}C$ and $\delta^{15}N$ along the E Pacific using epi-mesopelagic squid as indicators. Ecosphere,3(7):1－17.

Ruiz-Cooley R I,Gendron D,Aguiniga S,et al. 2004. Trophic relationships between sperm whales and jumbo squid using stable isotopes of carbon and nitrogen. Mar Ecol Prog Ser,277:275－283.

Ruiz-Cooley R I,Villa E C,Gould W R. 2010. Ontogenetic variation of $\delta^{13}C$ and $\delta^{15}N$ recorded in the gladius of the jumbo squid *Dosidicus gigas*:geographic differences. Mar Ecol Prog Ser,399:187－198.

Ruiz-Cooley R I,Garcia K Y,Hetherington E D. 2011. Effects of lipid removal and preservatives on carbon and nitrogen stable isotope ratios of squid tissues: implications for ecological studies. J Exp Mar Biol Ecol,407:101－107.

Ruiz-Cooley R I, Markaida U, Gendron D, et al. 2006. Stable isotopes in jumbo squid(*Dosidicus gigas*) beaks to estimate its trophic position: comparison between stomach contents and stable isotopes. J Mar Biol Assoc UK,86:437－445.

Ruiz-Cooley R I, Ballance L T, McCarthy M D. 2013. Range Expansion of the jumbo squid in the NE Pacific: $\delta^{15}N$ decrypts multiple origins, Migration and Habitat Use. Plos One,8(3):e59651.

Saborido-Rey F,Nedreaas K H. 2000. Geographic variation of Sebastes mentella in the Northeast Arctic derived from a morphometric approach. ICES J. Mar. Sci,57:965－975.

Sanchez P. 1982. Régimen alimentario de *Illex coindetii*(Verany,1837) en el mar Catalán. Inv. Pesq,46 (3):443－449.

Sandoval-Castellanos E,Uribe-Alcocer M,Díaz-Jaimes P. 2007. Population genetic structure of jumbo squid (*Dosidicus gigas*) evaluated by RAPD analysis. Fish Res,83:113－118.

Sandoval-Castellanos E, Uribe-Alcocer M, Díaz-Jaimes P. 2010. Population genetic structure of the Humboldt squid(*Dosidicus gigas* d'Orbigny, 1835) inferred by mitochondrial DNA analysis. J. Exp. Mar. Biol. Ecol,385:73－78.

Seco J, Roberts J, Ceia F R, et al. 2016. Distribution, habitat and trophic ecology of Antarctic squid *Kondakovia longimana* and *Moroteuthis knipovitchi*: inferences from predators and stable isotopes. Polar Biology,39:167－175.

Seki M P,Polovina J J,Kobayashi D R,et al. 2002. An oceanographic characterization of swordfish(*Xiphias gladius*) longline fishing grounds in the springtime subtropical North Pacific. Fish. Oceano, 11: 251－266.

Sekiguchi K,Klages N T W,Best P B. 1996. The diet of strap-toothed whales(*Mesoplodon layardii*). Journal of Zoology,239:453－63.

Semmens J M,Pecl G T,Villanueva,et al. 2004. Understanding octopus growth: patterns, variability and physiology. Marine Freshwater Research,55:367－377.

Semmens J M, Pecl G T, Gillanders B M, et al. 2007. Approaches to resolving cephalopod movement and migration patterns. Reviews in Fish Biology and Fisheries,17:401－423.

Shukhgalter O A, Nigmatullin C M. 2001. Parasitic helminths of the jumbo squid *Dosidicus gigas*

(Cephalopoda:Ommastrephidae) in open waters of the central east Pacific. Fish Res,54:95－110.

Šifner K S. 2008. Methods for age and growth determination in cephalopods. Ribarstvo,66:25－34.

Smale M J. 1996. Cephalopods as prey. IV. Fishes. Phil Trans R Soc Lond B,351:1067－1081.

Smale M J,Clarke M R,Klages N T W,et al. 1993. Octopod beak identification-resolution at a regional level (Cephalopoda,Octopoda:Southern Africa). South Afr J Mar Sci,13(1):269－293.

Staaf D J, Ruiz-Cooley R I, Elliger C, et al. 2010. Ommastrephid squids *Sthenoteuthis oualaniensis* and *Dosidicus gigas* in the eastern Pacific show convergent biogeographic breaks but contrasting population structures. Mar Ecol Prog Ser,418:165－178.

Staudinger M D,Juanes F,Carlson S. 2009. Reconstruction of original body size and estimation of allometric relationships for the longfin inshore squid (*Loligo pealeii*) and northern shortfin squid (*Illex illecebrosus*). Fishery Bulletin,107:101－105.

Stewart J S,Hazen E L,Bograd S J,et al. 2014. Combined climate-and prey-mediated range expansion of Humboldt squid(*Dosidicus gigas*),a large marine predator in the California Current System. Global change boil,20(6):1832－1843.

Stowasser G,Pierce G J,Moffat C F,et al. 2006. Experimental study on the effect of diet on fatty acid and stable isotope profiles of the squid *Lolliguncula brevis*. Journal of Experimental Marine Biology and Ecology,333(1):97－114.

Tafur R,Keyl F, Argueelles J. 2009. Reproductive biology of jumbo squid *Dosidicus gigas* in relation to environmental variability of the northern Humboldt Current System. Marine Ecology Progress Series, 400:127－141.

Takai N,Onaka S,Ikeda Y,et al. 2000. Geographical variations in carbon and nitrogen stable isotope ratios in squid. J Mar Biol Assoc UK 80:675－684.

Takahashi M,Watanabe Y,Kinoshita T,et al. 2001. Growth of larval and early juvenile Japanese anchovy, *Engraulis japonicus*,in the Kuroshio-Oyashio transition region. Fish. Oceano,10:235－247.

Thorrold S R,Jones G P,Hellberg M E,et al. 2002. Quantifying larval retention and connectivity in marine populations with artificial and natural marks. Bull Mar Sci,70:291－308.

Uchikawa K, Sakai M, Wakabayashi T, et al. 2009. The relationship between paralarval feeding and morphological changes in the proboscis and beaks of the neon flying squid *Ommastrephes bartramii*. Fisheries Science,75(2):317－323.

Uyeno T A,Kier W M. 2005. Functional morphology of the cephalopod buccal mass:a novel joint type. Journal of Morphology,264(2):211－222.

Uyeno T A, Kier W M. 2007. Electromyography of the buccal musculature of octopus (*Octopus bimaculoides*):a test of the function of the muscle articulation in support and movement. Journal of Experimental Biology,210(1):118－128.

Vanderklift M A,Ponsard S. 2003. Sources of variation in consumer-diet δ^{15}N enrichments:a meta-analysis. Oecologia,136:169－182.

Vega M A. 2011. Uso de la morfometría de las mandíbulas de cefalópodos en estudios de contenido estomacal. Latin American Journal of Aquatic Resource,39(3):600－606.

Vega M A,Rocha F J,Guerra A,et al. 2002. Morphological difference between the Patagonian squid *Loligo gahi* populations from the Pacific and Atlantic Oceans. Bull. Mar. Sci,71(2):903－913.

Villanueva R. 2000. Differential increment-deposition rate in embryonic statoliths of the loliginid squid *Loligo vulgaris*. Marine Biology,137:161－168.

Wada E,Hattori A. 1990. Nitrogen in the sea:forms,abundance,and rate processes. CRC press.

Wainwright S A, Biggs W D, Currey J D, et al. 1982. Mechanical design in organisms. Princeton: Princeton University Press.

Watanabe H, Kubodera T, Ichii T, et al. 2004. Feeding habits of neon flying squid *Ommastrephes bartramii* in the transitional region of the central North Pacific. Marine ecology progress series, 266: 173−184.

Watanabe H, Kubodera T, Ichii T, et al. 2008. Diet and sexual maturation of the neon flying squid *Ommastrephes bartramii* during autumn and spring in the Kuroshio-Oyashio transition region. Journal of the Marine Biological Association of the UK, 88(2): 381−389.

Webb S, Hedges R E M, Simpson S J. 1998. Diet quality influences the $\delta^{13}C$ and $\delta^{15}N$ of locusts and their biochemical components. Journal of Experimental Biology, 201: 2903−2911.

Wolff G A. 1982. A beak key for eight eastern tropical Pacific cephalopod species with relationships between their beak dimensions and size. Fisheries Bulletin, 80(2): 357−370.

Wolff G A. 1984. Identification and estimation of size from the beaks of 18 species of cephalopods from the Pacific Ocean. NOAA Technical Report NMFS 17, 50.

Wolff G A, Wormuth J H. 1979. Biometric separation of the beaks of two morphologically similar species of the squid family Ommastrephidae. Bulletin of Marine Science, 29(4): 587−592.

Xavier J C, Cherel Y. 2009. Cephalopod Beak Guide for the Southern Ocean. Cambridge, UK: British Antarctic Survey, 129.

Xavier J C, Phillips R A, Cherel Y. 2011. Cephalopods in marine predator diet assessments: why identifying upper and lower beaks is important. ICES J Mar Sci, 68(9): 1857−1864.

Xavier J C, Clarke M R, Magalhães M C, et al, 2007. Current status of using beaks to identify cephalopods: Ⅲ International Workshop and training course on Cephalopod beaks, Faial island, Azores, April 2007. Life Mar Sci, 24: 41−48.

Xavier J C, Allcock A L, Cherel Y, et al. 2014. Future challenges in cephalopod research. Journal of the Marine Biological Association of the UK, 95(5): 999−1015.

Xue Y, Ren Y, Meng W, et al. 2013. Beak measurements of octopus (*Octopus variabilis*) in Jiaozhou Bay and their use in size and biomass estimation. Journal of Ocean University of China, 12: 469−476.

Yan J, Xu Q H, Chen X J, et al. 2011. Primary studies on the population genetic structure of *Dosidicus gigas* in the high seas of eastern Pacific Ocean. J Fisher China, 35(11): 1617−1623.

Yatsu A, Midorikawa S, Shimada T, et al. 1997. Age and growth of the neon flying squid, *Ommastrephes bartramii*, in the North Pacific Ocean. Fisheries Research, 29: 257−270.

Yi Q, Chen X J, Jia T, et al. 2012. Morphological variation of statolith of the jumbo flying squid (*Dosidicus gigas*) in the eastern Pacific Ocean. J. Fish. China, 6(1): 55−63.